进境林木种苗检疫图鉴

陈升毅　主编　•　黄箭　李凯兵　谈珺　副主编

中国农业出版社

编写人员名单

主　　编：陈升毅

副 主 编：黄　箭　　李凯兵　　谈　珺

参编人员：罗　燕　　胡学难　　梁　帆　　马　骏

吴佳教　　刘海军　　梁琼超　　蒋　寒

江晓燕　　陈　克　　赖天忠　　王卫芳

李志伟　　刘　胤　　吴海荣　　吴淑柳

郑世平　　王　祥　　戴舒灵　　周焯辉

林秋生　　赵立荣　　钟国强　　刘晓红

周健勇

序一

进境林木种苗是我国进境植物检疫的一个重要内容，一直以来，我国进境林木种苗主要是以植物繁殖材料的方式引种进口。国家对引种的植物繁殖材料管理非常严格，1999年国家有关部门出台了3个有关进境植物繁殖材料的管理办法。目前是检验检疫部门与地方农林部门协同把关，由国家农林部门与国家出入境检验检疫部门分工审批，并共同参与隔离种植和后续监管工作，口岸检验检疫部门负责口岸一线把关工作。

近年来，国外林木种苗以良种性、贸易性、观赏性的引种方式大量进入我国，极大地丰富和活跃了国内林木花卉市场，但同时国外疫情也频闯国门。自1998年南海出入境检验检疫局首次从我国台湾进口的华盛顿椰子中截获椰心叶甲以来，香蕉穿孔线虫、水椰八角铁甲、蔗扁蛾等重大疫情，在口岸进境种苗中被多次截获。我国禁止进境的危险性有害生物，如非洲大蜗牛、南方根结线虫、穿刺短体线虫、咖啡短体线虫、剑线虫、毛刺线虫、棕榈核小蠹、刺桐姬小蜂等也屡闯国门，国家质量监督检验检疫总局（以下简称“国家质检总局”）联合农业部、国家林业局多次发布公告。其中，2001年，国家质检总局发布了风险预警，为防止椰心叶甲传入，宣布禁止进境来自我国台湾、印度尼西亚等国家和地区的棕榈植物。2002年2月，国家质检总局联合农业部、国家林业局发布了10号公告，宣布禁止从菲律宾进口凤梨植物及香蕉穿孔线虫的其他寄主植物，防止该疫情传入。

《进境林木种苗检疫图鉴》一书正是在这样的背景下，由口岸一线检验检疫人员共同努力编写而成的。这是一部总结口岸一线10多年的植物检疫研究成果的专著，也是检验检疫工作质量提升的有益尝试和新的探索。本书是基层一线检疫人员结合工作实际的理论提升，也是工作在最基层最前线的植物检疫工作者经验的总结和思考。在科技书籍出版领域不多见，非常适合一线检疫人员使用。

该书将进境林木种苗的检验检疫运作程序、种类描述、截获有害生物的描述以及除害处理、后续监管等方面的工作，通过彩色图谱的形式展示出来，是一个值得赞赏的举措。相信该书能成为植物检疫工作的重要参考，成为出入境检验检疫工作的得力助手，对于植物检验检疫研究者也具有一定的参考价值。

凡是走过的都会留下痕迹，凡是努力做过的都会产生影响，衷心感谢作者和基层口岸一线技术人员所付出的辛勤努力，并满怀美好的愿望期待着他们接踵而至的硕果。

中华人民共和国国家质量监督检验检疫总局

动植物检验检疫监管司司长　研究员

2013年10月

序二

进境林木种苗是我国进境植物检疫的一个重要内容，多年来，我国进境林木种苗主要是以植物繁殖材料方式引种进口。世界上不少国家和地区，为发展本地区的林木业，有计划地从国外或其境外引进优良的品种，以便更新和发展本国、本地区的林木业。由于苗木的引进是以繁殖体为基础，与所有的生物一样，一个繁殖体就是一个独立的生物体，从其出生地生长发育到成长，都经历了一个或多个生长季节。因此，任何繁殖材料都有在其原生地感染多种病虫害的可能，植物的枝、叶、花、果实以及根部都可能受到不同程度的感染。不同国家和地区植物的生态环境、栽培管理、病虫害防治水平都会有一定的差异，病虫害发生的严重程度自然有所不同。

近年来，我国以贸易性、观赏性的引种方式从境外引进林木种苗，极大地丰富和活跃了国内林木花卉市场，但同时也存在林木种苗的引进将带来国外疫情的潜在威胁。广东省南海地区自1998年首次从我国台湾进口的华盛顿椰子中截获椰心叶甲以来，香蕉穿孔线虫、水椰八角铁甲等重大疫情，在口岸进境种苗中被多次截获。此外，还有一些危险性有害生物，如非洲大蜗牛、南方根结线虫、穿刺短体线虫、咖啡短体线虫、剑线虫、毛刺线虫、棕榈核小蠹等也屡有截获。严重的病虫害疫情将严重威胁我国的林木业生产发展，这些诸如上述所提及的及未在此提及的危险性有害生物，一旦传入国内都会给我国林木业生产带来灾害。

《进境林木种苗检疫图鉴》一书，是一部总结口岸一线10多年的植物检疫研究成果的专著，也是检验检疫工作质量提升的有益尝试和新的探索。该书的出版，将有助于对进境林木种苗的检验检疫工作、病虫害种类的鉴定、疫情除害处理技术以及后续管理等多方面的工作的指导。

该书内容丰富，图文并茂，不仅适合于基层检验检疫人员作为工具书应用，同时也适用于检验检疫科研部门、农林部门以及院校植物保护专业的参考和应用。

广东出入境检验检疫技术中心
植物检疫实验室 研究员 梁广勤

2013年10月

序三

林木种苗是农林业生产和城乡绿化建设的重要物质资源，是我国进境植物检验检疫的重要对象，也是携带有害生物风险较高的物品。我国口岸检验检疫机构在进境林木种苗中多次截获国外危险性有害生物，把这些有害生物拒之国门之外，是口岸检疫机构的神圣职责。本书是作者在总结口岸一线工作经验的基础上，对进境林木种苗检疫工作进行了较为系统的研究后精心编写完成的。

该书的首要特点是其实用性，针对收录的种苗及其有害生物，都简要阐明其形态特征，配有相应图片，也介绍了种苗检疫的程序，甚至有货物到达口岸现场的图片，这些图片客观真实地记录了检疫的各个环节，因此，全书图文并茂，可以很直观地帮助读者了解和学习林木种苗检疫的基础知识。其次是其创新性，该书集种苗、现场检疫方法、有害生物图文于一册，贯穿了从种苗入境到有害生物鉴定的主线；记述了一些全国首次截获的病虫害，书中的照片基本都是作者自己拍摄的，不少照片很珍贵，具有较高的研究和使用价值。该书在植物检疫相关著作中是不多见的，是出入境检验检疫部门开展林木种苗检疫的工具书，有重要的参考价值。

我相信该书的出版一定会受到广大一线检验检疫工作者和相关农林科技工作人员的欢迎，也期盼该书作者继续努力，为我国的植物检验检疫事业做出新的贡献。

中国检验检疫科学研究院　研究员　陈乃中

2013年10月

前言

《进境林木种苗检疫图鉴》一书经过3年多的辛勤劳动，终于公开出版。本书是口岸一线科技工作者共同的科研成果，也是口岸进境林木种苗检验检疫工作的一次较全面的总结。

随着我国林木种苗花卉市场的需求增大，以进境繁殖材料为目的传统的引种方式，已经远远不能满足日益增长的林木和花卉贸易市场的需要。因此，进境林木种苗的引进方式有向观赏性、贸易性逐渐演变的趋势。贸易性引进观赏植物，使种苗成为商品进入流通领域，给种苗的后续监管和隔离种植增加了难度，同时也使国外有害生物随种苗入侵的风险逐年加大。事实上，国外有害生物对我国林木种苗相关产业的威胁正日益加重。如：2010年，我国口岸从进口植物种苗上共截获检疫性有害生物39种（类），其中线虫最多，有18种占46％，昆虫8种占21％，细菌4种占10％，杂草4种占10％，病毒3种占8%，真菌2种占5%。2011年，我国进口苗木近 4.4 亿株（个），9 905批次，总货值近1.6亿美元；共截获检疫性有害生物42种、506次，截获一般性有害生物781种、12 521次。因此，如何提高口岸一线的检验检疫技术把关能力，有效地防止境外有害生物传入国门，是全体检疫人员共同面临的课题。

本书共描述进境种苗近100种，隶属于48个科。主要有发财树、巴西铁、荷兰铁、金钱树、各种兰花、棕榈科、凤梨科、七里香、罗汉松、福禄桐、百合竹、榕树等的种苗；百合球、风信子、郁金香等的种球；龟背竹、苏铁、鹤望兰、各种椰子等的种子。产地来源广，主要有中国台湾、哥斯达黎加、印度尼西亚、韩国、洪都拉斯、泰国、荷兰、比利时、斯里兰卡、危地马拉、日本、西班牙、美国、马来西亚等20多个国家和地区。

本书重点描述的有害生物有143种，其中，在口岸已有截获记录的有70多种，在个别有害生物描述中还增加了除害处理方法的介绍。本书编写过程中，在参阅了大量文献资料的基础上，引用了国家质检总局进境种苗分析数据。本书收集了700多幅照片，绝大部分彩图来自口岸基层工作人员多年积累的实物标本及检验检疫系统兄弟单位的图片。本书对植物保护、植物检疫专业工作者有较高的使用价值，同时对有关大、中专农业和林业院校教学、科研也有一定的参考价值。

编者是根据南海出入境检验检疫局多年来进境林木种苗业务情况及积累的丰富经验，在林泽群同志的提议下成立了编写小组，并于2010年年初开始着手编写。在编写过程中得到了南海局党组的高度重视和大力支持，同时也得到了上级领导的关怀和指导，许多兄弟局提供了标本、文献及资料；广东出入境检验检疫局技术中心植物检疫实验室的多位教授给予了精心的指导，顺德出入境检验检疫局提供了有价值的图片，对于他们的帮助和支持，在此一并致谢。

由于时间仓促、文献资料不全、引用数据不完整、导致的错误在所难免，敬请广大读者予以批评并指正。

编 者

2013年10月

上篇

下篇

Quarantine Illustration of Imported Forestry Seedling

进境林木种苗**检疫图鉴**

上篇

第一章　中国进境林木种苗情况介绍

第一节　中国进境林木种苗概况和特点

1. 进境种苗的种类

中国进口的种苗包括进口植物种子、花卉、试管苗、果实、苗木、砧木、接穗、插条、盆景、鳞球茎、球茎、块根等活体植物繁殖材料。

种子类

花卉类

试管苗类

果实类

苗木类

插条类

扦木类

盆景类

鳞球茎类

球茎类

2. 引进种苗的特点

随着我国口岸的对外开放，林木种苗的大量引入，林木种苗的检验检疫工作也随之有了很大的发展和变化。

（1）数量巨大。从进境种苗历史情况看：根据全国1980—1983年7月不完全统计，共引进种苗55 885批次，苗木425万多株。1983年引进苗木226万株，1984年引进苗木100万株，1985年引进苗木194万株，1986年引进苗木149万株，1987年引进苗木78万株，1989年引进苗木108万株。

近几年来，种苗进口增长幅度巨大，从2005—2012年数据看，我国每年进境种苗数量都达几千万株，数量大，批次多。见表1。

表1　2005—2012年我国的进境林木种苗情况（引自国家质检总局数据）

年 份	类 别	批 次	数 量	单 位	货 值（万美元）
2005	种球	1 060	275 003 008	个	4 801
	种苗	5 707	3 401	万株	2 883
2006	种球	616	152 625 877	个	3 164
	种苗	3 812	2 804	万株	2 617
2007	种球	580	151 488 614	个	2 975
	种苗	4 569	4 870	万株	2 958
2008	种球	978	256 619 095	个	5 283
	种苗	5 624	5 850	万株	3 635
2009	种球	1 038	272 070 699	个	5 188
	种苗	5 245	2 861	万株	2 835
2010	种球	1 471	274 000 135	个	6 398
	种苗	4 729	2 966	万株	2 641
2011	种球	1 359	388 855 832	个	9 862
	种苗	4 521	1 983	万株	2 911
2012	种球	1 239	345 000 000	个	8 133
	种苗	2 320	4 042	万株	3 655

从图1和图2看出，2005—2012年，我国进境种苗数量除2007年和2008年增长幅度较大外，其余几年呈现较平稳的态势，而进境种球则呈现较小幅度的平稳增长态势。

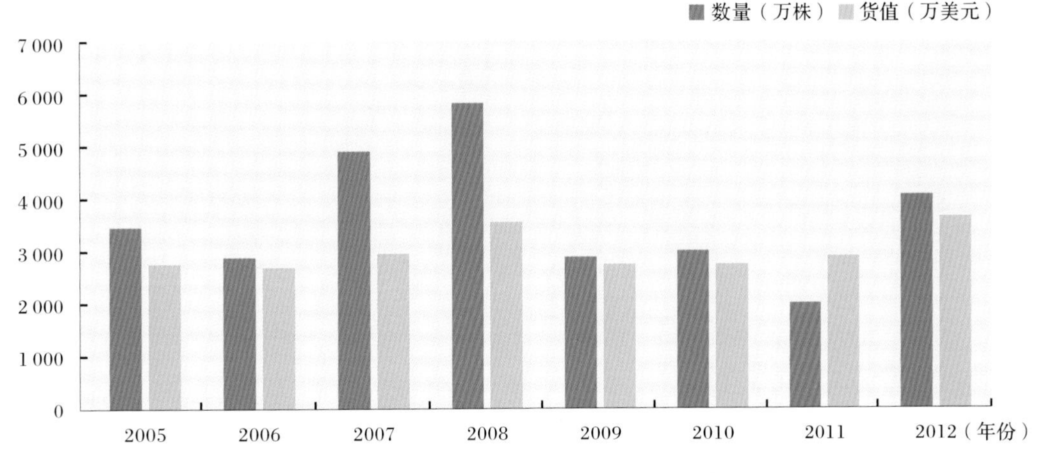

图1　2005—2012年我国进境林木种苗统计情况

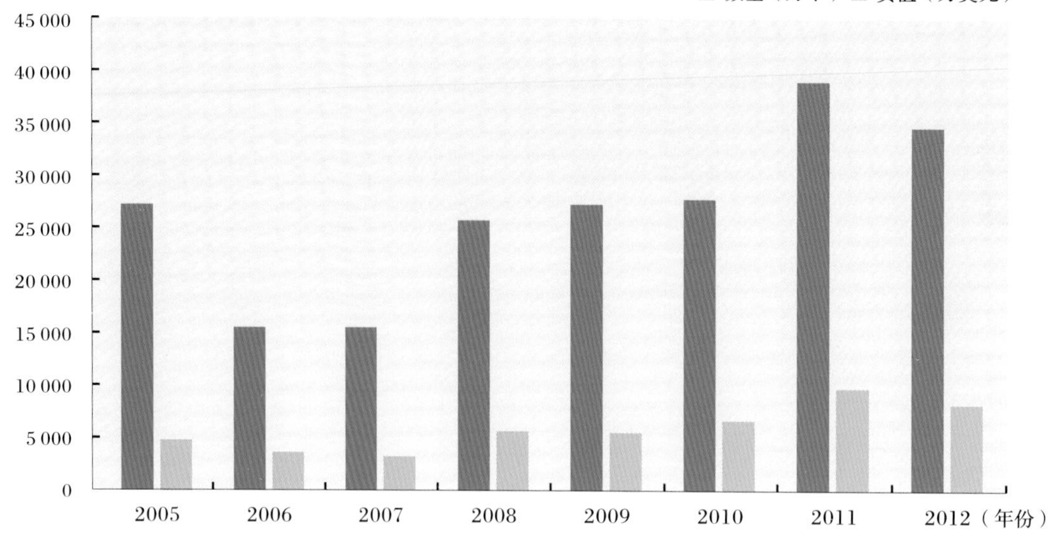

图2 2005—2012年我国进境林木种球统计情况

（2）种类繁多。据检验检疫部门统计，我国1980—1983年共引进160多种植物。海口口岸从1965年起引进的热带植物及其他种苗150个品种，从20世纪60~70年代引进热带林业种苗有57个科、200多个品种。据中国农业科学院品种资源所统计，1976—1985年10年间，该所共引进品种资源8.7万份。

根据进口苗木种类分析，2010年进口数量和货值最多的是鳞球茎及块根茎，共2.7亿株（个）、6 200万美元，分别占总量的87%和总货值的58%；进口批次最多的是切花，共7 930批次，占总批次的56%。

2011年，进口数量和货值最多的是鳞球茎及块根茎，3.9亿株（个）、9 862万美元，分别占总数的89%和总货值的62%；进口批次最多的是观赏花木，共4 521批次，占总批次的46%。2012年进口数量和货值最多的是鳞球茎类，3.45亿头、8 133万美元，分别占总数的89%和总货值的61.7%；进口批次最多的是鲜切花，共2 553批次，占总批次的38.6%。见表2。

表2 2010—2012年进境苗木贸易情况（引自国家质检总局数据）

类 别	数 量［株（个）/ 千克］			货 值（美元）		
	2010年	2011年	2012年	2010年	2011年	2012年
苔藓及地衣	26 774	100 000	50	40 184	122 000	61 000
其他植物	531 298	3 207 000	3 127	469 029	133 000	257 000
盆景	551 702	4 143 000	20 492	3 359 450	47 000	11 000
林木	1 437 004	26 001 448 000	15 622 447	2 409 615	11 966 000	8455 000
营养体	4 729 939	267 888 3000	2 200 763	2 654 014	1 256 000	657 000
组培苗	4 816 280	1 484 514 000	93 782	4 506 760	834 000	36 000
切花	7 376 012	6 974 000	5 739	15 041 674	13 334 000	11893 000
果树	8 231 378	1 269 102 000	134 510	1 209 870	2 709 000	162 000
观赏花木	14 050 349	19 826 152 000	24 662 190	13 886 249	29 113 000	28 030 000
鳞球茎、块根茎	269 270 196	388 855 832 000	344 981 942	61 325 568	98 615 000	8 133.6

从贸易情况看，2012年我国进境植物种苗同比增长明显。进口种子数量、批次、货值分别为5.3万吨、4 932批和2.6亿美元，同比分别增长3.8%、23%和10.7%。进口苗木4.4亿株（个、粒）、9 905批和1.6亿美元，同比分别增长51.2%、50.8%和14.3%。见图3。

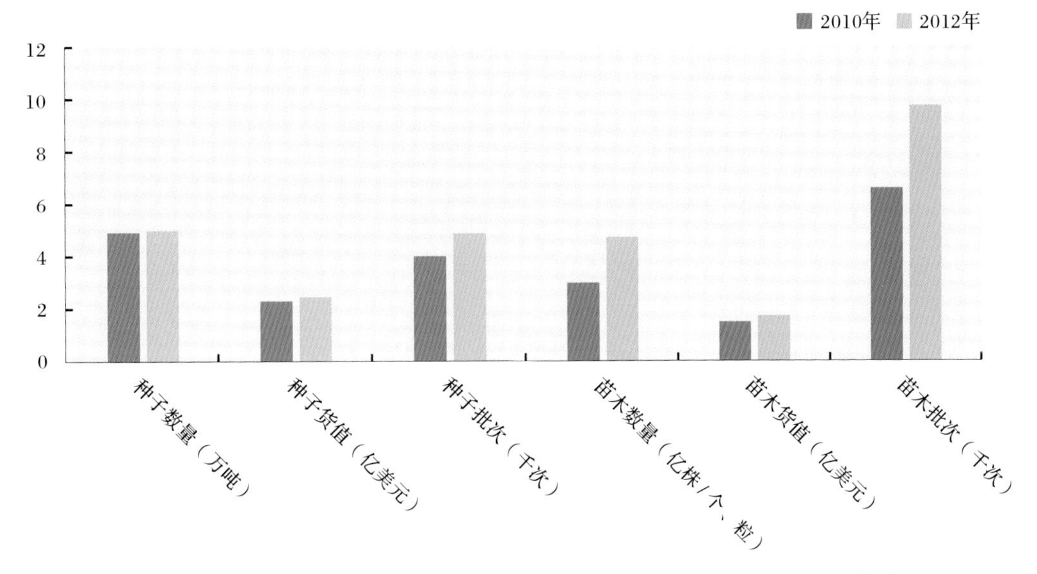

图3　2010年与2012年进境种子、种苗贸易比较（引自国家质检总局数据）

（3）来源广泛。根据进境苗木来源分析：

2010年，从40个国家和地区进口苗木3.1亿株（个）。进口数量最多的是荷兰，共2.58亿株（个），占总量的82%；其次是智利、越南、泰国、新西兰、哥斯达黎加、中国台湾地区、美国、比利时，占总量的16%。

2011年，共从63个国家和地区进口苗木。进口数量最多的是荷兰，共3.6亿株（个），占总量的81%；其次是智利、新西兰、越南、美国，共占总量的17%。

2012年，共从43个国家和地区进口苗木。进口数量最多的国家是荷兰，共3.45亿株/个，占总量的87%；来自智利、新西兰、美国、泰国、日本、中国香港的进口量占总进口量的12%。见图4和图5。

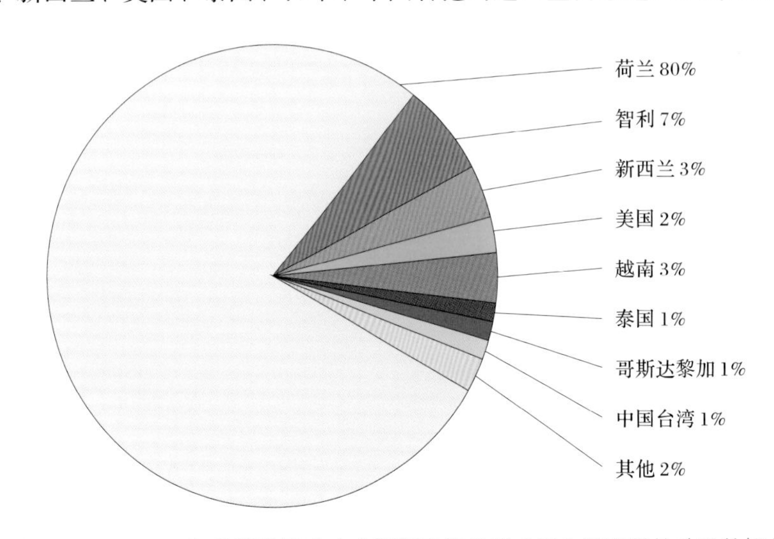

图4　2010—2012年我国进境苗木来源国家和地区（引自国家质检总局数据）

第二节　中国林木种苗进境口岸

1. 我国指定进境植物种苗入境口岸

近年来，外来有害生物随进境植物种苗入侵我国呈明显递增趋势，出入境检验检疫机构在全国外来

图5 近几年我国引进种苗主要国家分

格陵兰
(丹)
巴芬岛
北极圈
美国
阿拉斯加
加
拿
大
北
纽芬兰岛
圣皮埃尔和密克隆(法)
亚速尔群岛
(葡)
阿留申群岛
美国
美
洲
百慕大(英)
北回归线
墨
西
哥
夏威夷群岛
中途岛
夏威夷岛
约翰斯顿岛
(美)
巴哈马
特克斯和凯科斯群岛(英)
古巴
开曼群岛
(英)
海地
多米尼加
伯利兹
危地马拉
洪都拉斯
萨尔瓦多
尼加拉瓜
哥斯达黎加
巴拿马
特立尼达和多巴哥
委内瑞拉
哥伦比亚
圭亚那
苏里南
法属圭亚那
科隆群岛
(加拉帕戈斯群岛)
(厄)
厄瓜多尔
赤道
南
秘
鲁
巴
美
西
玻利维亚
巴拉圭
智
洲
阿
根
廷
利
乌拉圭
南回归线
马绍尔群岛
联邦
基里巴斯
瑙鲁
圣诞岛(基)
菲尼克斯群岛
(基)
图瓦卢
所罗门群岛
瓦利斯和富图纳
(法)
托克劳(新)
萨摩亚
美属萨摩亚
瓦努阿图
斐济群岛
汤加
纽埃(新)
库克群岛
(新)
社会群岛(法)
法属波利尼西亚
土阿莫土群岛
(法)
马克萨斯群岛(法)
土布艾群岛
(法)
皮特凯恩
(英)
复活节岛
(智)
国际日期变更线
北岛
南岛
新西兰
马尔维纳斯群岛(阿根、英争议)
(福克兰群岛)
火地岛
南设得兰群岛
南极圈
洲
东经180°西经
150°
120°
90°
60°
30°
60°
30°
0°

况（▲▲▲ 多　▲▲ 一般　▲ 少）

疫情监测中发现过蔗扁蛾、椰心叶甲、香蕉穿孔线虫、新菠萝粉蚧、水椰八角铁甲、扶桑绵粉蚧等一系列严重危害农林业生产安全的病虫害。

为有效地防范外来有害生物传入扩散，保护我国农林业生产安全，根据《中华人民共和国进出境动植物检疫法》及其实施条例的相关规定，参照国际通行做法，经与农业、林业部门协商，国家质检总局2009年发布的第133号公告《关于进口植物种苗指定入境口岸措施的公告》，对进境林木种苗采取指定入境口岸隔离检疫等措施。根据第133号公告，2010年4月1日，我国实施了进境植物种苗指定口岸制度。首批指定口岸共44个。2010年12月，国家质检总局又发布了《关于批准山东青岛流亭机场等为进口植物种苗指定入境口岸的公告》，动态调整后指定口岸共48个，分布在全国21个省份。见表3和图6。

表3 我国指定进口植物种苗入境口岸一览表

口岸属地	口岸名称
1. 北京市	朝阳口岸、北京首都国际机场
2. 天津市	天津新港
3. 山西省	太原武宿机场
4. 辽宁省	大连大窑湾港
5. 黑龙江省	哈尔滨太平国际机场、黑河港
6. 上海市	外高桥港、浦东国际机场、洋山港
7. 江苏省	连云港、南京港、南京禄口国际机场、苏州工业园保税区
8. 浙江省	杭州萧山国际机场、宁波北仑港
9. 福建省	厦门东渡港、厦门高崎国际机场、福州港、泉州港
10. 江西省	南昌昌北机场
11. 山东省	青岛港、烟台港、青岛流亭机场
12. 河南省	郑州新郑国际机场
13. 湖北省	武汉天河机场
14. 湖南省	长沙黄花机场
15. 陕西省	西安咸阳国际机场
16. 海南省	海口港
17. 广西壮族自治区	凭祥口岸
18. 云南省	昆明巫家坝国际机场、瑞丽口岸
19. 四川省	成都双流国际机场
20. 甘肃省	兰州中川机场
21. 广东省	广州黄埔新港、广州白云国际机场、广州新风港、番禺莲花山口岸、佛山南海港、顺德北滘港、顺德勒流港、佛山滘口口岸、高明港、深圳盐田港、深圳沙头角口岸、深圳大铲湾港、珠海九州港、湛江港

2. 广东口岸进境植物种苗情况

广东省处于我国改革开放前沿，广州芳村花卉博览园、顺德陈村花卉世界是全国最大的种苗、花卉贸易交易中心之一。在全国指定进境植物种苗的48个口岸中，广东有14个，约占1/3。通过广东口岸进口的林木种苗数量处于全国的前列。具体口岸分布见图7。

近几年，广东口岸进口植物种苗情况如下：2007年，进口种球数量和货值为55批、1 237.5万个、180.9万美元，进口苗木数量和货值为1 303批、584.1万株、1 582.2万美元，进口种子数量和货值为1 499批，2 030.4吨、477.3万美元；2008年，进口种球数量和货值为6批、84万个、19.5万美元，进口苗木数量和货值为1 471

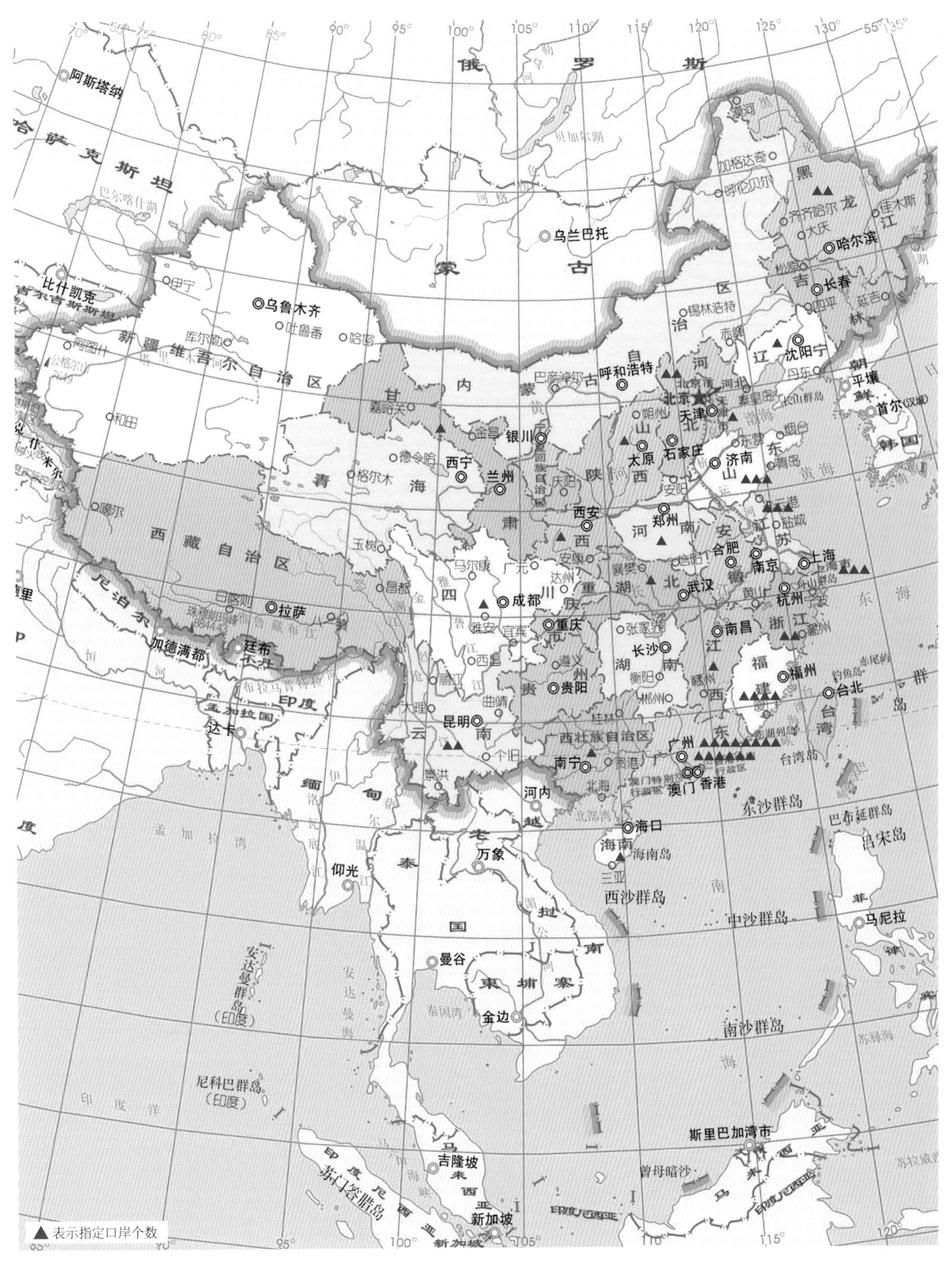

图6 我国指定进境林木种苗入境口岸分布图(带▲)

图7　广东省进境植物种苗口岸分布图

批、489.7万株、1 770.3万美元，进口种子数量和货值为1 436批、2 116.4吨、496万美元；2009年，进口种球数量和货值为17批、293.5万个、18.7万美元，进口苗木数量和货值为1 111批、523.1万株、1184.4万美元，进口种子数量和货值为1 308批、1 773.8吨、437.9万美元；2010年，进口种球数量和货值为6批、190.5万个、9.6万美元，进口苗木数量和货值为912批、558万株、1 045.7万美元，进口种子数量和货值为883批、1 025.2吨、230.4万美元；2011年，进口种球数量和货值为2批、38万个、1.7万美元，进口苗木数量和货值为927批、725.9株、1 148.4万美元，进口种子数量和货值为150批、247.7吨、28.8万美元。2012年，进口种球数量和货值为2批、34万多个、1.8万多美元，进口苗木数量和货值为723批、562万多株、1 150.3万多美元，进口种子数量为1 345批、4 989吨、4 547.3万美元。见表4。

2007—2012年，进境种球、种苗、种子以柱状图方式分析结果见图8、图9、图10。

从图8、图9、图10可以看出，近几年广东口岸进境种球及种子的数量逐年下降，特别是种球数量下降幅度非常大，而进境种苗数量从2007—2012年看则保持稳定，且货值有所上升，种苗主要以观赏性和贸易性为主。因此，进境林木种苗逐渐从进境种子、种球等繁殖材料为目的的传统引种方式向引进观赏性、贸易性种苗的引进方式演变。

综上所述，近几年随着我国林木种苗花卉市场的需求不断增大，进境林木种苗的引种方式发生转变。一方面，为了满足国内贸易市场的需求，我国进境林木种苗呈现数量大、品种多、来源广等特点，导致植物疫情越来越复杂；另一方面，种苗引进方式的转变使得这些进境种苗流向范围广，给种苗的后续监管和疫情控制增加了难度，使得国外有害生物随种苗入侵的风险逐年加大。因此，提高口岸疫情截获和处理能力，保障林木种苗安全引进显得尤为重要，同时也给审批部门和口岸检验检疫工作带来新的挑战和课题。

表4　2007—2012年广东口岸进口植物种苗种子情况统计表（引自广东局数据）

年　份	类　别	批　次	数　量	单　位	货值（美元）
2007	种球	55	12 374 688	个	1 808 790
	种苗	1 303	5 840 800	株	15 822 186
	种子	1 499	2 030 366	千克	4 773 416
2008	种球	6	839 550	个	195 270
	种苗	1 471	4 897 000	株	17 702 510
	种子	1 436	2 116 359	千克	4 959 687
2009	种球	17	2 935 120	个	186 670
	种苗	1 111	5 231 140	株	11 844 250
	种子	1 308	1 773 822	千克	4 378 571
2010	种球	6	1 904 925	个	96 236
	种苗	912	5 580 283	株	10 456 911
	种子	883	1 025 189	千克	2 303 922
2011	种球	2	380 000	个	16 700
	种苗	927	7 259 271	株	11 484 019
	种子	150	247 652	千克	287 865
2012	种球	2	341 750	个	18 140
	种苗	723	5 624 036	株	11 503 313
	种子	1 345	4 989 119	千克	45 473 669

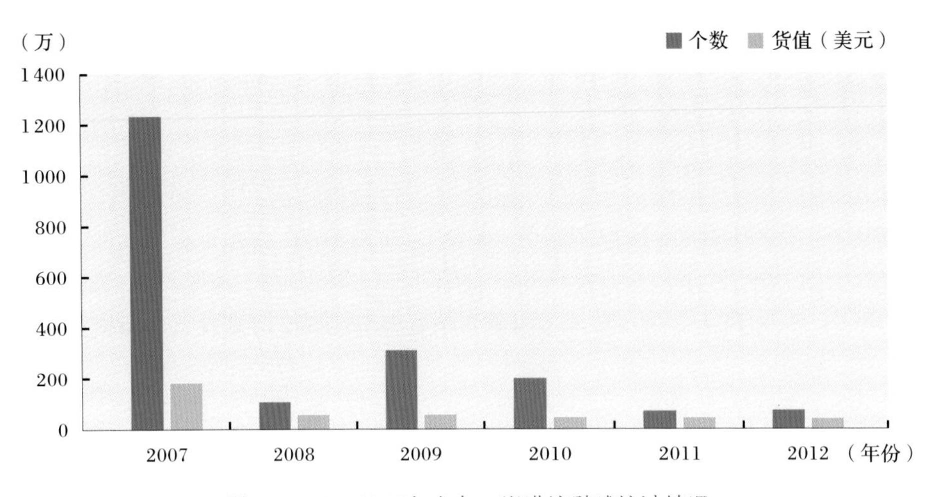

图8 2007—2012年广东口岸进境种球统计情况

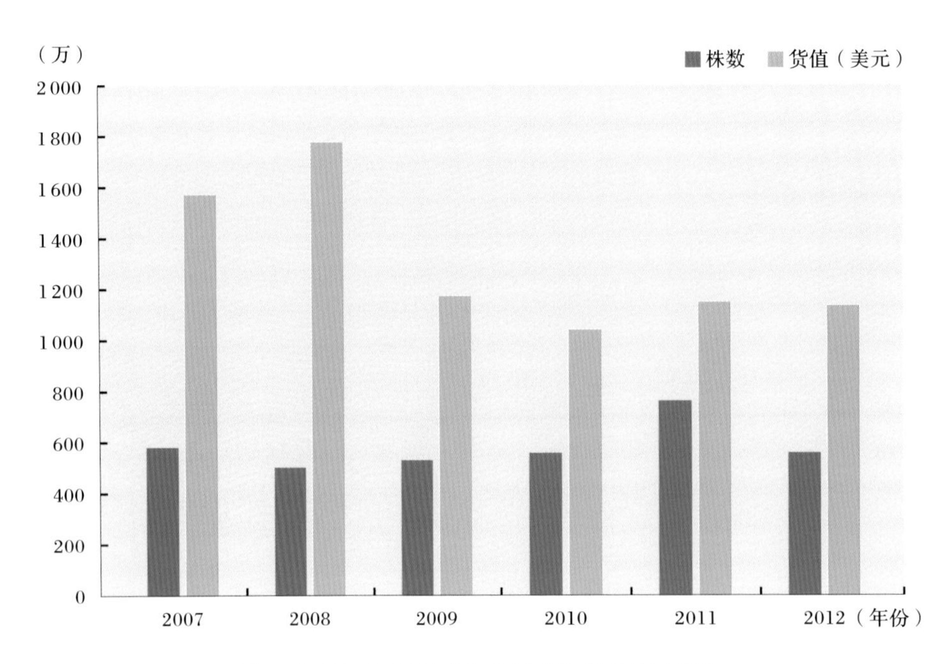

图9 2007—2012年广东口岸进境种苗统计情况

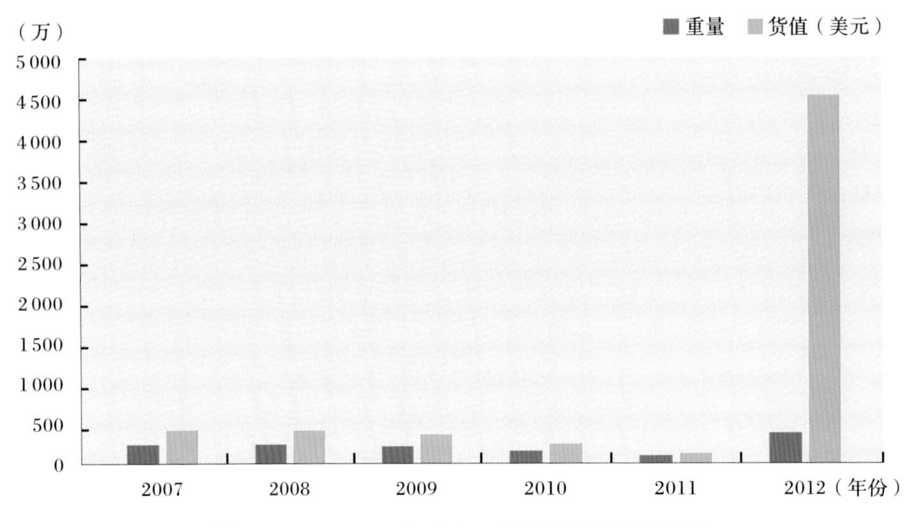

图10 2007—2012年广东口岸进境种子统计情况

第二章　中国进境林木种苗有害生物概况

第一节　进境林木种苗相关的检疫性有害生物

2007年5月28号，发布并实施的《中华人民共和国进境植物检疫性有害生物名录》中，所涉及的林木种苗上携带的有害生物共143 种（属），其中昆虫72 种（属）、线虫13种（属）、病毒15种（属）、杂草6种（属）、软体动物6种（属）、真菌19种（属）、原核生物12种（属）。见表5和图11。

表5　林木种苗上关注的检疫性有害生物种（属）名录

序 号	中 文 名	学 名
昆虫		
1	白带长角天牛	*Acanthocinus carinulatus* (Gebler)
2	黑头长翅卷蛾	*Acleris variana* (Fernald)
3	白点椰盾蚧	*Acutaspis albopicta* (Cockerell)
4	窄吉丁（非中国种）	*Agrilus* spp. (non–Chinese species)
5	摩氏奥粉蚧	*Allococcus morrisoni* Ezzat et McConnell
6	墨西哥棉铃象	*Anthonomus grandis* Boheman
7	苹果花象	*Anthonomus quadrigibbus* Say
8	梨矮蚜	*Aphanostigma piri* (Cholodkovsky)
9	辐射松幽天牛	*Arhopalus syriacus* Reitter
10	白条天牛（非中国种）	*Batocera* spp. (non–Chinese species)
11	椰心叶甲	*Brontispa longissima* (Gestro)
12	荷兰石竹卷蛾	*Cacoecimorpha pronubana* (Hübner)
13	松唐盾蚧	*Carulaspis juniperi* (Bouchè)
14	阔鼻谷象	*Caulophilus oryzae* (Gyllenhal)
15	无花果蜡蚧	*Ceroplastes rusci* (L.)
16	松针盾蚧	*Chionaspis pinifoliae* (Fitch)
17	云杉色卷蛾	*Choristoneura fumiferana* (Clemens)
18	乳白蚁（非中国种）	*Coptotermes* spp. (non–Chinese species)
19	杨干象	*Cryptorrhynchus lapathi* L.
20	砂白蚁(非中国种)	*Cryptotermes* spp. (non–Chinese species)
21	根萤叶甲属	*Diabrotica* Chevrolat
22	小蔗螟	*Diatraea saccharalis* (Fabricius)
23	新菠萝灰粉蚧	*Dysmicoccus neobrevipes* Beardsley
24	桃白圆盾蚧	*Epidiaspis leperii* (Signoret)
25	苹果绵蚜	*Eriosoma lanigerum*（Hausmann）
26	枣大球蚧	*Eulecanium gigantea* (Shinji)
27	西花蓟马	*Frankliniella occidentalis*（Pergande）
28	合毒蛾	*Hemerocampa leucostigma* (Smith)

（续）

序号	中文名	学名
29	松突圆蚧	*Hemiberlesia pitysophila* Takagi
30	刺角沟额天牛	*Hoplocerambyx spinicornis* (Newman)
31	家天牛	*Hylotrupes bajulus* (L.)
32	美洲榆小蠹	*Hylurgopinus rufipes* (Eichhoff)
33	美国白蛾	*Hyphantria cunea* (Drury)
34	楹白蚁（非中国种）	*Incisitermes* spp. (non–Chinese species)
35	齿小蠹（非中国种）	*Ips* spp. (non–Chinese species)
36	黑丝盾蚧	*Ischnaspis longirostris* (Signoret)
37	木白蚁（非中国种）	*Kalotermes* spp. (non–Chinese species)
38	芒果蛎蚧	*Lepidosaphes tapleyi* Williams
39	东京蛎蚧	*Lepidosaphes tokionis* (Kuwana)
40	榆蛎蚧	*Lepidosaphes ulmi* (L.)
41	三叶斑潜蝇	*Liriomyza trifolii* (Burgess)
42	阿根廷茎象甲	*Listronotus bonariensis* (Kuschel)
43	缘白蚁	*Marginitermes* spp. (non–Chinese species)
44	黑美盾蚧	*Melanaspis rhizophorae* (Cockerell)
45	霍氏长盾蚧	*Mercetaspis halli* (Green)
46	矛盾蚧	*Metaspidiotus stauntoniae* (Takahashi)
47	白缘象甲	*Naupactus leucoloma* (Boheman)
48	蔗扁蛾	*Opogona sacchari* (Bojer)
49	甘蔗簇粉蚧	*Paraputo hispidus*(Morrison)
50	灰白片盾蚧	*Parlatoria crypta* Mckenzie
51	木蠹象属	*Pissodes* Germar
52	长小蠹（属）（非中国种）	*Platypus* spp. (non–Chinese species)
53	椰子缢胸叶甲	*Promecotheca cumingi* Baly
54	澳洲蛛甲	*Ptinus tectus* Boieldieu
55	刺桐姬小蜂	*Quadrastichus erythrinae* Kim
56	褐纹甘蔗象	*Rhabdoscelus lineaticollis* (Heller)
57	新几内亚甘蔗象	*Rhabdoscelus obscurus* (Boisduval)
58	李虎象	*Rhynchites cupreus* L.
59	红棕象甲	*Rhynchophorus ferrugineus* (Olivier)
60	棕榈象甲	*Rhynchophorus palmarum* (L.)
61	紫棕象甲	*Rhynchophorus phoenicis* (Fabricius)
62	可可盲蝽象	*Sahlbergella singularis* Haglund
63	楔天牛（非中国种）	*Saperda* spp. (non–Chinese species)
64	桔梗蓟马	*Scirtothrips citri* (Moulton)
65	欧洲榆小蠹	*Scolytus multistriatus* (Marsham)
66	欧洲大榆小蠹	*Scolytus scolytus* (Fabricius)
67	刺盾蚧	*Selenaspidus articulatus* Morgan
68	云杉树蜂	*Sirex noctilio* Fabricius
69	红火蚁	*Solenopsis invicta* Buren

（续）

序号	中文名	学名
70	断眼天牛（非中国种）	*Tetropium* spp. (non–Chinese species)
71	松异带蛾	*Thaumetopoea pityocampa* (Denis et Schiffermuller)
72	七角星蜡蚧	*Vinsonia stellifera* (Westwood)
线虫		
1	草莓滑刃线虫	*Aphelenchoides fragariae* (Ritzema Bos) Christie
2	菊花滑刃线虫	*Aphelenchoides ritzemabosi* (Schwartz) Steiner et Bührer
3	椰子红环腐线虫	*Bursaphelenchus cocophilus* (Cobb) Baujard
4	腐烂茎线虫	*Ditylenchus destructor* Thorne
5	鳞球茎茎线虫	*Ditylenchus dipsaci* (Kühn) Filipjev
6	长针线虫属（传毒种类）	*Longidorus* (Filipjev) Micoletzky（the species transmit viruses）
7	根结线虫属（非中国种）	*Meloidogyne Goeldi* (non–Chinese species)
8	最大拟长针线虫	*Paralongidorus maximus* (Bütschli) Siddiqi
9	拟毛刺线虫属（传毒种类）	*Paratrichodorus* Siddiqi （the species transmit viruses）
10	短体线虫 (非中国种)	*Pratylenchus* Filipjev (non–Chinese species)
11	香蕉穿孔线虫	*Radopholus similis* (Cobb) Thorne
12	毛刺线虫属（传毒种类）	*Trichodorus* Cobb （the species transmit viruses）
13	剑线虫属（传毒种类）	*Xiphinema* Cobb （the species transmit viruses）
病毒		
1	南芥菜花叶病毒	*Arabis mosaic virus*, ArMV
2	可可肿枝病毒	*Cacao swollen shoot virus*, CSSV
3	香石竹环斑病毒	*Carnation ringspot virus*, CRSV
4	黄瓜绿斑驳花叶病毒	*Cucumber green mottle mosaic virus*, CGMMV
5	桃丛簇花叶病毒	*Peach rosette mosaic virus*, PRMV
6	李痘病毒	*Plum pox virus*, PPV
7	李属坏死环斑病毒	*Prunus necrotic ringspot virus*, PNRSV
8	南方菜豆花叶病毒	*Southern bean mosaic virus*, SBMV
9	藜草花叶病毒	*Sowbane mosaic virus*, SoMV
10	草莓潜隐环斑病毒	*Strawberry latent ringspot virus*, SLRSV
11	烟草环斑病毒	*Tobacco ringspot virus*, TRSV
12	番茄黑环病毒	*Tomato black ring virus*, TBRV
13	番茄环斑病毒	*Tomato ringspot virus*, ToRSV
14	椰子死亡类病毒	*Coconut cadang–cadang viroid*, CCCVd
15	椰子败生类病毒	*Coconut tinangaja viroid*, CTiVd
杂草		
1	大阿米芹	*Ammi majus* L.
2	宽叶高加利	*Caucalis latifolia* L.
3	菟丝子	*Cuscuta* spp.
4	薇甘菊	*Mikania micrantha* Kunth
5	宽叶酢浆草	*Oxalis latifolia* Kubth
6	独脚金（非中国种）	*Striga* spp. (non–Chinese species)

（续）

序号	中文名	学名
软体动物		
1	非洲大蜗牛	*Achatina fulica* Bowdich
2	硫球球壳蜗牛	*Acusta despecta* Gray
3	花园葱蜗牛	*Cepaea hortensis* Müller
4	散大蜗牛	*Helix aspersa* Müller
5	盖罩大蜗牛	*Helix pomatia* L.
6	比萨茶蜗牛	*Theba pisana* Müller
真菌		
1	山茶花腐病菌	*Ciborinia camelliae* Kohn
2	桉树溃疡病菌	*Cryphonectria cubensis* (Bruner) Hodges
3	菊花花枯病菌	*Didymella ligulicola* (K.F.Baker, Dimock et L.H.Davis) von Arx
4	锈病菌	*Gymnosporangium clavipes* (Cooke et Peck) Cooke et Peck
5	欧洲梨锈病菌	*Gymnosporangium fuscum* R. Hedw
6	杨树炭团溃疡病菌	*Hypoxylon mammatum* (Wahlenberg) J. Miller
7	铁杉叶锈病菌	*Melampsora farlowii* (J.C.Arthur) J.J.Davis
8	杨树叶锈病菌	*Melampsora medusae* Thumen
9	橡胶南美叶疫病菌	*Microcyclus ulei* (P.Henn.) von Arx
10	新榆枯萎病菌	*Ophiostoma novo–ulmi* Brasier
11	榆枯萎病菌	*Ophiostoma ulmi* (Buisman) Nannf
12	杜鹃花枯萎病菌	*Ovulinia azaleae* Weiss
13	栗疫霉黑水病菌	*Phytophthora cambivora* (Petri) Buisman
14	苜蓿疫霉根腐病菌	*Phytophthora medicaginis* E.M. Hans. et D.P. Maxwell
15	栎树猝死病菌	*Phytophthora ramorum* Werres, De Cock et Man in't Veld
16	丁香疫霉病菌	*Phytophthora syringae* (Klebahn) Klebahn
17	天竺葵锈病菌	*Puccinia pelargonii–zonalis* Doidge
18	杜鹃芽枯病菌	*Pycnostysanus azaleae* (Peck) Mason
19	唐菖蒲横点锈病菌	*Uromyces transversalis* (Thümen) Winter
原核生物		
1	兰花褐斑病菌	*Acidovorax avenae* subsp. *cattleyae* (Pavarino) Willems et al.
2	桤树黄化植原体	Alder yellows phytoplasma
3	香石竹细菌性萎蔫病菌	*Burkholderia caryophylli* (Burkholder) Yabuuchi et al.
4	椰子致死黄化植原体	Coconut lethal yellowing phytoplasma
5	郁金香黄色疱斑病菌	*Curtobacterium flaccumfaciens* pv.*oortii* (Saaltink et al.) Collins et Jones
6	榆韧皮部坏死植原体	Elm phloem necrosis phytoplasma
7	杨树枯萎病菌	*Enterobacter cancerogenus* (Urosevi) Dickey et Zumoff
8	梨火疫病菌	*Erwinia amylovora* (Burrill) Winslow et al.
9	菊基腐病菌	*Erwinia chrysanthemi* Burkhodler et al.
10	核果树溃疡病菌	*Pseudomonas syringae* pv.*morsprunorum* (Wormald) Young et al.
11	十字花科黑斑病菌	*Pseudomonas syringae* pv.*maculicola* (McCulloch) Young et al.
12	风信子黄腐病菌	*Xanthomonas hyacinthi* (Wakker) Vauterin et al.

进境林木种苗相关的各类检疫性有害生物所占比例见图11：

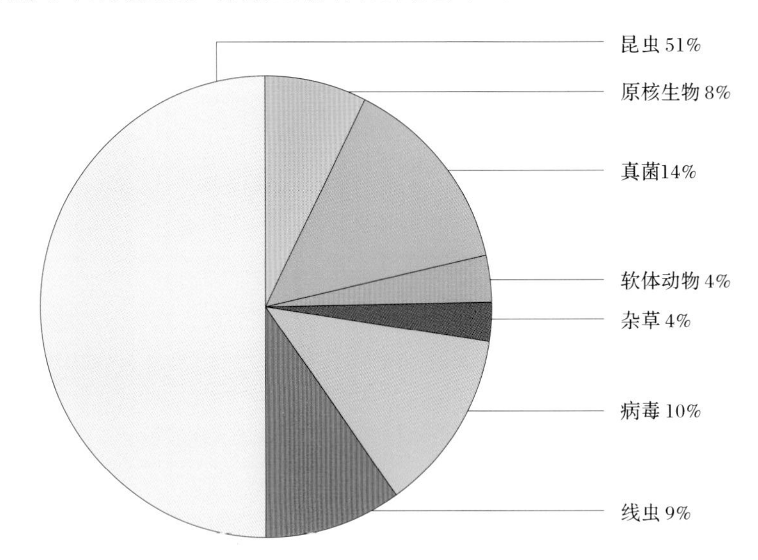

图11　进境林木种苗相关的检疫性有害生物统计分析

第二节　进境林木种苗重点关注的有害生物名单

根据进境林木种苗风险分析、相关部门引种批文（许可证）要求、国家质检总局发布的警示通告、质检疫情上报系统等相关信息，整理了进境种苗重点关注的有害生物名单，分为苗木类和种球类，其中包括非检疫性的有害生物。

苗木类林木种苗需重点关注的有害生物共107种（属），其中，昆虫29种（属）、线虫27种（属）、病毒16种（属）、真菌18种（属）、软体动物3种（属）、细菌13种（属）、原核生物1种（属）、植原体1种（属）；种球类林木种苗需重点关注的有害生物共34种（属），其中昆虫4 种（属）、线虫13种（属）、病毒10种（属）、螨2种（属）、细菌5种（属）。见表6。

表6　进境林木种苗上重点关注的有害生物种（属）名录

种 类	序 号	中 文 名	学 名
苗木类	昆虫		
	1	北方材小蠹	*Xyleborus dispar*
	2	材小蠹属	*Xyleborus* sp.
	3	对粒材小蠹	*Xyleborus perforans* Wollaston
	4	荷兰石竹卷叶蛾	*Cacoecimorpha* pronubana
	5	褐纹甘蔗象	*Rhabdoscelus lineaticollis* (Heller)
	6	红火蚁	*Solenopsis invicta* Buren
	7	红蜡蚧	*Croplastes rubens* Maskell
	8	红棕象甲	*Rhynchophorus ferrugineus*
	9	咖啡果小蠹	*Hypothenemus hampei* (Ferrari)
	10	螺旋粉虱	*Aleurodicus dispersus* Russell

（续）

种类	序号	中文名	学名
	11	拉美斑潜蝇	*Liriomyza huidobrensis* (Blanchard)
	12	美国白蛾	*Hyphantria cunea*
	13	美洲斑潜蝇	*Liriomyza huidobrensis* (Blanchard)
	14	拟叶红蜡蚧	*Ceroplastes rusci*
	15	七角星蜡蚧	*Vinsonia stellifera*
	16	日本金龟子	*Popillia japonica*
	17	三叶草斑潜蝇	*Liriomyza trifolii*
	18	史植鳃金龟	*Phyllophaga smithi*
	19	水椰八角铁甲	*Octodonta nipae* (Maulik)
	20	西花蓟马	*Frankliniella occidentalis*
	21	新菠萝灰粉蚧	*Dysmicoccus neobrevipes*
	22	亚棕象甲	*Rhynchophorus vulneratus*
	23	椰心叶甲	*Brontispa longissima*
	24	椰子缢胸叶甲	*Promecotheca cumingi*
	25	柚叶并盾介壳虫	*Pinnaspis buxi*
	26	蔗扁蛾	*Opogona sacchari* (Bojer)
	27	紫棕象甲	*Rhynchophorus phoenicis*
	28	棕榈核小蠹	*Coccotrypes dactyliperda* Fabricius
	29	棕榈象甲	*Rhynchophorus palmarum*
	线虫		
	1	矮尾短体线虫	*Pratylenchus brachyurus*
苗木类	2	标准剑线虫	*Xiphinema index*
	3	草莓滑刃线虫	*Aphelenchoides fragariae*
	4	草皮长针线虫	*Longidorus caespiticola*
	5	长针线虫属（传毒种）	*Longidorus* spp.
	6	穿刺短体线虫	*Pratylenchus penetrans*
	7	大体长针线虫	*Longidorus macrosoma*
	8	短颈剑线虫	*Xiphinema brevicollum*
	9	短体线虫属	*Pratylenchus* spp.
	10	腐烂茎线虫	*Ditylenchus destructor*
	11	根结线虫属（非中国种）	*Meloidogyne* spp.
	12	厚皮拟毛刺线虫	*Paratrichodorus pachydermus*
	13	剑线虫属(传毒种）	*Xiphinema* spp.
	14	菊花滑刃线虫	*Aphelenchoides ritzemabosi*
	15	菊叶芽线虫	*Aphelenchoides ritzemabosi*
	16	咖啡短体线虫	*Pratylenchus coffeae*
	17	裂尾剑线虫	*Xiphinema diversicaudatum*
	18	鳞球茎茎线虫	*Ditylenchus dipsaci*
	19	卢斯短体线虫	*Pratylenchus loosi*
	20	毛刺线虫属（传毒种）	*Trichodorus* spp.
	21	美洲剑线虫	*Xiphinema americanum*

（续）

种类	序号	中文名	学名
苗木类	22	南方根结线虫	*Meloidogyne incognita*
	23	拟毛刺线虫属（传毒种）	*Paratrichodorus* spp.
	24	胼胝类毛刺线虫	*Paratrichodorus porosus*
	25	甜菜胞囊线虫	*Heterodera schachtii Schmidt*
	26	香蕉穿孔线虫	*Radopholus similis*
	27	椰子红环腐线虫	*Bursaphelenchus cocophilus*
	真菌		
	1	草莓花枯病菌	*Rhizoctonia fragariae*
	2	草莓枯萎病菌	*Fusarium oxysporum* f.sp. *fragariae*
	3	草莓疫霉	*Phytophthora fragariae*
	4	大丽花轮枝孢	*Verticillium dahliae*
	5	菊花疫病菌	*Didymella ligulicola*
	6	栎树猝死病	*Phytophthora ramorum* Werres
	7	美洲山楂锈病菌	*Gymnosporangium globosum*
	8	苜蓿黄萎病菌	*Verticillium albo-atrum*
	9	苹果树炭疽病菌	*Pezicula malicorticis*
	10	葡萄枯萎病菌	*Phoma glomerata*
	11	十字花科蔬菜黑胫病菌	*Leptosphaeria maculans*
	12	榅桲锈病菌	*Gymnosporangium clavipes*
	13	香石竹锈病	*Uromyces dianthi* (Pers.) Niessl
	14	向日葵黑茎病菌	*Leptosphaeria lindquistii* Frezzi
	15	洋葱条黑粉菌	*Urocystis cepulae*
	16	油棕猝倒病菌	*Pythium splendens*
	17	油棕枯萎病菌	*Fusarium oxysporum* f. sp. *elaeidis*
	18	棕榈疫霉	*Phytophthora palmivora*（E.J.Butler）
	细菌		
	1	草莓黄单胞菌	*Xanthomonas fragariae*
	2	地毯草黄单胞菌万年青致病变种	*Xanthomonas axonopodis* pv.*dieffenbachiae*
	3	丁香假单胞菌	*Pseudomonas syringae*
	4	丁香假单胞菌大叶槭致病变种	*Pseudomonas syringae* pv. *aceris*
	5	丁香假单胞菌芹菜致病变种	*Pseudomonas syringae* pv. *apii*
	6	菊基腐病菌	*Erwinia chrysanthemi*
	7	兰花褐斑病菌	*Acidovorax avenae* subsp. *cattleyae* (Pavarino) Willems et al.
	8	兰花细菌性褐腐病	*Erwinia cypripedii*
	9	兰花细菌性叶斑病菌	*Burkholderia gladioli*
	10	梨火疫病菌	*Erwinia amylovora*
	11	栎树猝死病菌	*Phytophthora ramorum* Werres, De Cock et Man in' t Veld
	12	唐菖蒲伯克氏菌葱生致病变种	*Burkholderia gladioli* pv. *alliicola*
	13	香蕉细菌性枯萎病菌	*Burkholderia solanacearum*
	病毒		
	1	B菊花B病毒	*Chrysanthemum virus*

（续）

种 类	序 号	中文名	学 名
苗木类	2	草莓潜隐环斑病毒	*Strawberry latent ringspot virus*, SLRSV
	3	齿兰环斑病毒	*Odontoglossum ringspot tobamo virus*, ORSV
	4	番茄斑萎病毒	*Tomato spotted wilt virus*, TSWV
	5	番茄黑环病毒	*Tomato black ring virus*
	6	番茄环斑病毒	*Tomato ringspot virus*, ToRSV
	7	凤仙花坏死斑病毒	*Impatiens necrotic spot virus*, INSV
	8	建兰花叶病毒	*Cymbidium* spp.
	9	南芥菜花叶病毒	*Arabis mosaic virus*
	10	葡萄卷叶病毒1号	*Grapevine Leafroll Associated Virus* Ⅰ
	11	葡萄卷叶病毒3号	*Grapevine Leafroll Associated Virus* Ⅲ
	12	葡萄卷叶病毒7号	*Grapevine Leafroll Associated Virus* Ⅶ
	13	葡萄扇叶病毒	*Grapevine fanleaf virus*, GFLV
	14	烟草环斑病毒	*Tobacco ringspot virus*
	15	椰子败生类病毒	*Coconut tinangaja viroid*, CTiVd
	16	椰子死亡类病毒	*Coconut cadang-cadang viroid*, CCCVd
	软体动物		
	1	非洲大蜗牛	*Achatina fulica Bowdich*
	2	蛞蝓	*Veronicella sloanii*
	3	盖罩大蜗牛	*Helix pomatia*
	原核生物		
	1	唐菖蒲伯克氏菌唐菖蒲致病变种	*Burkholderia gladioli* pv. Gladioli
	植原体		
	1	椰子致死黄化植原体	Lethal yellowing of coconut
种球类	昆虫		
	1	白缘象甲	*Graphognathus leucoloma* (Boheman)
	2	百合西圆尾蚜	*Dysaphis tulipae* (Boyer de Fonscolombe)
	3	梨圆盾蚧	*Quadraspidiotus perniciosus*
	4	七角星蜡蚧	*Vinsonia stellifera*
	线虫		
	1	长针线虫属(传毒种)	*Longidorus* spp.
	2	穿刺短体线虫	*Pratylenchus penetrans* Cobb
	3	穿刺根腐线虫	*Pratylenchus penetrans*
	4	短体线虫属	*Pratylenchus* spp.
	5	腐烂茎线虫	*Ditylenchus destructor* Thorne
	6	根结线虫属	*Meloidogyne* spp.
	7	剑线虫属（传毒种类）	*Xiphinema* spp.
	8	鳞球茎茎线虫	*Ditylenchus dipsaci*
	9	毛刺线虫属（传毒种类）	*Trichodorus* spp.

（续）

种 类	序 号	中文名	学 名
	10	拟毛刺线虫属（传毒种类）	*Paratrichodorus* spp.
	11	伤残根腐线虫	*Pratylenchus vulnus*
	12	香蕉穿孔线虫	*Radopholus similis*
	13	最大拟长针线虫	*Paralongidorus maximus* (Butschli) Siddiqi
	病毒		
	1	草莓潜隐环斑病毒	*Strawberry latent ringspot virus*, SLRSV
	2	番茄斑萎病毒	*Tomato spotted wilt virus* (TSWV)
	3	番茄黑环病毒	*Tomato black ring virus*, TBRV
	4	番茄环斑病毒	*Tomato ringspot virus*, ToRSV
	5	风信子黄腐病菌	*Xanthomonas campestris* pv. Hyacinthi
	6	菊基腐病菌	*Erwinia chrysanthemi*
	7	南芥菜花叶病毒	*Arabis mosaic virus*, ArMV
	8	苹果茎沟病毒	*Apple stem grooving virus*
	9	烟草脆裂病毒	*Tobacco rattle tobra virus*, TRV
种球类	10	烟草环斑病毒	*Tobacco ringspot virus*, TRSV
	螨		
	1	刺足根螨	*Rhizoglyphus echinopus*
	2	罗宾根螨	*Rhizoglyphus robini*
	细菌		
	1	地毯草黄单胞菌花叶万年青致病变种	*Xanthomonas axonopodis* pv. Dieffenbachiae
	2	风信子黄腐病菌	*Xanthomonas campestris* pv. Hyacinthi
	3	胡萝卜软腐欧文氏菌胡萝卜亚种	*Erwinia carotovora* subsp.
	4	菊基腐病菌	*Erwinia chrysanthemi*
	5	郁金香疱斑病菌	*Curtobacterium flaccumfaciens* pv. Oortii

进境林木种苗重点关注的各类有害生物所占比例，按苗木类和种球类分别见图12、图13。

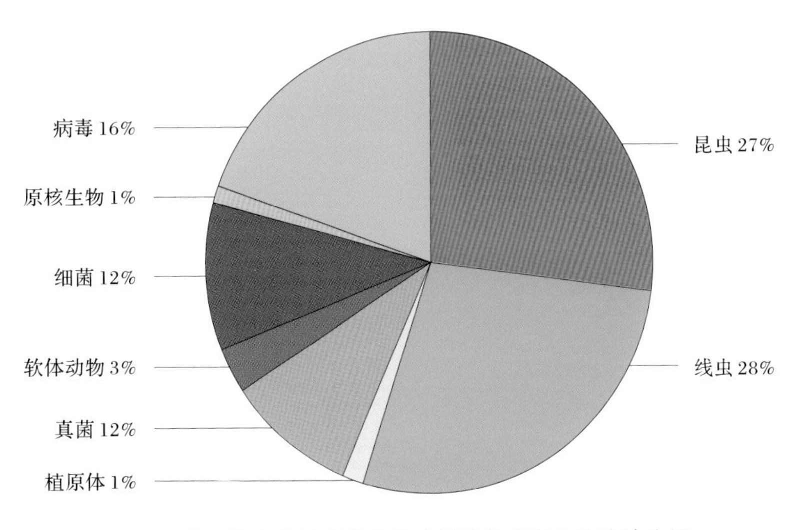

图12 进境苗木类林木种苗重点关注的有害生物统计分析

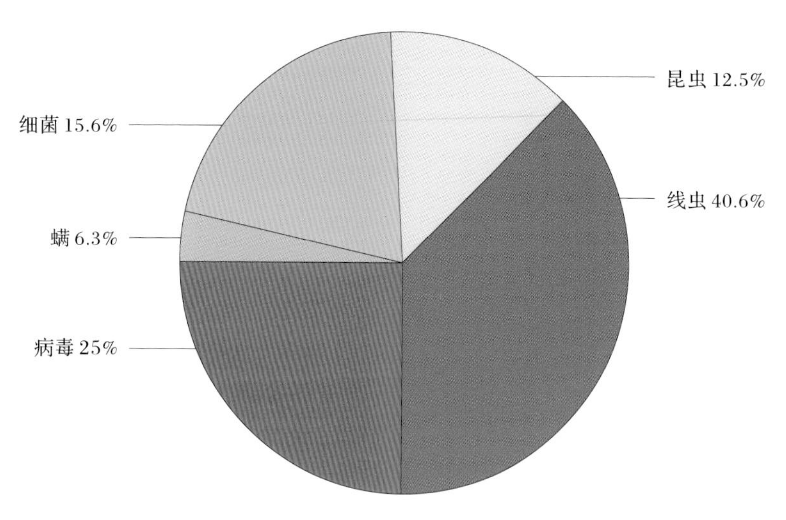

图13 种球类重点关注的有害生物统计分析

第三节 进境林木种苗截获有害生物情况

1. 进境林木种苗截获有害生物情况

近年来，我国从进境林木种苗上截获有害生物的数量和次数都呈现上升的趋势，全国各检疫口岸在来自60多个国家或地区的林木种苗中检疫出有害生物。据国家质检总局统计数据，2005年我国进境林木种苗截获有害生物5 234批次，2007年截获有害生物6 556批次；到了2012年，截获有害生物8 378批次。此外，截获的有害生物种类也大幅增加，2009年，在全国进口林木种苗中共截获有害生物457种；2010年，在全国进口植物种苗中共截获有害生物达688种。具体截获有害生物种类名录见附录1。

2. 进境林木种苗截获检疫性有害生物情况

在截获的有害生物中，国家禁止进境的检疫性有害生物也占据相当比例。从近几年的统计数据看，我国从进境林木种苗中截获国家禁止进境的检疫性有害生物逐年增加。2005年截获206批次，2007年截获了252批次，2012年到达2 997批次。2005—2012年我国进境林木种苗截获有害生物批次情况见表7。

表7 2005—2012年我国进境林木种苗截获有害生物批次情况

年 份	一般性有害生物截获批次	检疫性有害生物截获批次
2005	5 234	206
2006	4 506	200
2007	6 556	252
2008	9 866	401
2009	7 851	483
2010	7 402	513
2011	8 378	506
2012	11 216	443
总计	61 009	2 997

注：不包括农作物引种截获有害生物的批次。

3. 进境林木种苗截获重大疫情及警示通告情况

国家质检总局根据近几年全国各进境种苗口岸截获国外重大疫情的情况，多次发布了警示通告。1999年，广东南海口岸从我国台湾进口的华盛顿椰子中截获椰心叶甲，成为全国首次从进境贸易种苗中截获的国家禁止进境的检疫性有害生物。国家检验检疫部门联合有关部委发布了警示通告。此后，全国各口岸陆续从进境种苗中截获了国家禁止进境的检疫性有害生物和重大疫情。2001年，广东南海口岸从韩国、马来西亚进口的红掌中截获了香蕉穿孔线虫；2002年，广东南海口岸从菲律宾进口的果子蔓属种苗中截获了香蕉穿孔线虫；2003年，广东南海口岸从墨西哥进口的咖啡种子中截获咖啡果小蠹，从美国进口的加拿利海枣种子中截获棕榈核小蠹；2004年，广东南海口岸从泰国进口的马氏射叶椰子中截获水椰八角铁甲；2005年广东南海口岸从马来西亚进口的蒲桃种苗中截获香蕉穿孔线虫；2008年，广东南海口岸从我国台湾进口的马拉巴栗中截获蔗扁蛾；2009年，云南口岸从新西兰进口的百合种球中截获南芥菜花叶病毒、烟草环斑病毒、草莓潜隐环斑病毒、穿刺短体线虫；2010年，上海口岸从荷兰进口的风信子种球中截获菊基腐病菌，广东口岸从荷兰进口的郁金香种球中截获鳞球茎茎线虫；2011年，山东口岸从法国进口的葡萄种苗中截获葡萄卷叶病毒1号，广东番禺莲花山口岸从印尼进口的辣椒种子中截获番茄环斑病毒，福州口岸从阿根廷进口的玉米种子中截获玉米褪绿斑驳病毒，上海口岸从意大利进口的栎树种苗中截获栎树猝死病菌，山东口岸从韩国进口的大花蕙兰中截获兰花细菌性褐腐病菌、兰花细菌性叶斑病菌，广东口岸从乌拉圭进口的加拿大海枣中截获红火蚁，从我国台湾进口的罗汉松中截获非洲大蜗牛，广东深圳口岸从泰国进口的茶花中截获对粒材小蠹，广东南海口岸从我国台湾进口的福木中截获新菠萝灰粉蚧；2012年，上海口岸从我国台湾进口的兰花中截获菊基腐病菌，宁波口岸从日本进口的鸡爪槭中截获马丁长针线虫，宁波口岸从意大利进口的地中海柏木、穗花牡荆中截获具毒毛刺线虫，广东南海口岸从西班牙进口的金琥中截获攻击茶蜗牛；2013年，宁波口岸从日本进口的鸡爪槭中截获日本短体线虫，山东口岸从韩国进口的大花蕙兰中截获洋葱腐烂病菌。以上截获情况均由国家质检总局发布警示通报。见表8。

表8　历年来我国在进境林木种苗上截获的部分重要疫情并被警示通报的情况

截获年份	来源	种苗名称	有害生物	截获口岸	为害情况
1999	中国台湾	华盛顿椰子	椰心叶甲	广东口岸	全国首次截获，检疫性有害生物
1999	中国台湾	华盛顿椰子	红棕象甲	广东口岸	检疫性有害生物
2001	韩国	红掌	香蕉穿孔线虫	广东口岸	全国首次从贸易货物截获，检疫性有害生物
2001	马来西亚	红掌	香蕉穿孔线虫	广东口岸	全国首次从马来西亚截获，检疫性有害生物
2002	菲律宾	果子蔓	香蕉穿孔线虫	广东口岸	全国首次从菲律宾截获，检疫性有害生物
2003	墨西哥	咖啡种子	咖啡果小蠹	广东口岸	检疫性有害生物
2003	美国	加拿利海枣种子	棕榈核小蠹	广东口岸	关注的非检疫性有害生物
2003	中国台湾	蝴蝶兰	草莓滑刃线虫	广东口岸	检疫性有害生物
2003	泰国	石斛兰	草莓滑刃线虫	广东口岸	检疫性有害生物
2003	中国台湾	竹芋	根结线虫	广东口岸	检疫性有害生物
2003	韩国	华盛顿椰子、中东海枣	根结线虫	广东口岸	检疫性有害生物
2004	印度尼西亚	红果	香蕉穿孔线虫	广东口岸	首次从印度尼西亚截获，检疫性有害生物

（续）

截获年份	来 源	种苗名称	有害生物	截获口岸	为害情况
2005	马来西亚	葡桃种苗	香蕉穿孔线虫	广东口岸	检疫性有害生物
2004	泰国	马氏射叶椰子	水椰八角铁甲	广东口岸	全国首次截获并关注的非检疫性有害生物
2006	荷兰	百合种球	南芥菜花叶病毒	天津口岸	检疫性有害生物
2008	中国台湾	马拉巴栗	蔗扁蛾	广东口岸	全国首次截获，检疫性有害生物
2009	韩国	大花蕙兰	长针属线虫	山东口岸	检疫性有害生物，可传带多种危险性植物病毒
2009	荷兰	百合种球	南芥菜花叶病毒、番茄环斑病毒	云南口岸	检疫性有害生物
2009	新西兰	百合种球	南芥菜花叶病毒、烟草环斑病毒、草莓潜隐环斑病毒、穿刺短体线虫	云南口岸	检疫性有害生物
2009	泰国	中东海枣	红棕象甲	广东口岸	检疫性有害生物
2010	荷兰	风信子种球	菊基腐病菌	上海口岸	检疫性有害生物，为害花卉、蔬菜及香蕉、水稻、玉米等作物的细菌病害，可造成严重经济损失
2010	荷兰	郁金香种球	鳞球茎茎线虫	广东口岸	检疫性有害生物，严重为害郁金香、水仙、风信子等观赏植物以及多种农作物和蔬菜
2010	意大利	葡萄苗	葡萄卷叶病毒3号	山东口岸	关注的非检疫性有害生物，严重影响葡萄苗生长，导致葡萄大幅减产，品种严重退化
2010	意大利	葡萄苗	葡萄卷叶病毒3号、7号、葡萄扇叶病毒	宁夏口岸	关注的非检疫性有害生物，严重影响葡萄苗生长，导致葡萄大幅减产，品种严重退化
2011	法国	葡萄苗	葡萄卷叶病毒1号	山东口岸	关注的非检疫性有害生物，葡萄卷叶病毒严重影响葡萄苗生长，导致葡萄大幅减产，品种严重退化
2011	意大利	栎树种苗	栎树猝死病菌	上海口岸	检疫性有害生物，是一种为害林木和观赏植物的毁灭性真菌病害，可在短期内造成寄主植物大量死亡
2011	韩国	大花蕙兰	兰花细菌性褐腐病菌、兰花细菌性叶斑病菌	山东口岸	关注的非检疫性有害生物，对兰科植物造成严重为害，易随植株远距离传播扩散，在我国尚没有发生分布的报道
2011	乌拉圭	加拿大海枣	红火蚁	广东口岸	检疫性有害生物
2011	中国台湾	罗汉松	非洲大蜗牛	广东口岸	检疫性有害生物
2011	泰国	茶花	对粒材小蠹	深圳口岸	检疫性有害生物
2011	中国台湾	福木	新菠萝灰粉蚧	广东口岸	检疫性有害生物
2012	中国台湾	兰花	菊基腐病菌	上海口岸	检疫性有害生物
2012	日本	鸡爪槭	马丁长针线虫	宁波口岸	检疫性有害生物
2012	意大利	地中海柏木、穗花牡荆	具毒毛刺线虫	宁波口岸	检疫性有害生物
2012	西班牙	金琥	攻击茶蜗牛	广东口岸	全国首次截获，关注的非检疫性有害生物
2013	日本	鸡爪槭	日本短体线虫	宁波口岸	检疫性有害生物
2013	韩国	大花蕙兰	洋葱腐烂病	山东口岸	全国首次截获，检疫性有害生物
2013	日本	罗汉松	可可花瘿病菌	宁波口岸	全国首次截获，检疫性有害生物

第四节　进境林木种苗截获有害生物情况分析

1. 进境林木种苗批次与截获有害生物批次情况分析

据统计，2005年我国各口岸进境种苗5 707批次，截获一般性有害生物5 234批次，检疫性有害生物206批次；2006年进境种苗3 812批次，截获有害生物4 506批次，检疫性有害生物200批次；2007年进境种苗4 569批次，截获有害生物6 556批次，检疫性有害生物252批次；2008年进境种苗5 624批次，截获有害生物9 866批次，检疫性有害生物401批次；2009年进境种苗5 245批次，截获有害生物7 851批次，检疫性有害生物483批次；2010年进境种苗4 729批次，截获有害生物7 402批次，检疫性有害生物513批次；2011年进境种苗9 905批次，截获一般性有害生物12 521批次，检疫性有害生物506批次；2012年进境种苗6 621批次，截获一般性有害生物11 216批次，检疫性有害生物443批次。

从截获一般性有害生物情况看，截获批次与进境林木种苗批次情况基本成正比，且截获一般性有害生物批次往往大于进口种苗批次，说明同一批进口种苗可以截获多批一般性有害生物。见图14。

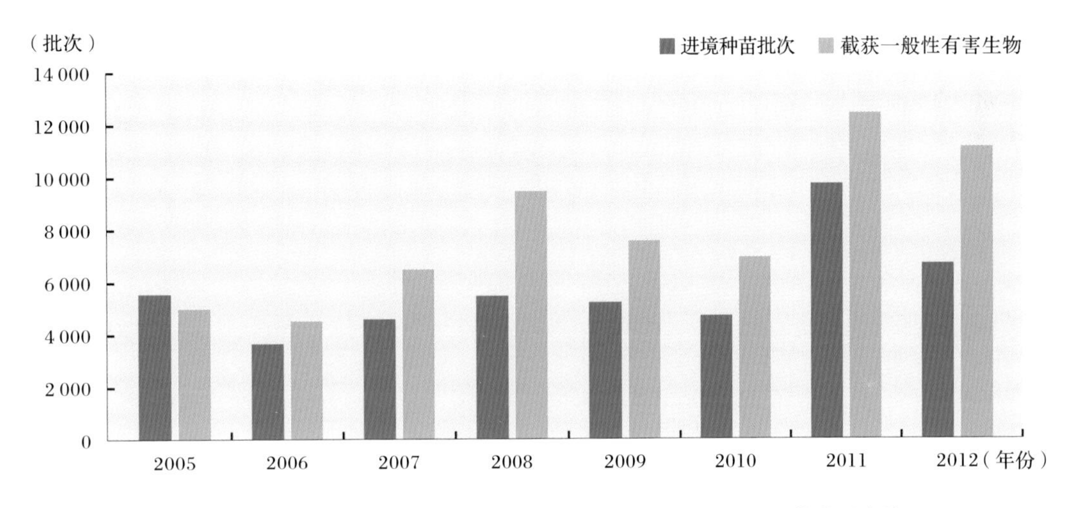

图14　2005—2012年我国进境林木种苗批次及一般性有害生物截获批次情况

从截获国家禁止的进境检疫性有害生物看，2005—2012年截获批次逐年递增，但截获批次与进境种苗批次无太大关系，截获禁止进境检疫性有害生物应该与不同国家引种地区和引进不同种类的种苗的风险息息相关。见图15。

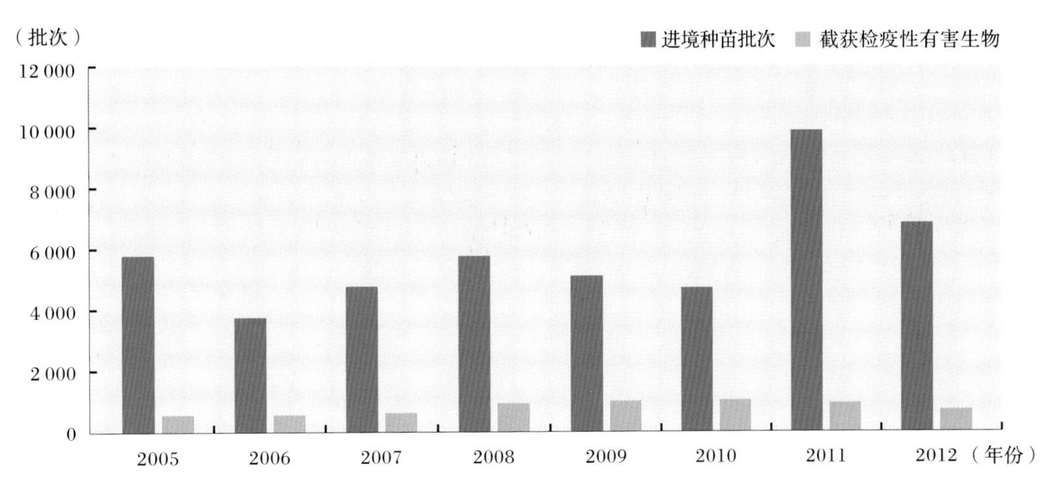

图15　2005—2012年我国进境林木种苗批次及检疫性有害生物截获批次情况

2. 进境林木种苗截获有害生物批次分类情况

进境林木种苗截获的有害生物种类多，范围广，包含病、虫、杂草、螨类等类别。据统计，2005—2012年，截获的有害生物以线虫和昆虫类居多，分别达到了55%和23%；其次是真菌和杂草，分别占11%和6%；截获最少的是细菌，不到1%。见图16、图17。

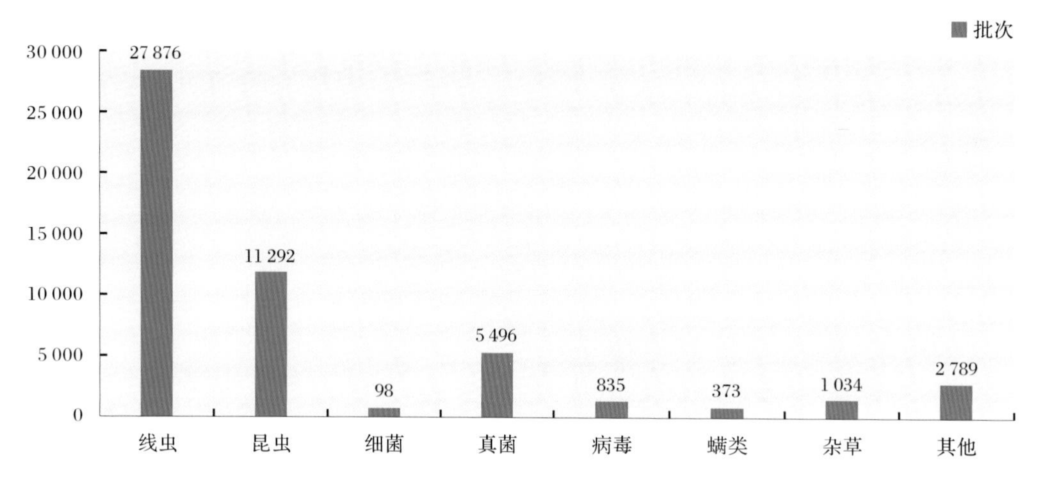

图16 2005—2012年累计我国进境林木种苗截获有害生物批次分类情况

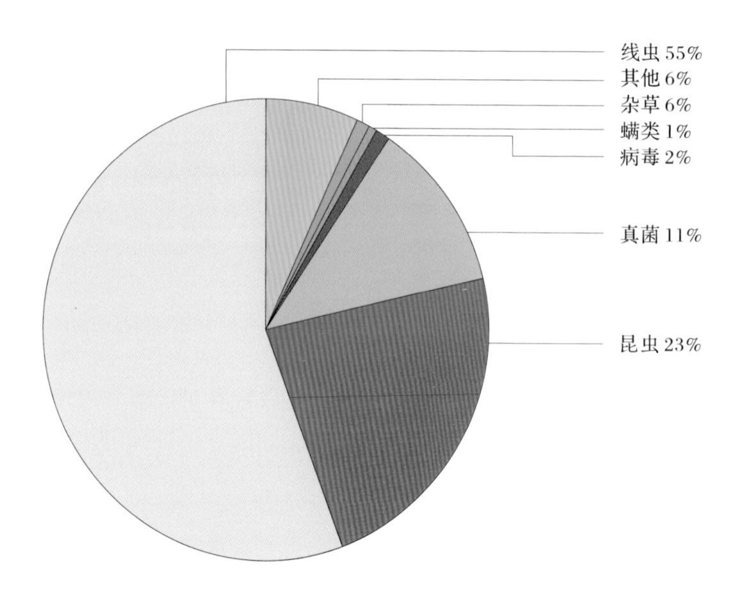

图17 2005—2012年累计我国进境林木种苗截获有害生物批次比例分类情况

从历年截获各类有害生物的情况看，线虫和昆虫截获情况每年都保持较大的批次数，病毒和真菌截获情况出现逐年上升趋势，而细菌和螨类截获情况一直都较少。见表9和图18。

表9 2005—2011年我国进境林木种苗截获有害生物批次分类情况

年 份	线 虫	昆 虫	细 菌	真 菌	病 毒	螨 类	杂 草	其 他
2005	3 682	809	7	344	54	8	295	35
2006	2 868	747	16	359	60	204	73	179
2007	4 453	944	10	623	81	76	78	291

（续）

年 份	线 虫	昆 虫	细 菌	真 菌	病 毒	螨 类	杂 草	其 他
2008	5 126	2 970	5	801	79	40	182	663
2009	3 742	2 227	3	1 084	81	15	95	604
2010	3 742	1 925	12	974	105	24	58	562
2011	4 263	1 670	45	1 311	375	6	253	455
总计	27 876	11 292	98	5 496	835	373	1 034	2 789

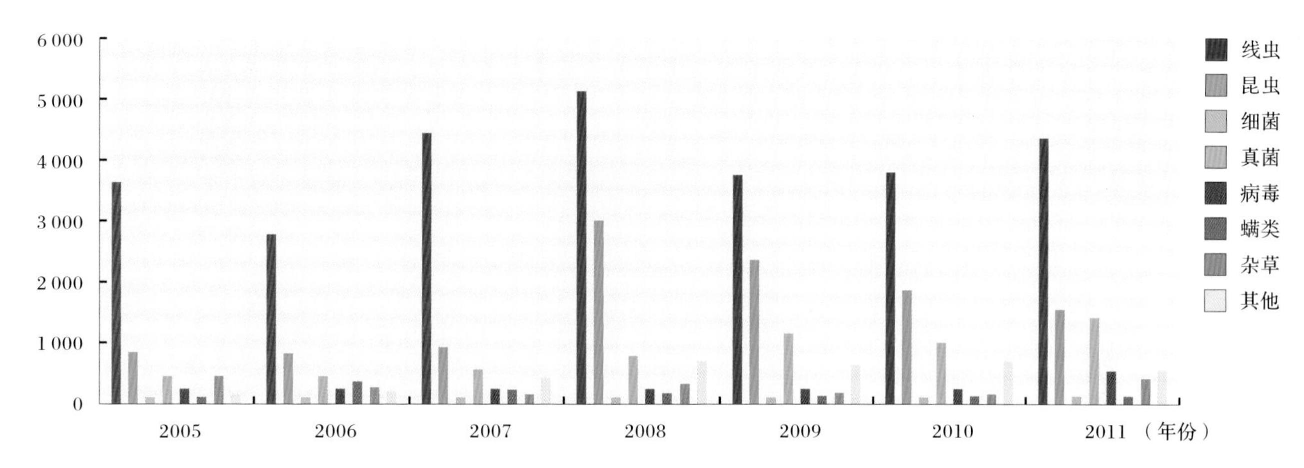

图18 2005—2011年我国进境林木种苗截获有害生物批次分类情况

第三章　进境种苗检疫操作程序

进境种苗操作基本程序：

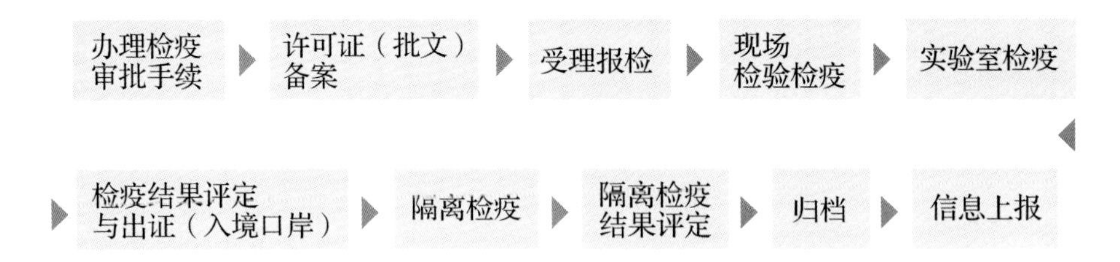

第一节　检疫审批

进境植物种苗时，引种单位、个人或其代理人在签订贸易合同之前须事先办理检疫审批手续，并在贸易合同中列明检疫审批提出的检疫要求。在种苗进境前10~15日，将进境动植物检疫许可证或引进种子、苗木检疫审批单送入境口岸直属检验检疫机构办理备案手续。

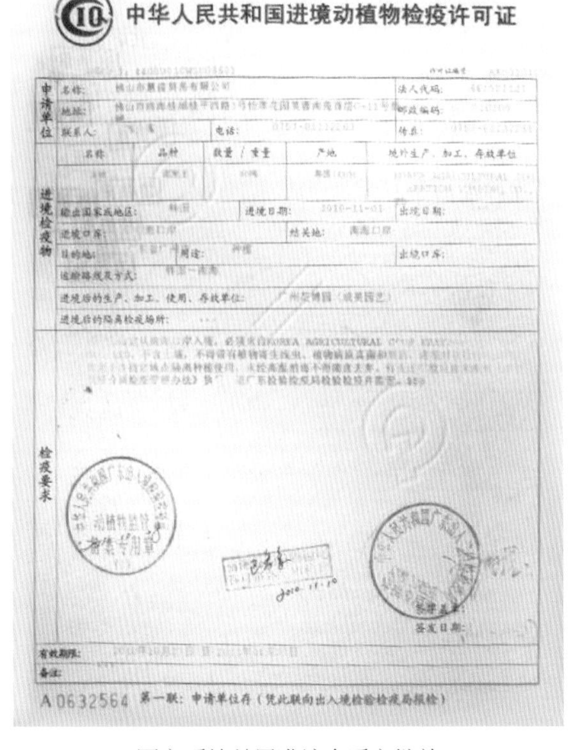

中华人民共和国进境动植物检疫许可证

申请单位　名称：　法人代码：
地址：　邮政编码：
联系人：　电话：　传真：

进境检疫物　名称　品种　数量/重量　产地　境外生产、加工、存放单位
输出国家或地区：　进境日期：　出境日期：
进境口岸：　结关地：
目的地：　用途：　出境口岸：
运输路线及方式：
进境后的生产、加工、使用、存放单位：
进境后的隔离检疫场所：

检疫要求

签发日期：
有效期限：
备注：

A 0632564　第一联：申请单位存（凭此联向出入境检验检疫局报检）

国家质检总局进境介质审批单

1. 检疫审批部门的分工

进境植物繁殖材料的检疫审批根据以下不同情况分别由相应部门负责：

（1）国家质检总局负责。因科学研究、教学等特殊原因，需从国外引进禁止进境的植物繁殖材料；因特殊原因引进带有土壤或生长介质的植物繁殖材料的检疫审批工作。

（2）林业部负责。林木（木本）、观赏植物（花卉等）的审批。

（3）农业部负责。农作物及草本观赏植物（观赏花卉除外）的审批。

2. 办理检疫审批需具备的条件

进境种苗必须办理检疫审批手续，办理植物繁殖材料进境检疫审批手续需具备下列条件：

(1) 输出国或者地区无重大植物疫情。

(2) 符合中国有关动植物检疫法律、法规、规章的规定。

(3) 符合中国与输出国家或者地区签订的有关双边检疫条约，包括检疫协定、检疫议定书、检疫会谈备忘录等。

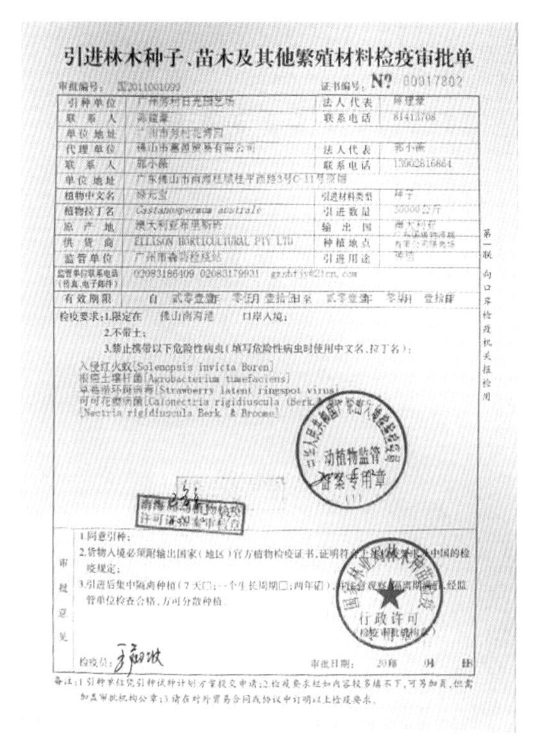

引进林木种子、苗木及其他繁殖材料检疫审批单

引种单位	广州芳村日光园艺场	法人代表	
联系人		联系电话	81413708
单位地址	广州市芳村花湾园		
代理单位	佛山市嘉源贸易有限公司	法人代表	
联系人		联系电话	13602816864
植物中文名	栗豆树	引进材料类型	
植物拉丁名	Castanospermum australe	引进数量	
原产地	澳大利亚	输出国	
供货商	ELLISON HORTICULTURAL PTY LTD	种植地点	
监管单位		引进用途	

检疫要求：1.限定在　佛山南海港　口岸入境；

2.不带土；

3.禁止携带以下危险性病虫（填写危险性病虫时使用中文名，拉丁名）：

入侵红火蚁[Solenopsis invicta Buren]

根癌土壤杆菌[Agrobacterium tumefaciens]

草莓潜环斑病毒[Strawberry latent ringspot virus]

可可花瘿病菌[Calonectria rigidiuscula (Berk. & Broome)]

[Nectria rigidiuscula Berk. & Broome]

审批意见：1.同意引种；

2.货物入境必须附输出国家（地区）官方植物检疫证书，证明符合中国的检疫规定；

3.引进后集中隔离种植（ ）经监管单位检查合格，方可分散种植。

林业部进境种苗审批单

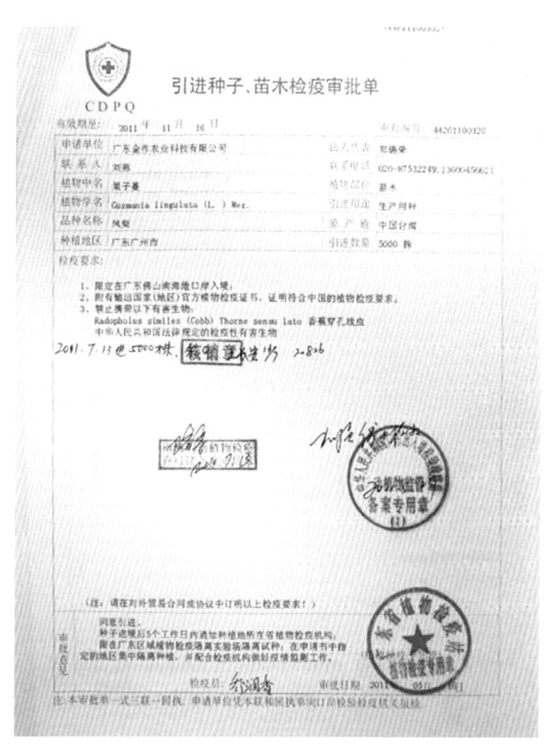

引进种子、苗木检疫审批单

申请单位	广东金作农业科技有限公司	法人代表	
联系人		联系电话	020-87532249，13600456621
植物中名	星子菱	植物部位	苗木
植物学名	Guzmania lingulata (L.) Mez.	引进用途	生产用种
品种名称	凤梨	原产地	中国台湾
种植地区	广东广州市	引进数量	5000 株

检疫要求：

1、限定在广东佛山南海港口岸入境；

2、附有输出国家（地区）官方植物检疫证书，证明符合中国的植物检疫要求；

3、禁止携带以下有害生物：

Radopholus similes (Cobb) Thorne sensu lato 香蕉穿孔线虫

中华人民共和国法律规定的检疫性有害生物

（注：请在对外贸易合同或协议中订明以上检疫要求！）

农业部进境种苗审批单

第二节　受理报检

引进植物种苗的货主或其代理人应提前7个工作日向口岸检验检疫机关申请报检事宜，进境种苗报检时需提供以下单证资料：

（1）入境货物报检单。

（2）引进种子、苗木审批单。

（3）输出国家或地区官方植物检疫证书。

（4）产地证书。

（5）贸易合同或信用证及发票。

（6）海关提单或装箱单。

（7）代理报检委托书（使用代理报检时用）。

（8）其他单证和资料。

已收费

中华人民共和国出入境检验检疫

入境货物报检单

报检单位（加盖公章）：佛山市嘉源贸易有限公司　　＊编号：

报检单位登记号：　联系人：　电话：　报检日期：20　年　月　日

收货人	（中文）		企业性质（划"√"）	□合资□合作□外资
	（外文）			
发货人	（中文）	＊＊＊		
	（外文）			

南海检验检疫局　报检（6）文办

货物名称（中/外文）	H.S.编码	原产国（地区）	数/重量	货物总值	包装种类及数量
[illegible]	[illegible]	[illegible]	[illegible]	[illegible]	[illegible]

运输工具名称号码		合同号			
贸易方式	一般贸易	贸易国别（地区）	中国香港	提单/运单号	
到货日期	2011-06-27	启运国家（地区）		许可证/审批号	
卸毕日期	2011-06-27	启运口岸		入境口岸	
索赔有效期至	＊＊＊	经停口岸	中国香港	目的地	
集装箱规格、数量及号码					
合同订立的特殊条款以及其他要求	＊＊＊			货物存放地点	
				用途	

随附单据（划"√"或补填）：□合同　□发票　□提/运单　□兽医卫生证书　□植物检疫证书　□动物检疫证书　□卫生证书　□原产地证　□许可/审批文件　□到货通知　□装箱单　□质保书　□理货清单　□磅码单　□验收报告

标记及号码：N/M

＊外商投资财产（划"√"）　□是□否

＊检验检疫费　总金额（人民币元）　计费人　收费人

报检人郑重声明：

1.本人被授权报检。

2.上列填写内容正确属实。

签名：

领取证单　日期　签名

注：有"＊"号栏由出入境检验检疫机关填写　◆国家出入境检验检疫局制

入境货物报检单

受理报检

第三节　现场检验检疫

检验检疫人员必须按照《检验检疫工作手册》的相关程序对进境种苗实施现场检验检疫，包括检疫工具的准备、检疫时间、人员的确定；并根据输出国家或地区疫情的发生情况，制订检验检疫方案。

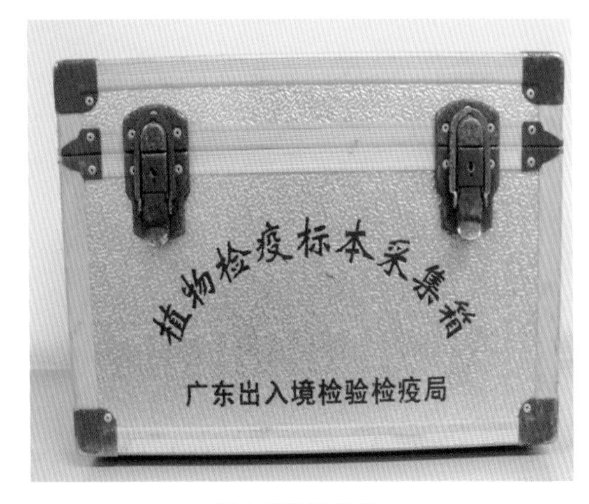

标本采集箱外观

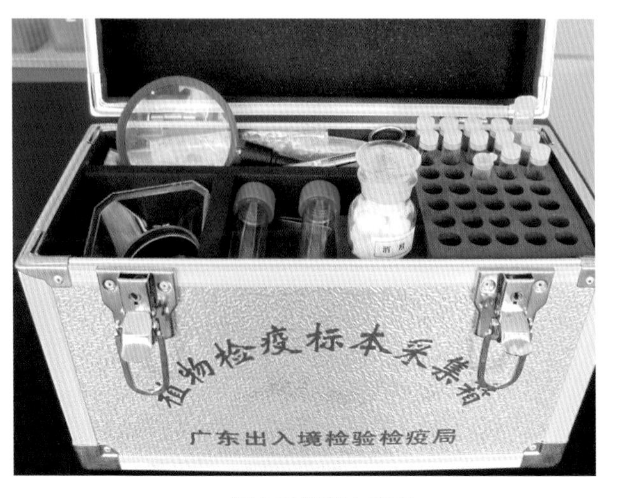

标本采集箱内部观

1. 现场检验检疫

（1）核对品种、数量、集装箱号、唛头标记与申报是否相符。

（2）检查包装、铺垫材料及集装箱等有无土壤、有害生物及杂草等。

（3）苗木查验。

核对货证

进境兰花现场查验

进境盆景现场查验

2. 抽样

蝴蝶兰样品

百合竹样品

按批号或品种抽取室内检验和保存用样品。现场查出的需进一步检验、鉴定的材料，如害虫、病瘿、病株、病叶等，连同现场检疫记录一起随样品送实验室。

抽样情况可根据不同风险种类而定，高风险的全部检查，中、低风险的按其总量的5%～20%随机抽检，如有需要，可加大抽检比例。达不到下列最低检查要求的全部检查。

（1）种子。主要检查是否带有土壤、虫瘿、菌瘿、杂草子和害虫等。

（2）整株植物、砧木、插枝。主要检查是否带有土壤、害虫、杂草及各种病害症状等。

（3）鳞球茎、块根、块茎。检查是否有腐烂、开裂、疱斑、肿块、霉斑等病害症状和害虫、杂草、土壤等。

（4）接穗、芽条类。检查接穗、芽条有无病斑和害虫，特别注意介壳虫、螨类等。芽眼处是否有腐烂、肿大、干缩、畸形等症状。

（5）试管苗类。检查有无病害症状，如斑点、花叶、畸形、干焦等。

其他植物繁殖材料参照上述要求执行。

第四节　实验室检疫

对送检的样品和现场发现的可疑有害生物，根据不同需要，按照形态学特性及生物学特性，进行检疫鉴定并出具实验室检验报告。

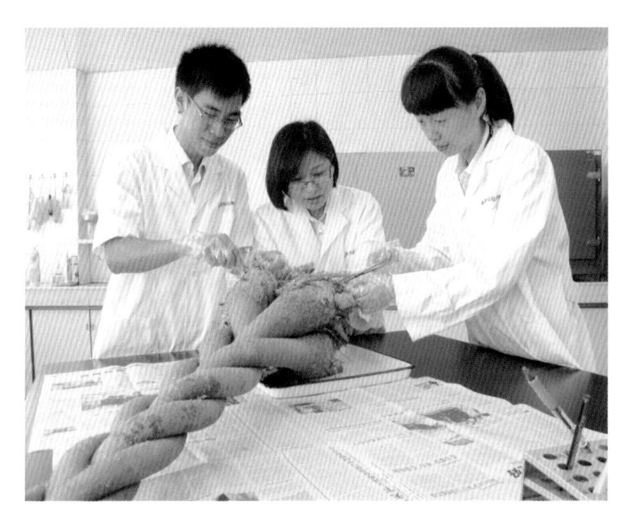

取样

介质线虫分离

杂草检疫

试种观察

螨类分离

线虫分离实验

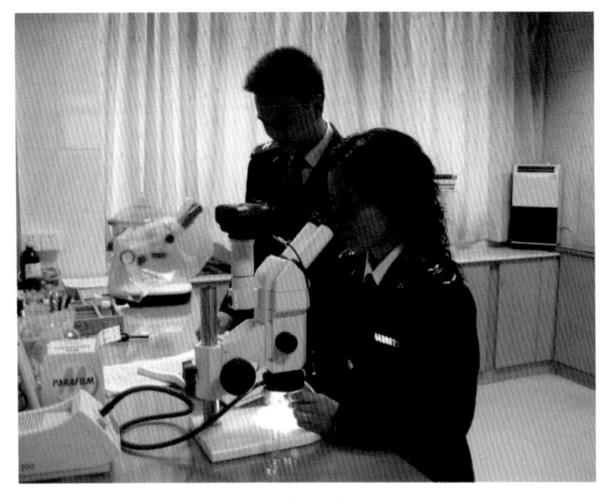
昆虫鉴定 1

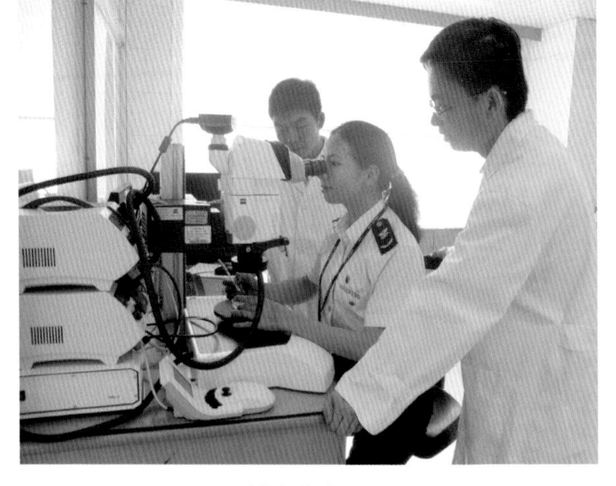
昆虫鉴定 2

第五节　结果评定及出证

进境种苗发现土壤，做退运或销毁处理，并出具相关证书。

进境种苗属于低风险的，经检疫未发现检疫性有害生物，限定的非检疫性有害生物未超过有关规定的，签发有关单证并给予放行；检疫发现检疫性有害生物，或限定的非检疫性有害生物超过有关规定的，经有效的检疫处理后，签发有关单证并给予放行；未经有效处理的，不准入境。

进境种苗属于高、中风险的，经检疫未发现检疫性有害生物，限定的非检疫性有害生物未超过有关规定的，签发有关单证，并运往指定的隔离检疫圃隔离检疫；经检疫发现检疫性有害生物，或限定的非检疫性有害生物超过有关规定，经有效的检疫处理后，签发有关单证，并运往指定的隔离检疫圃隔离检疫；未经有效处理的，不准入境。

第六节　隔离检疫

进境种苗属于高、中风险的苗木必须在检验检疫机构制定的隔离检疫圃进行隔离检疫。隔离检疫圃按照设施条件和技术水平等分为国家隔离检疫圃、专业隔离检疫圃和地方隔离检疫圃。所有高、中风险的进境植物繁殖材料必须在检验检疫机构指定的隔离检疫圃进行隔离检疫，高风险的进境植物繁殖材料必须在国家隔离检疫圃隔离检疫。检验检疫机构对隔离检疫实施检疫监督。未经检验检疫机构同意，任何单位或个人不得擅自调离、处理或使用。

进境巴西铁隔离种植

进境马拉巴栗后续监管

第七节　检验检疫处理

进境凤梨除害处理

对检疫不合格且有有效除害处理方法的进境种苗，须在检验检疫机构监督下进行检疫除害处理。

对检疫不合格且无有效除害处理方法的进境种苗，做退运或销毁处理。

对来自我国台湾的带土植物，必须调运至国家质检总局指定的除害处理场进行除害处理，处理合格后，方可隔离种植。

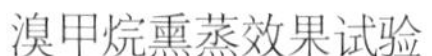
溴甲烷熏蒸效果试验

进境罗汉松除害处理

第八节　信息上报

凡在进境植物中发现有害生物或有毒有害物质的，应按有关要求在疫情信息上报系统中录入；发现重大疫情，或有毒有害物质情况严重的，还应立即书面上报国家质检总局动植物检疫监管司。

第九节　样品和资料的保存归档

检验检疫完毕，应及时将整个检验检疫过程中形成的文案资料按类别进行整理归档。并将现场、实验室拍摄的图片、影像等资料及有害生物标本妥善保存。

进境林木种苗**检疫图鉴**

下篇

第一章　柏　科

真 柏

分类地位： 柏科 Cupressaceae 刺柏属 *Juniperus* L.

学　　名： *Juniperus chinensis*

别　　名： 真柏。

原 产 地： 日本。

形态特征： 常绿灌木，枝干常屈曲匍匐，小枝上升作密丛状。刺形叶细短，通常交互对生或 3 叶轮生，长 3 ~ 6 毫米，紧密排列，微斜展。球果圆形，带蓝绿色。

真柏植株

真柏盆苗

货物特征： 运输一般无需冷藏；植株盆栽或包根带介质。

真柏货物现场取样

引种国家或地区：泰国、中国台湾。

检疫要点：

1. 观察植株茎叶病症，是否有真菌、细菌等为害症状，检查枝叶有无带害虫，并取样进行实验室鉴定。
2. 观察箱体有无携带蚂蚁、蜗牛等。
3. 实验室检查植株根部有无地下害虫；取根部及介质进行线虫分离鉴定。
4. 注意观察盆栽带杂草情况。

截获的有害生物：

昆虫：毛蚁属、柏大蚜、日本蜡蚧、步甲科、肾圆盾蚧属。

线虫：滑刃线虫属、真滑刃线虫属、茎线虫属、矛线线虫科、小杆线虫目。

真菌：刺盘孢菌属、拟盘多孢属、枝孢菌属、链铬孢菌属。

其他：非洲大蜗牛、同型巴蜗牛、盖罩大蜗牛。

截获或关注的部分有害生物介绍：

·柏大蚜

分类地位：同翅目 Homoptera 蚜科 Aphididae 长足大蚜属 *Cinara* Curtis,1835

学　　名：*Cinara tujafilina*（del Guercio）

寄　　主：主要为害侧柏、圆柏、金钟柏、桧柏等柏科植物。

分　　布：我国河北、山东、江苏、浙江、江西、陕西、云南、广东、广西、台湾和泰国等。

形态特征：体咖啡色，触角端部，复眼，喙第3～5节，足腿节末端，跗节和爪及腹管均黑色。触角6节，第3 节最长。有翅孤雌蚜，体长3.0～3.5毫米，体毛白色，尤其在足及背侧较密、翅面也有白色绒毛，中胸背板骨化凹陷形成“X”形斑，翅膜质透明，前翅前缘脉黑褐色、近顶角处有2 个小暗斑；腹背前4 节各整齐排列2 对褐色斑点，腹末稍尖。无翅孤雌蚜体色稍浅，体长3.7～4.0毫米；胸背黑色斑点组成“八”字形条纹，腹背有6 排黑色小点，每排4～6 个；腹部腹面覆有白粉，腹末钝圆。雄成虫相似于无翅孤雌蚜，体长3.0毫米左右，腹末稍尖。

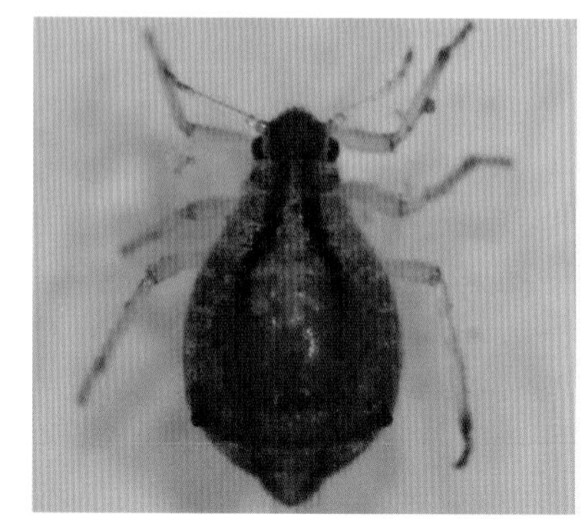

柏大蚜成虫

为害症状：以若虫或成虫为害柏树嫩芽及新叶，抑制新梢生长，并分泌蜜露，诱发煤污病。

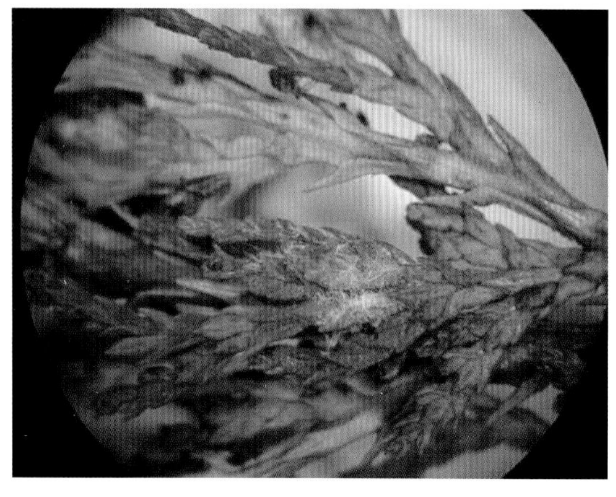

柏树枝上的柏大蚜虫

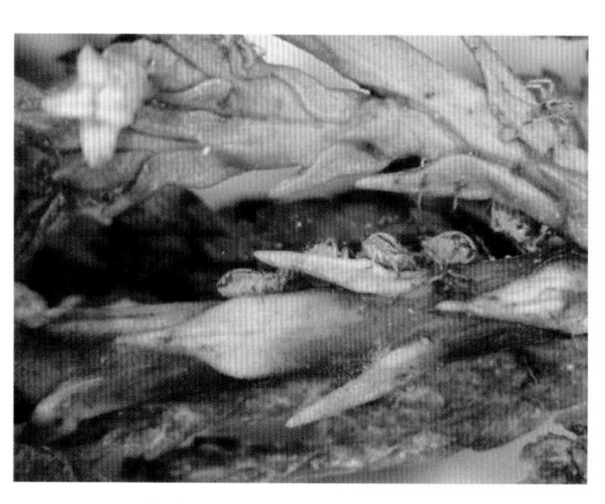

柏大蚜虫在柏树上的为害状

截获信息：2000年6月2日从广东南海口岸进境的中国台湾柏树上截获。

·盖罩大蜗牛

分类地位：柄眼目 Stylommatophora 大蜗牛科 Helicidae 大蜗牛属 *Helix* L.

学　　名：*Helix pomatia* Linnaeus.

寄　　主：不需要特定的寄主，凡接触过的物品都可传播。

分　　布：法国、德国、瑞士、丹麦、奥地利、比利时、匈牙利、希腊、卢森堡、前南斯拉夫、罗马尼亚、波兰、荷兰、斯洛伐克、斯洛文尼亚、捷克、土耳其、挪威、芬兰、乌克兰、高加索西南部、英国南部、意大利北部、瑞典中部和南部、巴尔干半岛、喀尔巴阡山脉、波罗的海沿岸国家。

非洲：乌干达、北非（具体分布不详）。

北美洲：美国（加利福尼亚、密歇根地区）。

南美洲：阿根廷。

形态特征：贝壳大型，壳质厚而坚实，不透明，呈卵圆形或球形。有5～6个螺层，体螺层特膨大并向下倾斜，螺旋部较矮小，稍凸出，无光泽。壳面呈奶白色或米黄色，其上有较粗的肋纹、条纹和生长线，并且还有多条色带，其色彩变异很大。胚螺层光滑。脐孔较小，缝隙状，常被轴缘所遮盖。壳口大，向下倾斜，呈“U”形，口缘简单、锋利，不外折。壳高38～45毫米、壳宽45～50毫米。

成螺贝壳形态　侧面观（仿周卫川等）

成螺贝壳形态　背面观（仿周卫川等）

·柏肤小蠹

分类地位：鞘翅目 Coleoptera　小蠹科 Scolytidae　肤小蠹属 *Phloeosinus* Chapusi

学　　名：*Phloeosinus aubei* Perris

寄　　主：柏树。

形态特征：体长2.1～2.5毫米，平均2.4毫米。体形粗壮。复眼凹陷较浅，两眼间的距离较宽。雄虫额部凹陷，中心有一凹点，中隆线光滑低平，起于口上片，止于额心；鞘翅沟间部较粗糙，上面的刚毛横排3～4枚；雄虫鞘翅斜面奇数沟间部上有大瘤。

柏肤小蠹成虫　背面观

第二章　百合科

第一节　百　合

分类地位： 百合科 Liliaceae 百合属 *Lilium* L.

学　　名： *Lilium brownii* var. *viridulum* Baker

别　　名： 强瞿、香韭、山丹、倒仙。

原 产 地： 主要分布在亚洲东部、欧洲、北美洲等北半球温带地区。

形态特征： 多年生草本球根植物；茎直立，不分枝，草绿色；鳞茎由阔卵形或披针形，白色或淡黄色、直径6～8厘米的肉质鳞片抱合成球形，外有膜质层；单叶，互生，狭线形，无叶柄，直接包生于茎秆上，叶脉平行；花着生于茎秆顶端，呈总状花序，簇生或单生，6裂无萼片，花瓣平展或向外翻卷，蒴果长椭圆形。

百合种球

百合种苗

货物特征： 运输一般需冷藏；种球带介质，塑料筐装，无包装。

百合种球货物照 1

百合种球货物照 2

引种国家或地区： 荷兰、新西兰、智利。

检疫要点：

1. 观察鳞球有无烂根、烂茎现象，鳞叶片上有无病斑。

2. 抽取根部及介质进行线虫分离鉴定。

3. 抽取鳞球茎做病毒检测。

4. 后续监管，观察植株有无病害和病毒的发生情况。

百合种球大田种植

百合种球后续监管

截获的有害生物：

线虫：短体线虫（非中国种）、穿刺根腐线虫、刻痕短体线虫、伪短体线虫、长尾线虫属、滑刃线虫属、真滑刃线虫属、茎线虫属、丝尾垫刃线虫属、拟滑刃线虫属、蘑菇滑刃线虫、垫刃线虫属、矛线线虫科。

真菌：镰孢菌属、青霉菌属、恶疫霉属、疫霉菌属、刺盘孢菌属。

病毒：百合无症病毒。

螨类：根螨。

截获或关注的部分有害生物介绍：

· 镰孢菌属

分类地位： 丝孢纲 Hyphomycetes 瘤座菌目 Tuberculariales

学　　名： *Fusarium* sp.

形态特征： 孢子有3种：小型分生孢子、大型分生孢子和厚垣孢子。孢子形态多样，多为单细胞，形状有卵形、椭圆形、肾形、楔形、鸟嘴形等，孢子壁光滑或有突起，绝大多数无色，少数为褐色、肉桂色，多生于菌丝的顶端或中间。

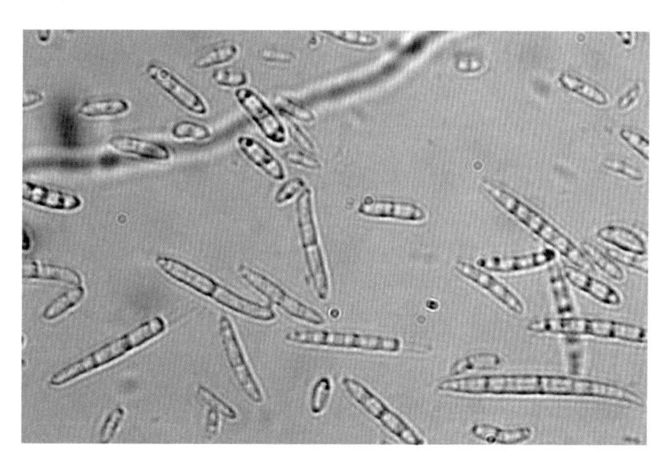

镰孢菌属分生孢子

为害症状：百合根部出现白色棉絮状霉层，造成根腐，病叶边缘呈水渍状、暗褐色或黄色，整株逐渐萎蔫，最后完全枯死。

百合花镰孢菌感染病株

镰孢属感染百合种球枯萎病症状

·刺足根螨

分类地位：真螨目 Acariformes 粉螨科 Acaridae 根螨属 *Rhizoglyphus*

学　　名：*Rhizoglyphus echinopus*

寄　　主：韭黄、韭菜、葱类、百合、芋、甜菜、马铃薯、唐菖蒲、半夏、贝母等。

分　　布：我国吉林、内蒙古、甘肃、新疆、陕西、河北、台湾、云南等地。

形态特征：成虫宽卵圆形，体长0.6～0.9毫米，乳白色，有光泽，颚体部、足浅红褐色，幼虫3对足，若虫和成虫4对。卵白色，椭圆形，长约0.2毫米；雌螨体长0.58～0.87毫米，宽卵圆形，白色发亮。螯肢和附肢浅褐红色；前足体板近长方形；后缘不平直；基节上毛粗大，马刀形。格氏器官末端分叉。顶内毛与胛内毛等长，或稍长；顶外毛短小，位于前足体侧缘中间，胛外毛长为胛内毛长的2～4倍，足短粗，跗节Ⅰ、Ⅱ有一根背毛呈圆锥形刺状。交配囊紧接于肛孔的后端，有一较大的外口。雄螨体长0.57～0.8毫米。体色和特征相似于雌螨，阳茎呈宽圆筒形。跗节爪大而粗，基部有一根圆锥形刺。若螨体长0.2～0.3毫米，体形与成螨相似，个体和足色浅，胴体呈白色。

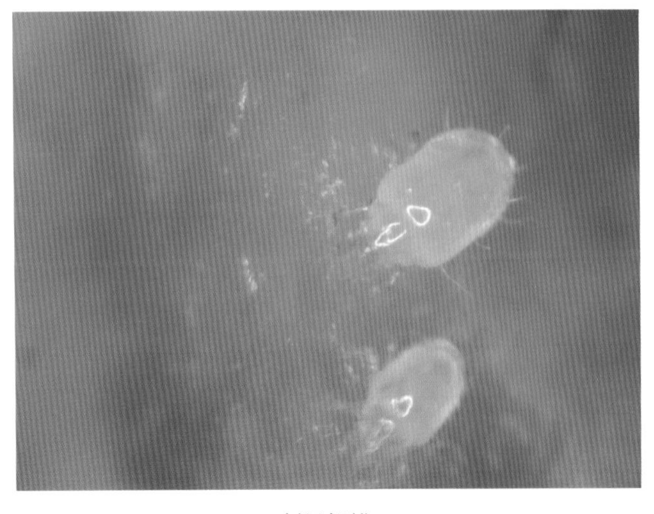

刺足根螨

·罗宾根螨

分类地位：真螨目 Acariformes 粉螨科 Acaridae 根螨属 *Rhizoglyphus*

学　　名：*Rhizoglyphus robini*

寄　　主：在日本已确定受害的植物有14科28种，可为害麦类、大豆、蚕豆、马铃薯、茄子、胡萝卜、甘蓝、萝卜、葱、洋葱、蒜、葡萄等及部分花卉植物(如风信子和水仙等)；在台湾省为害葱和韭菜等蔬菜，在江苏省为害中药半夏，在新疆已知为害洋葱。

分　　布：国外分布于日本、以色列、荷兰、印度、俄罗斯、美国、英国和匈牙利等国；国内分布于台湾、浙江、江苏、吉林和新疆等省（自治区）。

形态特征：雄螨体长约300微米，有珍珠样光泽。基节上毛（Ps）为扁平构造,有针状突起20多条。足粗短，跗节Ⅰ端部腹面有5个跗节刺，跗节Ⅳ有1对吸盘，彼此远离。雌螨体长约320微米。形态与雄螨相似。

罗宾根螨休眠体

·百合无症病毒

学　　名：*Lily symptomless virus*, LSV

分类地位：线形病毒科 Flexiviridae 香石竹潜隐病毒属 *Carla virus*

分　　布：世界性分布。

形态特征：弯曲的细丝状，长640纳米，直径为18纳米。

为害症状：在某些环境条件下的百合中引起卷曲斑纹（和基部斑纹）。当和黄瓜花叶病毒一起复合侵染时，在百合中引起坏死斑点；当和郁金香碎色病毒复合侵染时，在鳞茎状百合属植物中引起棕色环斑，在药百合植物叶片中引起碎斑。

·番茄环斑病毒

分类地位：豇豆花叶病毒科 Comoviridae 线虫传多面体病毒属 *Nepo virus*

学　　名：*Tomato ring spot virus*,ToRSV

分　　布：中国台湾。

形态特征：病毒核酸为双基因链RNA，分子量分别2.8×10^6、2.4×10^6，克分子百分比为G26、

A23、C22、U29。RNA占粒体重量的41%（N）、44%（B），蛋白质占粒体重量的60%，外壳蛋白由一种蛋白质亚基组成，相对分子质量为58 000u，每个粒体有40个亚基、217个氨基酸。

为害症状：生长旺盛的枝条出现明显卷曲和坏死，嫩叶产生褐色坏死环和波纹，坏死叶的叶柄及周围组织经常出现坏死条纹和环斑。若果实较早受侵染，则果实外表产生环斑，颜色由灰色发展到褐色栓皮。

第二节　风信子

分类地位：百合科 Liliaceae 风信子属 *Hyacinthus* L.

学　　名：*Hyacinthus orientalis* L.

别　　名：洋水仙、五彩水仙、西洋水仙。

原 产 地：地中海和南非。

形态特征：多年生草本；鳞茎卵形，有膜质外皮；叶4～8枚，狭披针形，肉质，上有凹沟，绿色有光泽；花茎肉质，略高于叶，总状花序顶生，花5～20朵，横向或下倾，漏斗形，花被筒长、基部膨大，裂片长圆形、反卷，花有紫、白、红、黄、粉、蓝等色。

风信子种球

风信子种苗

货物特征：运输一般需冷藏；种球不带介质，塑料筐装。

风信子种球货物照 1

风信子种球货物照 2

引种国家或地区：荷兰。

检疫要点：

1. 观察鳞球有无烂根、烂茎现象，鳞叶片上有无病斑。
2. 抽取根部及介质进行线虫分离鉴定。
3. 后续监管，观察植株、病害和病毒的发生情况。
4. 抽取鳞球茎做病毒检测。

截获的有害生物：

线虫：鳞球茎茎线虫、滑刃线虫属、真滑刃线虫属、小垫刃线虫属、矛线线虫科。

真菌：曲霉菌属、葡萄孢菌属、壳二孢菌属、指状青霉菌、链格孢菌属、根霉菌属。

病毒：烟草脆裂病毒。

螨类：根螨。

截获或关注的部分有害生物介绍：

·鳞球茎茎线虫

分类地位：粒科 Anguinidae　茎属 *Ditylenchus* sp.

学　　名：*Ditylenchus dispaci* (Kühn, 1857) Filipjev, 1936

形态特征：雌虫一般不肥大，不弯成螺旋形，侧线4条。口针细小，多数长度为7～11微米；中食道球有瓣，后食道腺不覆盖或略盖肠。雌虫后阴子宫囊是肛阴距的40%～70%。雄虫交合伞长为尾长的40%～70%。雌雄虫尾呈长圆锥形、端尖。

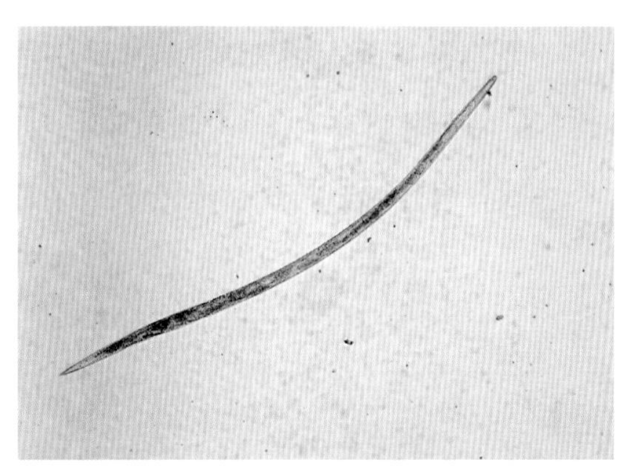

鳞球茎茎线虫整体

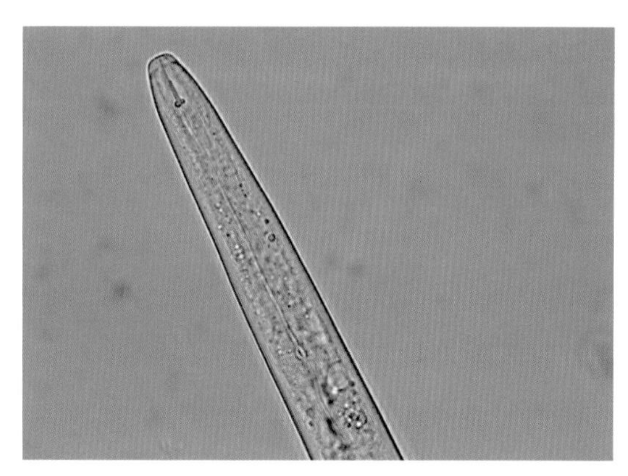

鳞球茎茎线虫头部

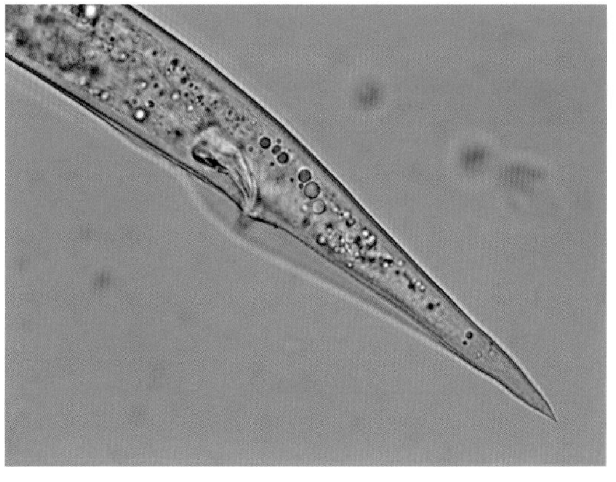

鳞球茎茎线虫雄虫交合伞

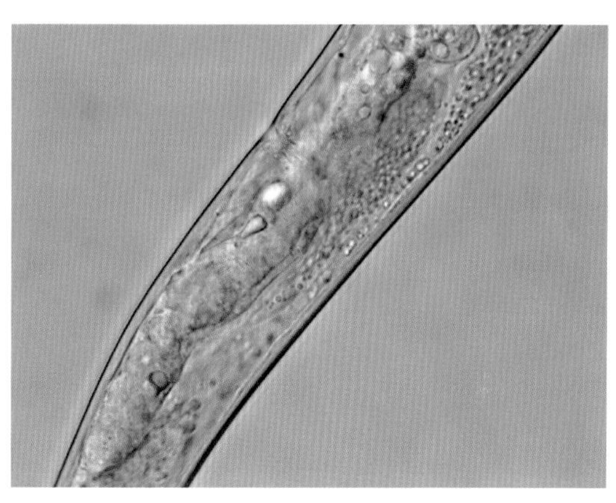

鳞球茎茎线虫雌虫阴门

为害症状：见下图。

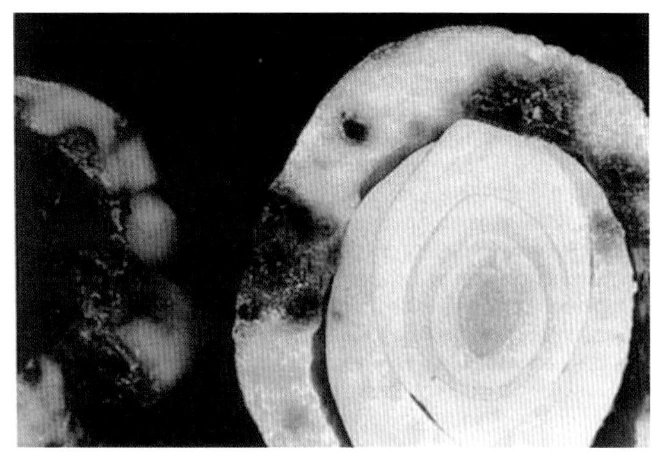

鳞球茎茎线虫为害风信子

第三节　郁 金 香

分类地位：百合科 Liliaceae 郁金香属 *Tulipa* L.

学　　名：*Tulipa gesneriana* L.

别　　名：郁香、红蓝花、紫述香、洋荷花。

原 产 地：地中海南北沿岸及中亚细亚和伊朗、土耳其、中国的东北地区等。

形态特征：多年生草本植物；鳞茎扁圆锥形或扁卵圆形，长约2厘米，具棕褐色皮壳，外被淡黄色纤维状皮；茎叶光滑具白粉；叶出3～5片，长椭圆状披针形或卵状披针形；花茎高6～10厘米，花单生茎顶，直立，长5～7.5厘米；花葶长35～55厘米；花瓣6片，倒卵形，鲜黄色或紫红色，具黄色条纹和斑点；雄蕊6，离生，花药长0.7～1.3厘米，基部着生，花丝基部宽阔；雌蕊长1.7～2.5厘米，花柱3裂至基部，反卷；蒴果3室，室背开裂，种子多数，扁平。

郁金香种球

郁金香种苗

货物特征：运输一般需冷藏；种球不带介质，塑料筐装。

郁金香种球货柜照

郁金香种球货物照

引种国家或地区：荷兰、英国、马来西亚、美国。

检疫要点：

1. 观察鳞球有无烂根、烂茎现象，鳞叶片上有无病斑。
2. 抽取根部及介质进行线虫分离鉴定。
3. 后续监管，观察植株病害的发生情况。
4. 抽取鳞球茎做病毒检测。

郁金香种球现场查验 1

郁金香种球现场查验 2

截获的有害生物：

昆虫：蚁科、瘿蚊科、蚜科。

线虫：短体线虫（非中国种）、鳞球茎茎线虫、食菌伞滑刃线虫、马铃薯茎线虫、滑刃线虫属、茎线虫属、长尾科线虫、矛线线虫科。

真菌：指状青霉菌、曲霉菌属、青霉菌属、枝孢菌属、葡萄孢菌属、郁金香灰霉菌。

病毒：南芥菜花叶病毒、百合无症病毒、烟草环斑病毒。

螨类：根螨属、蜱螨目。

杂草：蛇尾草、牵牛属、车前。

截获或关注的部分有害生物介绍：

· 马铃薯茎线虫

分类地位：垫刃目 Tylenchida 粒科 Anguinidae 茎属 *Ditylenchus*.

学　　名： *Ditylenchus destructor* Thorne，1945

形态特征： 侧线6条；口针细小，多数长度为10～13微米；中食道球有瓣，后食道腺短覆盖肠的背面（偶尔缢缩）。雌虫后阴子宫囊长是肛阴距的40%～98%。雄虫交合伞伸到尾部的50%～90%。雌雄虫尾圆锥形，通常腹弯，端圆。

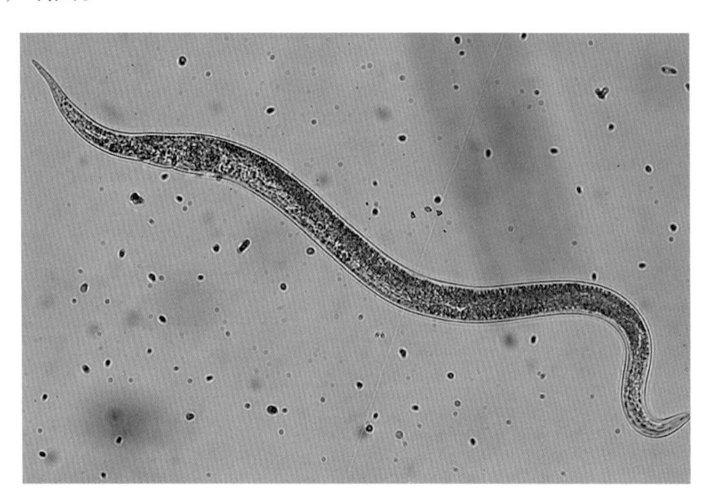

马铃薯茎线虫整体

·南芥菜花叶病毒

分类地位： 豇豆花叶病毒科 Comoviridae 线虫传多面体病毒属 *Nepo virus*

学　　名： *Arabis mosaic virus*, ArmV

分　　布： 世界性分布。

形态特征： 球状正二十面体，外观有 5 个角或 6 个角，蛋白质外壳由42个形态亚基组成。单链RNA双分体基因组病毒，粒子等大，病毒粒子等径，直径为25～30纳米，负染色后电镜下观察到有些粒子是完整的，有些是部分的，有些无插入，可能对应于T、M、B组分。

为害症状： 最常见症状为叶片斑驳和形成斑点，植株矮化及畸形等。症状表现因寄主植物、品种、病毒株系和发病时间而异。有些寄主植物上为隐性侵染，不表现症状。

第三章　大戟科

第一节　变叶木

分类地位： 大戟科 Euphorbiaceae 变叶木属 *Codiaeum* A. Juss.

学　　名： *Codiaeum variegatum* (L.) Bl.

别　　名： 变色月桂。

原 产 地： 原产东南亚和太平洋群岛的热带地区。

形态特征： 常绿灌木；单叶互生，厚革质；叶形和叶色依品种不同而有很大差异，叶片形状有线形、披针形至椭圆形，边缘全缘或者分裂，波浪状或螺旋状扭曲，甚为奇特，叶片上常具有白、紫、黄、红色的斑块和纹路，全株有乳状液体；总状花序生于上部叶腋，花白色不显眼。

变叶木枝叶

变叶木植株

货物特征： 运输一般无需冷藏；植株盆栽或包根带介质。

变叶木货柜照

变叶木盆苗

引种国家或地区： 泰国、中国台湾。

检疫要点：

1. 观察植株茎叶病症，是否有真菌、细菌、病毒等症状，检查枝叶有无带害虫，并取样进行实验室鉴定。

2. 实验室检查植株根部有无地下害虫；取根部及介质进行线虫分离鉴定。

3. 注意观察盆栽带杂草情况。

截获的有害生物：

昆虫：咖啡黑盔蚧、猛水蚤目。

线虫：矮化线虫属、茎线虫属、滑刃线虫属、真滑刃线虫属、矛线线虫科、小杆线虫目。

真菌：胶孢炭疽菌属、茎点霉菌属。

截获或关注的部分有害生物介绍：

·咖啡黑盔蚧

分类地位： 同翅目 Homoptera 蚧科 Coccidae 盔蚧属 *Saissetia*

学　　名： *Saissetia coffeae* Walker

寄　　主： 苏铁、鸭趾草、象牙红、变叶木、龟背竹、吊兰、山茶、柑橘、棕榈、橙、柚子等。

形态特征： 后期雌成虫半球形，直径2.5毫米，高2毫米左右，形如钢盔，黄褐至深褐色，虫体背面高度硬化，光滑有光泽；幼期和前期雌成虫扁平，浅黄或红色并有暗斑，此期体背常有H纹；触角7～8节；足细长。初孵若虫椭圆形，浅粉红色或淡黄色，长0.2毫米，足细长，尾须很细；低龄若虫椭圆形，浅黄色，背面呈脊状并有沟，半透明；随龄期增加，背面逐渐增高，出现红褐色小点，并逐渐增多，体色变为浅红褐色；卵长椭圆形，浅粉红色，长0.2毫米左右。

为害症状： 以成虫、若虫在花卉叶片、枝条上吸食寄主汁液。轻者叶片发黄，重者叶片干枯脱落，并且其分泌的蜜露易引起煤污病发生，影响花卉的生长和观赏。

黑盔蚧的为害状

·胶孢炭疽病

分类地位： 腔孢纲 Coelomycetes 黑盘孢目 Melanconiales 炭疽菌属 *Colletotrichum*

学　　名： *Colletotrichum gloeosporioides*

寄　　主： 寄主范围十分广泛，有苹果、梨、山楂、桃、葡萄等。

形态特征： 病原菌的分生孢子盘生于寄主的表皮下，盘上有时产生褐色；有分隔，表面有光滑的刚毛；分生孢子梗无色或褐色，具分隔，产孢细胞无色，圆柱形，以内生芽殖的方式产生分生孢子；孢子无色，单胞，椭圆形或新月形。

为害症状： 该病病斑发生在叶面及叶缘。发病初期叶片上出现小白斑点，扩展后呈圆形或不规则形斑；发病后期叶斑中央灰白色，斑缘褐色，病斑上出现黑色小颗粒。

胶孢炭疽病症状

第二节　滨海核果木

分类地位：大戟科 Euphorbiaceae 核果木属 *Drypetes* Vahl.

学　　名：*Drypetes littoralis*（C. B. Rob.）Merr.

别　　名：铁色树。

原 产 地：中国台湾及东南亚地区。

形态特征：主干挺直，侧枝斜长。单叶互生、革质，叶表似涂层薄蜡可减少水分蒸发；叶子非常奇特，是左右不对称的新月状镰刀形，叶长6～10厘米；花为叶腋间生长，有时是单一花朵，有时会有3～4朵丛生；果实为核果呈椭圆柱形，表皮有一层明显的革质；成熟的果实由橙黄色转为红色，长约1.5厘米，果实色泽红润鲜明。

滨海核果木枝叶 1

滨海核果木枝叶 2

货物特征：运输一般为带遮网的开顶柜；植株包根带介质，或为盆栽小苗。

引种国家或地区：中国台湾。

检疫要点：

1. 观察植株茎叶病症，是否有真菌、细菌等为害症状；检查植株枝叶有无带病虫等情况，注意检查细小的昆虫，并取样进行实验室鉴定。

2. 取根部及介质进行线虫分离鉴定。

3. 注意观察盆栽带杂草情况。

截获的有害生物：

线虫：真滑刃线虫属、头垫刃线虫属、茎线虫属、矛线线虫科、滑刃线虫属、小盘旋线虫属。

截获或关注的部分有害生物介绍：

·真滑刃线虫属

分类地位：真滑刃目 Aphelenchida Siddiqi,1980 真滑刃科 Aphelenchidae Thorne,1949

学　　名：*Aphelenchus* Bastian，1865

形态特征：虫体长度为0.5～1.2毫米，口针较细，基部球略膨大。中食道球大，卵圆形，中食道球瓣发达，食道腺叶状从背面覆盖肠；雌虫单生殖腺，前伸，尾短，圆柱形，末端宽圆。雄虫交合刺较细，交合伞发达，延伸到尾端。

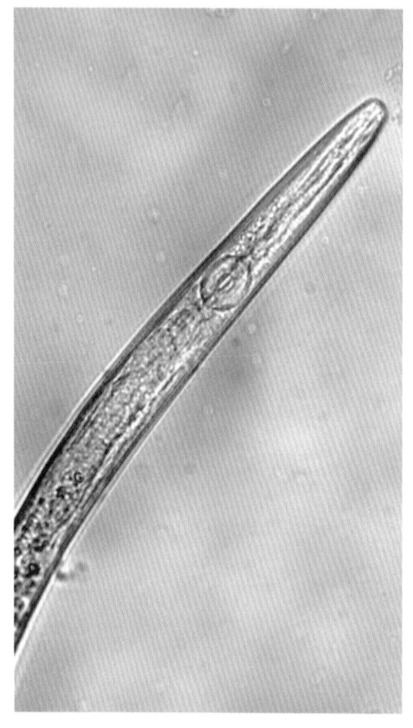

真滑刃线虫头部

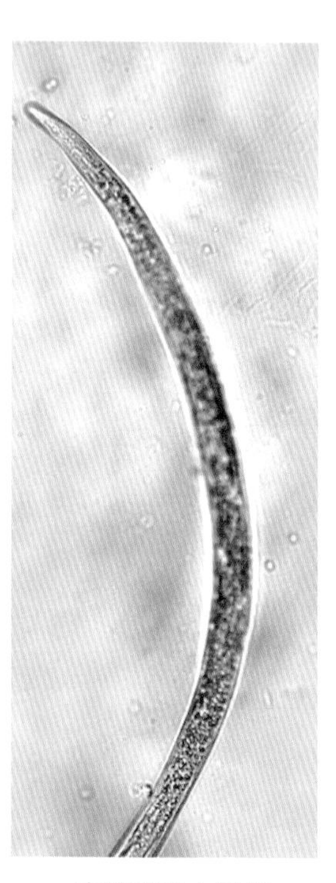

真滑刃线虫尾部

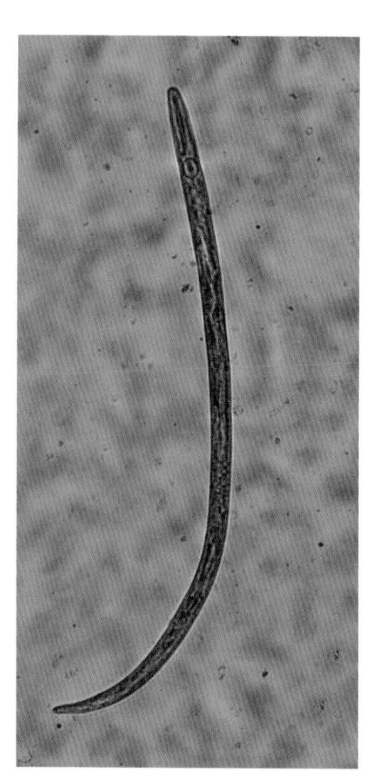

真滑刃线虫整体

第三节　佛肚树

分类地位：大戟科 Euphorbiaceae 麻疯树属 *Jatropha* L.

学　　名：*Jatropha podagrica* Hook.

别　　名：麻疯树、瓶子树、纺锤树、萝卜树、瓶杆树等。

原 产 地：中美洲西印度洋群岛等阳光充足的热带地区。

形态特征：灌木；茎基部膨大呈卵圆状棒形，茎端两歧分叉，茎表皮灰色易脱落；叶簇生分枝顶端，具长柄，盾形，3～5浅裂，绿色，光滑又稍具蜡质白粉；托叶角质分叉，刺状；花序长15厘米，重复两歧分叉，花鲜红色，具长柄。

佛肚树

佛肚树枝叶

货物特征：运输一般使用带遮网的开顶柜；植株小株或为盆栽带介质。

佛肚树货柜照 1

佛肚树货物照 2

引种国家或地区：泰国、澳大利亚、中国台湾。

检疫要点：

1. 观察植株茎叶病症，是否有真菌、细菌等为害症状；检查植株枝叶有无带病虫等情况，注意检查细小的昆虫，并取样进行实验室鉴定。

2. 取根部及介质进行线虫分离鉴定。

3. 注意观察盆栽带杂草情况。

4. 注意检查集装箱体是否有蚂蚁、蜗牛等。

截获的有害生物：

昆虫：夜蛾科、毒蛾科、蚊科、大头蚁属、德国小蠊。

线虫：小盘旋线虫属、滑刃线虫属、针线虫属、茎线虫属、矛线线虫科。

其他：野蛞蝓。

截获或关注的部分有害生物介绍：

·比萨茶蜗牛

分类地位： 柄眼目 Stylommatophora 大蜗牛科 Helicidae 底比蜗牛属 *Theba* Risso

学　　名： *Theba pisana* Müller

形态特征： 贝壳中等大小，呈扁球形，壳质稍厚，坚实，不透明。壳宽12～15毫米（最宽25毫米），壳高9～12毫米（最高20毫米）。有5.5～6个螺层，螺旋部稍低矮。脐孔狭小，部分或完全被螺轴外折所遮盖。壳口呈圆形或新月形，口唇锋利而不外折，但有些个体内唇壁处增厚。

比萨茶蜗牛 侧面观（仿周卫川）

比萨茶蜗牛 背面观（仿周卫川）

第四节　日日樱

分类地位： 大戟科 Euphorbiaceae 麻疯树属 *Jatropha* L.

学　　名： *Jatropha integerrima* L.

别　　名： 南洋樱、琴叶樱、木花生、红花假巴豆、琴叶珊瑚。

原 产 地：西印度洋群岛、古巴。

形态特征：常绿灌木；单叶互生，倒阔披针形，全缘，常丛生于枝条顶端，叶脉上面凹下，下面隆起，叶基钝而叶端渐尖，叶基具刺齿状，叶面平滑，叶正面为浓绿色，叶背为紫绿色，而新叶背则为带红色，有叶柄具茸；聚伞花序，顶生，花单性，雌、雄花各自成一花序，离瓣花，花冠红色；花瓣5枚，清逸美妍。果实黑褐色。

日日樱植株　　日日樱花

货物特征：运输一般无需冷藏；植株盆栽或包根带介质。

引种国家或地区：中国台湾。

检疫要点：

1. 观察植株茎叶病症，是否有真菌、细菌等为害症状；检查植株枝叶有无带病虫等情况，注意检查细小的昆虫，并取样进行实验室鉴定。

2. 取根部及介质进行线虫分离鉴定。

3. 注意观察盆栽带杂草情况。

截获的有害生物：

线虫：短体线虫属、茎线虫属、滑刃线虫属、真滑刃线虫属、矛线线虫科。

日日樱幼苗

截获或关注的部分有害生物介绍：

·拟滑刃线虫属

分类地位：真滑刃目 Aphelenchida Siddiqi, 1980 拟滑刃科 Paraphelenchidae (T.Goody,1951) J.B.Goodey, 1960

学　　名：*Paraphelenchus*（Micoletzky,1922）Micoletzky, 1925

形态特征：侧区通常有6~8条侧线，食道腺呈长瓶形或长梨形，不覆盖肠；雌虫阴门横裂，尾短、渐变细呈圆锥形，尾端圆；雄虫无交合伞，尾短圆锥形，末端钝圆。

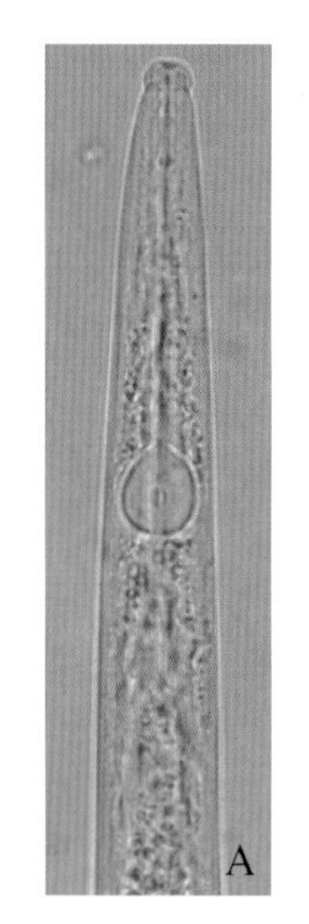
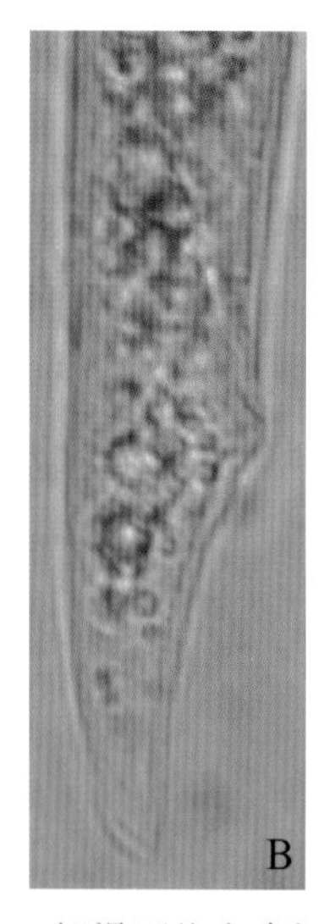
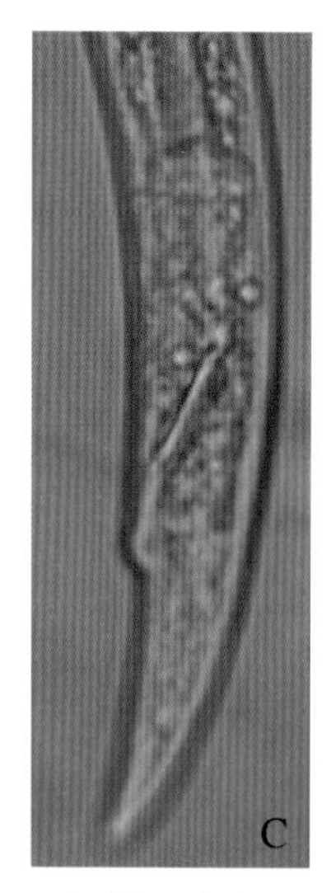
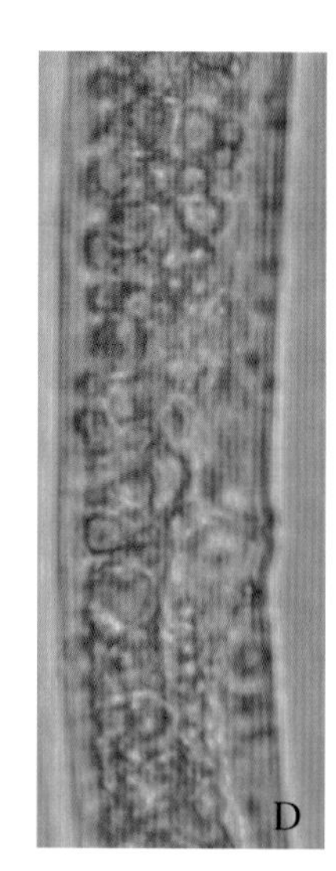

A. 拟滑刃线虫头部 B. 拟滑刃线虫雄虫尾部
C. 拟滑刃线虫雌虫尾部 D. 拟滑刃线虫雌虫阴门

第五节 一品红

分类地位： 大戟科 Euphorbiaceae 大戟属 *Euphorbia* L.

学　　名： *Euphorbia pulcherrima* Willd.

别　　名： 象牙红、老来娇、圣诞花、圣诞红、猩猩木。

原 产 地： 墨西哥塔斯科地区。

形态特征： 常绿灌木；茎叶含白色乳汁，茎光滑，嫩枝绿色，老枝深褐色；单叶互生，卵状椭圆形，全缘或波状浅裂，有时呈提琴形，顶部叶片较窄，披针形；叶被有毛，叶质较薄，脉纹明显；顶端靠近花序之叶片呈苞片状，开花时朱红色，为主要观赏部位；杯状花序聚伞状排列，顶生；总苞淡绿色，边缘有齿及1～2枚大而黄色的腺体；雄花具柄，无花被；雌花单生，位于总苞中央。

一品红种苗 1

一品红种苗 2

货物特征：运输一般无需冷藏；植株为盆栽小苗。

引种国家或地区：意大利、荷兰、美国。

检疫要点：

1. 观察植株茎叶病症、带害虫情况，并取样进行实验室鉴定。
2. 取根部及介质进行线虫分离鉴定。
3. 注意观察盆栽带杂草情况。

截获的有害生物：

线虫：小杆线虫目、滑刃线虫属、垫刃线虫属。

截获或关注的部分有害生物介绍：

· 一品红褐斑病

症状与为害：主要发生于叶缘。发病初期叶片上出现紫褐色斑点，扩展后呈不规则形或近圆形的褐色病斑；发病后期病斑中央呈浅褐色至灰褐色，斑缘褐色，分界有时不明显。该病由假尾孢属*Pseudocercospora* sp.引起，病原菌菌丝内生或表生，分生孢子梗分枝或不分枝，有隔膜或无隔膜，产孢细胞合生，多点芽殖，分生孢子圆柱形或倒棒形，浅色或褐色，直立或弯曲，多隔膜，一般不链生。

一品红褐斑病症状

· 一品红根腐病

症状与为害：引起寄主植物根部溃烂，且向上侵害茎。茎发病部位呈褐色，稍有膨胀，后变成黑褐色；感病茎表皮易剥起。茎部木质部变为枯黄色。严重时萎蔫枯死。该病由腐霉属 *Pythium* sp. 引起，病原菌为丝状、裂瓣状、球状，或卵形的孢子囊着生在菌丝上，孢子囊顶生或间生，无特殊分化的孢囊梗，其寄主范围十分广泛。

一品红根腐病病症（主茎的症状）

一品红根腐病为害状

第四章　蝶形花科

第一节　刺 桐

分类地位：蝶形花科 Papilionaceae 刺桐属 *Erythrina* L.

学　　名：*Erythrina variegata* L.

别　　名：斑叶刺桐。

原 产 地：热带非洲、菲律宾。

形态特征：落叶乔木；树皮灰色，有圆锥形刺；叶为羽状三出叶互生，膜质，平滑，幼嫩时有毛，小叶3枚，顶部1枚宽大于长；叶柄长，有托叶，茎部各有一对腺体；先花后叶，早春枝端抽出总状花序，长15厘米，花大，蝶形，密集，有橙红、紫红等色；荚果壳厚，念珠状，种子暗红色。

刺桐植株

刺桐花枝

刺桐种子

货物特征：运输一般为带遮网的开顶柜；小植株或为盆栽带介质。

刺桐现场查验

刺桐货物照

引种国家或地区：泰国、印度尼西亚、中国台湾。

检疫要点：

1. 观察植株茎叶病症，是否有真菌、细菌、病毒等为害症状，并取样进行实验室鉴定。

2. 检查植株枝叶有无带虫等情况，注意检查有无虫瘿。

3. 取根部及介质进行线虫分离鉴定。

截获的有害生物：

昆虫：刺桐姬小蜂、毒蛾科、夜蛾科、蝠蛾属、蚁属、褐圆盾蚧属、隐翅甲科、露尾甲科、叶甲科。

线虫：螺旋线虫属、异皮亚线虫科、突腔唇线虫属、丝矛线虫属、真滑刃线虫属、小环线虫属、滑刃线虫属。

杂草：牛筋草、小藜。

刺桐叶上的刺桐姬小蜂虫瘿

截获或关注的部分有害生物介绍：

· 黑刺粉虱

分类地位：同翅目 Homoptera 粉虱科 Aleyrodidae 刺粉虱属 *Aleurocanthus*

学　　名：*Aleurocanthus spiniferus* Quaintance

形态特征：成虫体长约1毫米，橙黄色，被有薄的白粉，前翅淡紫色，翅上有7个白斑纹。卵长椭圆形，弯曲，长约1毫米，乳黄色，有柄附着于叶背，快孵化时成紫黑色。幼虫椭圆形，扁平，淡黄色，后转黑色，周围分泌有白色蜡质物，体背有6对刚毛，三龄时刚毛增至14对，老熟幼虫体长0.7毫米。蛹近椭圆形，长0.7 ~ 1.1毫米，黑色，壳边锯齿状，壳背显著隆起，体背盘区胸部有9对刺毛，腹部有10对刺毛，两侧边缘部雌蛹有刺毛11对，雄蛹10对，向上竖立。

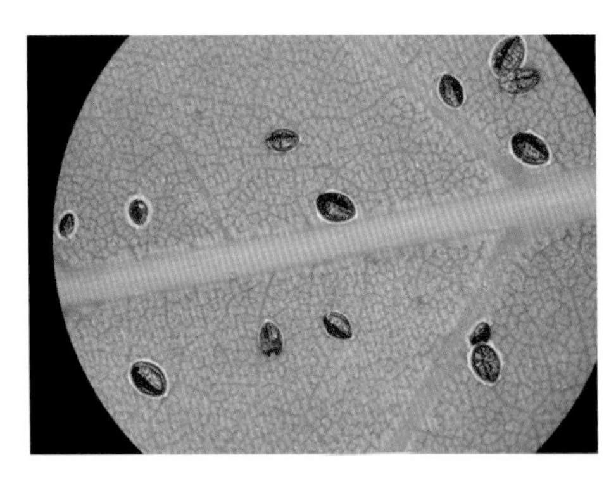
黑刺粉虱蛹

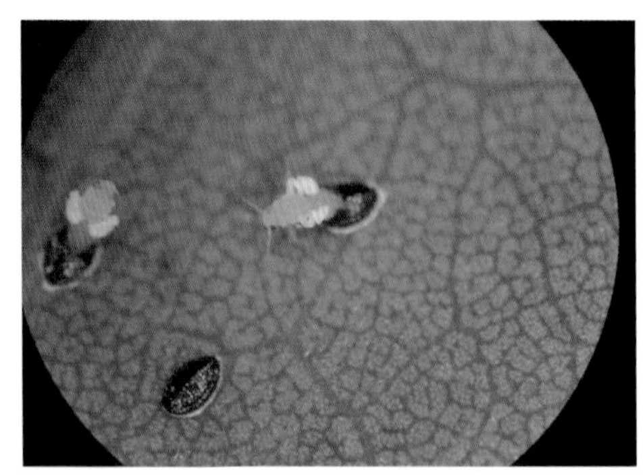
黑刺粉虱蛹羽化为成虫 1

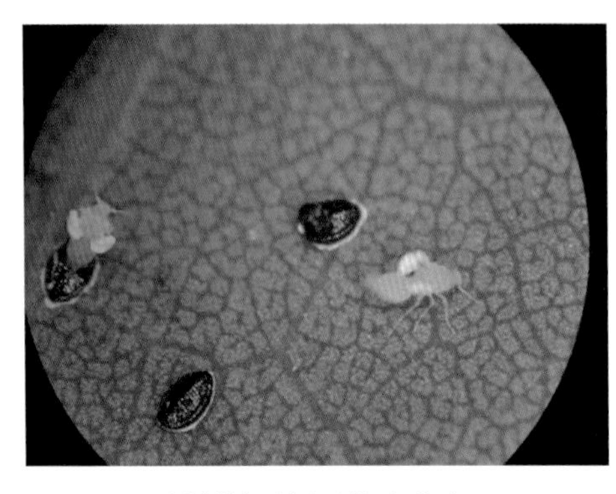
黑刺粉虱蛹羽化为成虫 2

黑刺粉虱成虫

为害症状：虫体聚集于叶片背面刺吸组织汁液，并排泄蜜露招致烟煤病发生。由此引起叶片枯黄，使树势减退，芽叶稀瘦，严重发生时使其干枯。

·榕八星天牛

分类地位：鞘翅目 Coleoptera 天牛科 Cerambycidae 白条天牛属 *Batocera*

学　　名：*Batocera rubus* (L.)

寄　　主：榕属、芒果、木棉、重阳木、刺桐、无花果、檬果、桑、印度橡胶树。

分　　布：中国、越南、朝鲜、印度等。

形态特征：成虫体长为30～46毫米、体宽为10.2～15.5毫米。体赤褐或绛色，前胸及前足股节较深，有时接近黑色。全体被绒毛，背面的较稀疏，灰色或棕灰色；小盾片密生白毛；每一鞘翅上各有4个白色圆斑，第四个最小，第二个最大，较靠中缝，其上方外侧常有1或2个小圆斑，有时和它连接或并合。

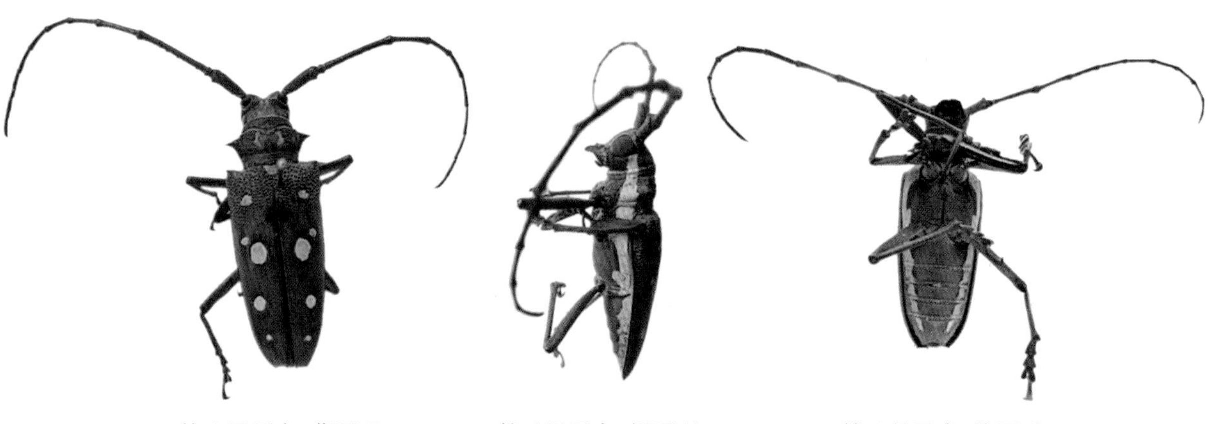
榕八星天牛　背面观　　榕八星天牛　侧面观　　榕八星天牛　腹面观

第二节　鸡冠刺桐

分类地位：蝶形花科 Papilionaceae　刺桐属 *Erythrina* L.

学　　名：*Erythrina cristagalli* L.

别　　名：鸡冠豆、海红豆。

原 产 地：南美巴西、秘鲁及南亚菲律宾、印度尼西亚。

形态特征：小乔木；叶长卵形，羽状复叶；奇数，1回，小叶1～2对卵形，羽状侧脉；三出复叶，革质；花期4～7月，腋生，总状花序，花冠橙红色，旗瓣倒卵形特化成匙状，与龙骨瓣等长，宽而直立，翼瓣发育不完全；余瓣几成一束，雄蕊花药黄色，裸露；荚果长，内有种子3～6枚。

鸡冠刺桐植株

鸡冠刺桐花枝 1

鸡冠刺桐花枝 2

鸡冠刺桐果实

货物特征：运输一般使用带遮网的开顶柜；植株盆栽或包根带介质。

鸡冠刺桐货物照

引种国家或地区：中国台湾。

检疫要点：

1. 观察植株茎叶病症，是否有真菌、细菌、病毒等为害症状，并取样进行实验室鉴定。
2. 检查植株枝叶有无带病虫等情况，注意检查有无虫瘿。
3. 取根部及介质进行线虫分离鉴定。

截获的有害生物：

昆虫：刺桐姬小蜂、露尾甲科、猎蝽科、枯叶蛾科、德国小蠊。

线虫：毛刺线虫属、根结线虫属、咖啡根腐线虫、滑刃线虫属、长尾线虫属、小盘旋线虫属、茎线虫属、螺旋线虫属、矮化线虫属。

真菌：曲霉菌属。

截获或关注的部分有害生物介绍：

· 刺桐姬小蜂

分类地位：膜翅目 Hymenoptera 姬小蜂科 Eulophidae 胯姬小蜂属 *Quadrastichus*

学　　名：*Quadrastichus erythrinae* Kim

寄　　主：只为害刺桐属植物。主要是刺桐 *Erythrina variegata* L.、黄脉刺桐 *E. indica* var. *picta* Graf.、珊瑚刺桐 *E. corallodendron* L.、鸡冠刺桐 *E. cristagalli* L.和 *E.berteroana* Urban等。

分　　布：毛里求斯、留尼汪、美国夏威夷、新加坡、中国台湾等热带亚热带地区

形态特征：刺桐姬小蜂体色雌雄二型。雌蜂黑褐色带黄色斑点，头部除颊褐色外，其余黄色，触角除柄节白色外，其余浅褐色，前胸背板暗褐色；中胸盾片有“V”型或倒三角形的暗褐色区域，其余黄色。小盾片褐至淡褐色，并胸腹节暗褐色，腹部褐色；前、后足基节褐色，中足基节近白色；各足腿节褐到淡褐色，体长1.45 ~ 1.60 毫米。雄蜂体色白到淡黄色，头部和触角白色，前胸背板暗褐色（但侧面观为上半部暗褐色下半部黄到白色），小盾片淡褐色，腹部基部白色，其余暗褐色，足白色，体长1.00 ~ 1.15毫米。胯姬小蜂属的主要特征为翅亚缘脉（submarginal vein, SMV）有一背刚毛，雌虫触角鞭小节均长大于宽，腹部长于头部与胸部长度之和。刺桐姬小蜂区别于胯姬小蜂属，其他种的重要特征是有一长的肛下板。

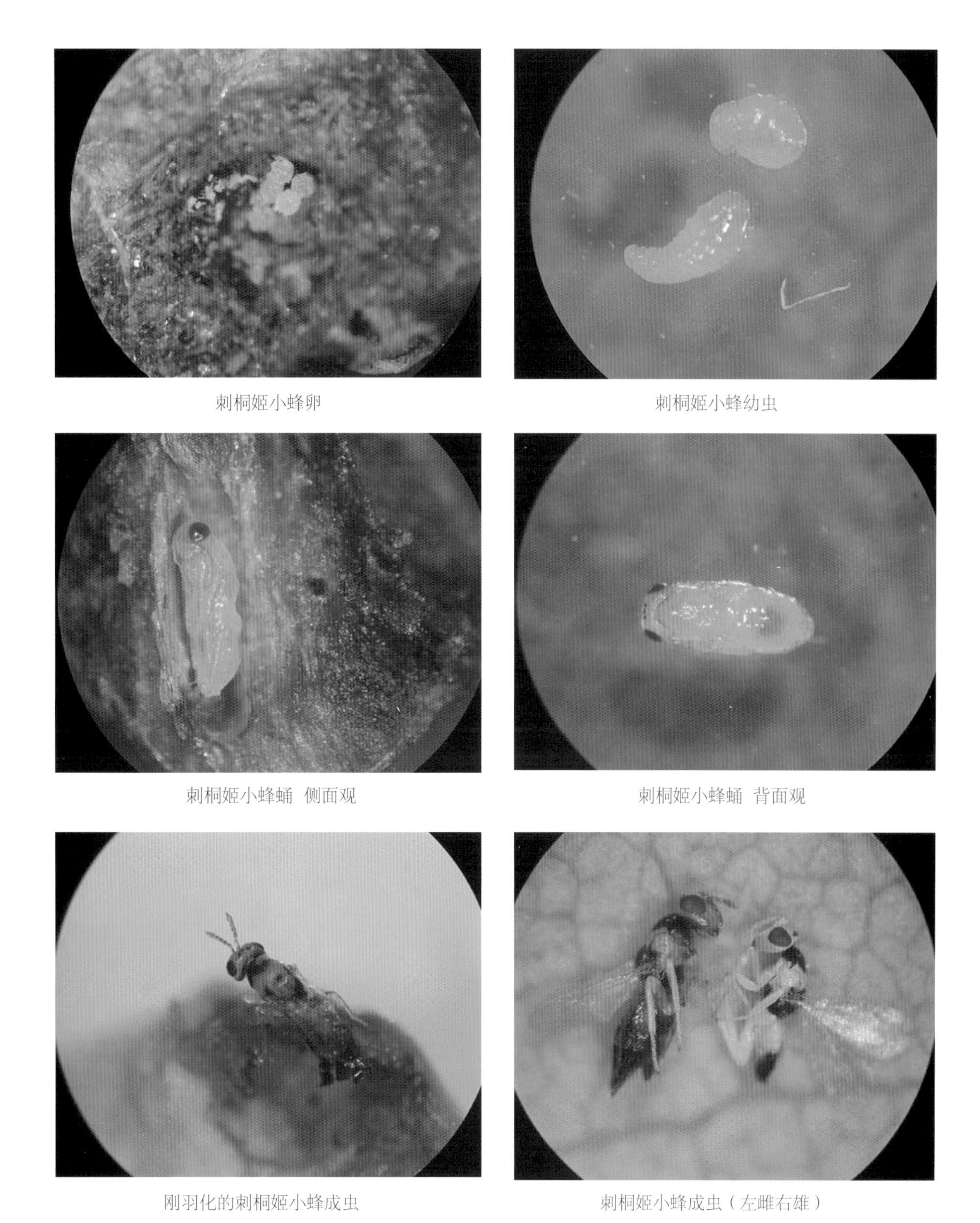

刺桐姬小蜂卵

刺桐姬小蜂幼虫

刺桐姬小蜂蛹 侧面观

刺桐姬小蜂蛹 背面观

刚羽化的刺桐姬小蜂成虫

刺桐姬小蜂成虫（左雌右雄）

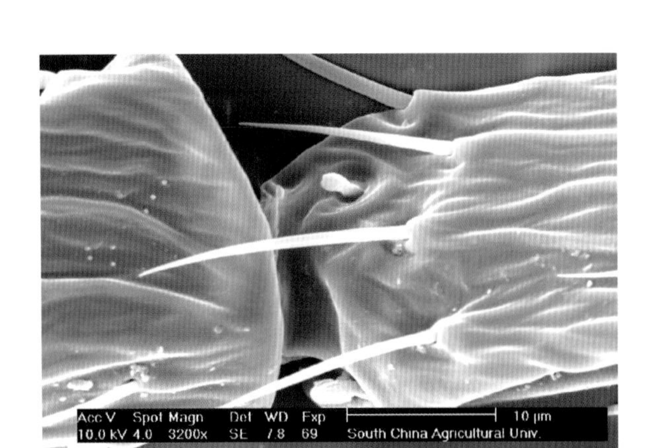

感器扫描电镜图 1
（触角鞭节 Mam: 乳状感器mammilliformia sensilla）

感器扫描电镜图 2
（触角 Mps:多孔板状感器multiporous plate sensilla）

为害症状：成虫产卵于寄主嫩叶、幼芽、花蕾、幼果等处，幼虫取食生长点，形成虫瘿，致使受害组织畸形、肿大。严重时引起落叶，甚至死亡。

刺桐姬小蜂在鸡冠刺桐上的为害状 1

刺桐姬小蜂在鸡冠刺桐上的为害状 2

鸡冠刺桐后续监管

烧毁鸡冠刺桐残叶防治刺桐姬小蜂

第五章　冬青科

冬　青

分类地位：冬青科 Aquifoliaceae 冬青属 *Ilex*

学　　名：*Ilex chinensis* Sims（*Ilex purpurea* Hassk）

别　　名：红冬青、油叶树、树顶子。

原 产 地：中国长江中下游地区的江苏、浙江、安徽、江西、湖北及四川、贵州、广西、福建等。

形态特征：常绿灌木；叶互生，单叶，无托叶或有微小托叶；花小，单性，雌雄异株，稀两性，排成腋生的聚伞花序或簇生花序，稀总状或单花；花萼3～6裂，通常4裂，裂片覆瓦状排列；花瓣4～5，覆瓦状排列，稀镊合状排列，基部合生，稀分离；雄蕊与花瓣同数而互生，花丝短，花药内向，2室；花盘缺；子房上位，2至多室，花柱不存在或很短，柱头常为头状或盘状，每室有胚珠1～2颗。果为浆果状的核果，顶端常有宿存的柱头，有分核2至多数，每分核有种子1枚；种子含丰富的胚乳，胚小，子叶扁平。

冬青枝叶

冬青果实

货物特征：运输一般使用半开门柜，植株盆栽或包根带介质。

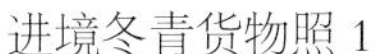

进境冬青货物照 1

进境冬青货物照 2

进境冬青货物照 3

引种国家或地区：泰国、日本。

检疫要点：

1. 观察植株茎叶病症，是否有真菌、细菌等为害症状；检查枝叶有无带害虫，并取样进行实验室鉴定。
2. 实验室检查植株根部有无地下害虫；取根部及介质进行线虫分离鉴定。
3. 注意观察盆栽带杂草情况。

截获的有害生物：

线虫：根结线虫属、突腔唇线虫属、肾状线虫属、盾状线虫属、茎线虫属、滑刃线虫属、短体线虫属、剑线虫属、矛线线虫科。

昆虫：冬青小灰蝶

在冬青上截获的冬青小灰蝶（*Celastrina puspa*）

冬青小灰蝶（*Celastrina puspa*）腹面观

截获或关注的部分有害生物介绍：

· 美洲剑线虫

分类地位：矛线目 Dorylaimida Pearse,1942 长针科 Longidoridae (Thorne,1935) Meyl,1961 剑属 *Xiphinema* Cobb,1913

学　　名：*Xiphinema americanus* Cobb，1913

形态特征：广义的美洲剑线虫的虫体比剑线虫属其他多数种类的虫体小（体长一般不超过2.2毫米），齿针〔齿尖针（odontostyle）+齿托（odontophore）〕短，其长度不超过150微米。雌虫双生殖腺对生、发育平衡，阴门横裂、位于体中部，子宫短，无“Z”型结构。在卵母细胞和幼虫的肠道内有共生细菌，尾呈短圆锥形、末端圆。雄虫少见，其最后一个腹中生殖乳突靠近成对的泄殖腔前乳突。

第六章　豆　科

羊蹄甲

分类地位： 豆科 Leguminosae 羊蹄甲属 *Bauhinia* L.

学　　名： *Bauhinia purpurea* L.

别　　名： 玲甲花。

原 产 地： 中国南部、中南半岛、印度、斯里兰卡。

形态特征： 半常绿乔木，枝初时略被毛，毛渐脱落，叶硬纸质，近圆形，基部浅心形，裂片先端圆钝或近急尖，两面无毛或下面薄被微柔毛；总状花序侧生或顶生，少花，有时2～4个生于枝顶而成复总状花序，被褐色绢毛；花蕾多，纺锤形，顶钝；萼佛焰状，花瓣桃红色，倒披针形，具脉纹和长的瓣柄；花丝与花瓣等长；子房具长柄。荚果带状，扁平，略呈弯镰状，成熟时开裂，木质的果瓣扭曲将种子弹出；种子近圆形，扁平，种皮深褐色。

羊蹄甲植株

羊蹄甲花叶

货物特征： 运输一般为带遮网的开顶柜；植株包根带介质。

引种国家或地区： 泰国、中国香港。

检疫要点：

1. 检查植株枝叶有无带病虫等情况。

2. 观察根部带杂草的情况。

3. 抽取根部介质做实验室线虫分离鉴定。

4. 注意检查集装箱体是否有蚂蚁、蜗牛等。

截获的有害生物：

昆虫：罗望子果象、竹长蠹、仓潜、步甲科、郭公虫科。

线虫：垫刃线虫属、滑刃线虫属、茎线虫属、长尾线虫属、肾状线虫属、矛线线虫科、小杆线虫目。

真菌：拟茎点霉菌属、拟盘多孢属、镰孢菌属。

截获或关注的部分有害生物介绍：

·矮化线虫属

分类地位：垫刃目 Tylenchida Thorne,1949 刺科 Belonolaimidae Whitehead,1960

学　　名：*Tylenchorhynchus* Cobb,1913

形态特征：虫体中等大小，侧区有2～5条侧线。头部连续到略缢缩。口针长15～30微米，食道腺通常不覆盖，偶尔背侧覆盖肠。雌虫尾圆锥形到近圆柱形，雄虫交合刺有非常发达的缘膜。

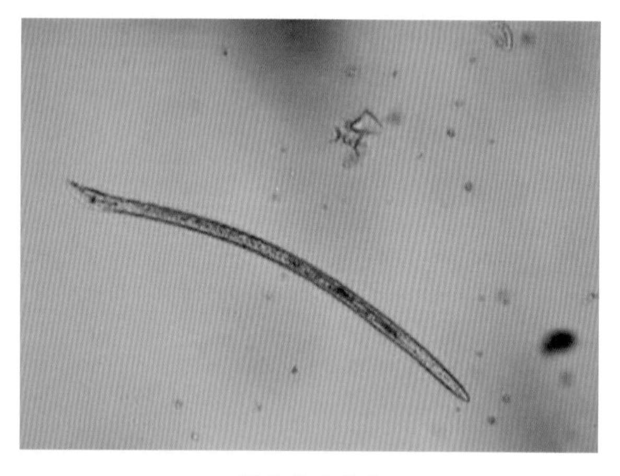

矮化线虫整体

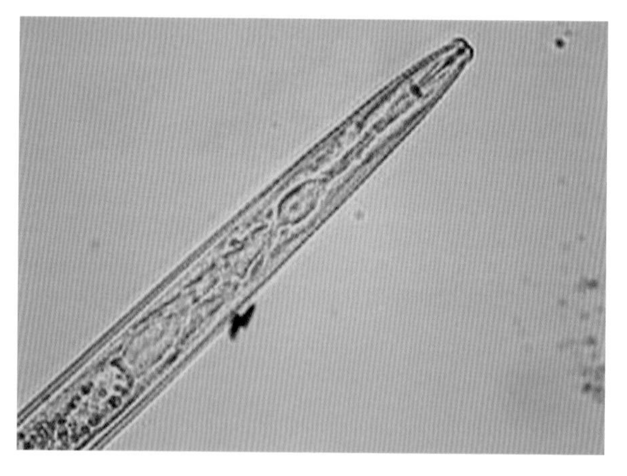

矮化线虫头部

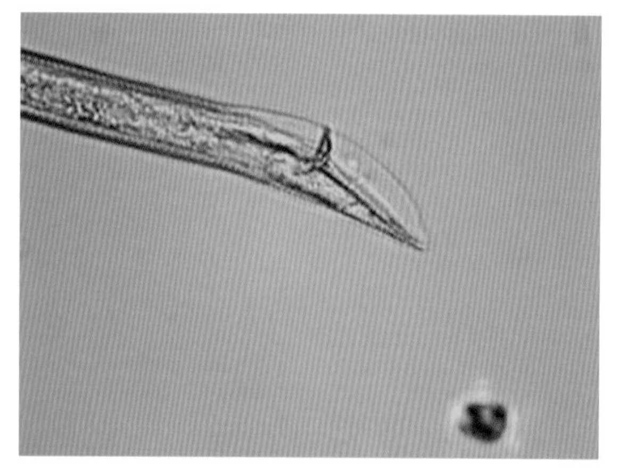

矮化线虫雄虫尾部

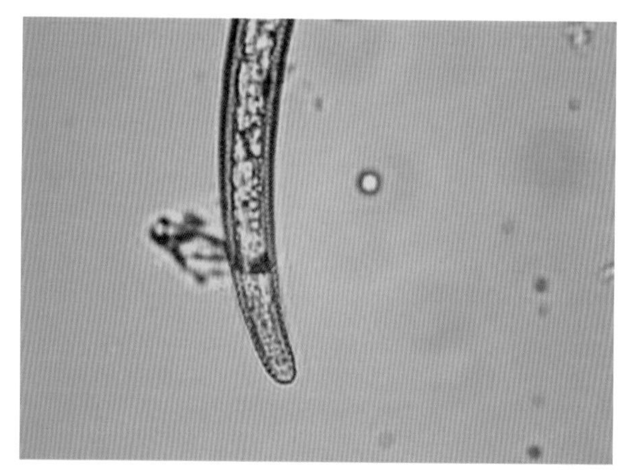

矮化线虫雌虫尾部

第七章　杜鹃花科

第一节　杜 鹃 花

分类地位：杜鹃花科 Ericaceae 杜鹃花属 *Rhododendron* L.

学　　名：*Rhododendron simsii* Planch

别　　名：映山红、艳山红、艳山花、清明花、金达莱等。

原 产 地：中国南方。

形态特征：落叶灌木；枝条、苞片、花柄及花等均有棕褐色扁平的糙伏毛；叶纸质，卵状椭圆形，顶端尖，基部楔形，两面均有糙伏毛，背面较密；花2～6朵簇生于枝端；管状的花，有深红、淡红、玫瑰、紫、白等多种色彩。

盆栽杜鹃

杜鹃花

货物特征：运输一般为密闭货柜，需冷藏；植株盆栽带介质，或有纸箱包装。

引种国家或地区：印度尼西亚、比利时、日本、德国、中国台湾。

检疫要点：

1. 观察植株茎叶病症，是否有真菌、细菌、病毒等症状，并取样进行实验室鉴定。
2. 取根部及介质进行线虫分离鉴定。
3. 观察盆栽杂草情况。
4. 实验室做病毒分离鉴定。

截获的有害生物：

昆虫：冠网蝽、金龟甲科、家蝇。

线虫：根结线虫属、拟毛刺线虫属、毛刺线虫属、肾形拟毛刺线虫、头垫刃线虫属、滑刃线虫属、茎线虫属、长尾线虫属、突腔唇线虫属、肾状线虫属、矛线线虫科、小杆线虫目。

真菌：栎树猝死病菌、链格孢菌属。

螨类：根螨。

其他：蛞蝓属、蜗牛属、鼠妇科。

冠网蝽为害叶面失绿

杜鹃褐斑病

截获或关注的部分有害生物介绍：

·突腔唇线虫属

分类地位：垫刃科 Tylenchidae Oreley,1880 突腔唇亚科 Ecphyadophorinae

学　　名：*Ecphyadophora* de Man,1921

形态特征：虫体非常细，角质层有细环纹；侧线4条，有时不明显。头部有环纹，头端圆，有4个对称的唇叶，侧器口小、卵圆形。口针短，最长13微米，针锥部短于杆部。食道非常细，中食道球纺锤形、无瓣、位于食道中前部，或无中食道球，整个食道成管状，后食道腺成长叶状不覆盖肠或覆盖肠。雌虫阴门前唇向后伸形成阴门盖，阴道斜向前伸，单生殖腺，前伸，受精囊长管状、缢缩或不缢缩，后阴子宫囊短。雄虫交合伞翼状，向后外方伸展，交合刺直，似针状，有或无引带。尾近柱形至长圆锥形，末端细圆到尖。

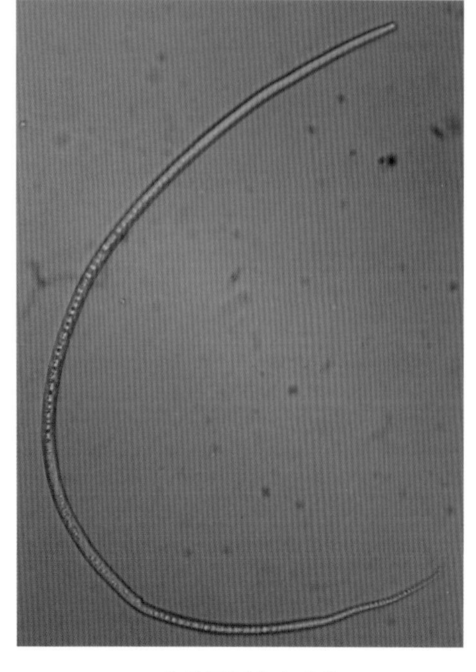

突腔唇属线虫整体

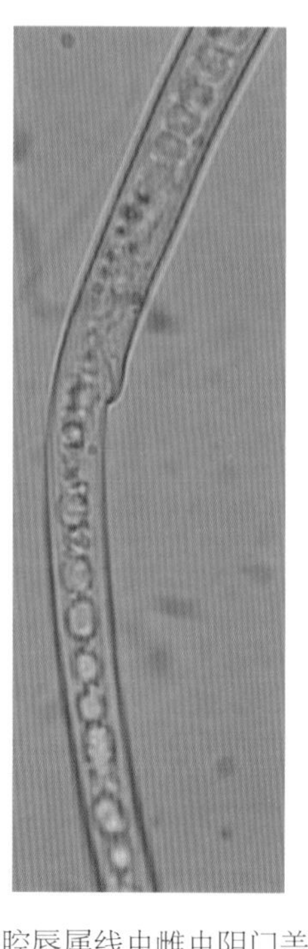

突腔唇属线虫雌虫阴门盖

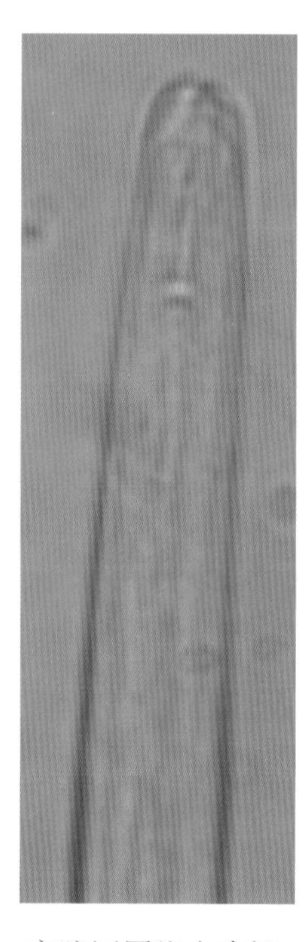

突腔唇属线虫头部

· 栎树猝死病菌

分类地位： 霜霉目 Peronosporales 腐霉科 Pythiaceae 疫霉属 *Phytophthora* de Bary

学　　名： *Phytophthora ramorum* Werres, De Cock & Man in't Veld

分　　布： 美国。

形态特征： 病菌产生分生孢子囊、厚垣孢子和卵孢子。分生孢子囊为椭圆形、纺锤体形或长卵形，有半乳突，长×宽为（25～97）微米×（14～34）微米，平均为（45.6～65）微米×（21.2～28.3）微米，长宽比平均为1.8～2.4。分生孢子囊较长的特征是与其他近似种区分的重要特性。厚垣孢子球形，壁薄，较大，平均直径为46.4～60.1微米，卵孢子大小平均为27.2～31.4微米。

为害症状： 病害在不同寄主上的症状各异。在石栎树上，发病最初表现为嫩梢枯萎，然后整个树冠枯萎，树叶变褐，挂在树枝上，树干中部有葡萄酒红色的渗液流出，树干底部是褐色渗液，且树皮表面变色。栎树树干上有黄褐色至黑色的炭团菌子实体，黏性的"流血"或红褐色流胶。树叶变为红褐色即意味着树木死亡。杜鹃花的症状为叶部有褐色病斑、干枯，枝梢枯萎、凋谢。

第二节　比利时杜鹃

分类地位： 杜鹃花科 Ericaceae 杜鹃花属 *Rhododendron* L.

学　　名： *Rhododendron hybrida* Belgium

别　　名： 杂种杜鹃、西洋杜鹃。

原 产 地： 欧美。

形态特征： 园艺杂交品种；常绿灌木，矮小；分枝多，枝、叶表面疏生柔毛；叶互生，叶片卵圆形，全缘；花顶生，花冠阔漏斗状，半重瓣，花色有红、粉、白、玫瑰红和双色等；品种很多；花期主要在冬、春季。

比利时杜鹃 1

比利时杜鹃 2

货物特征： 运输一般需冷藏；植株盆栽，带介质，或有纸箱包装。

引种国家或地区： 荷兰、比利时、中国台湾。

检疫要点：

1. 观察植株茎叶病症，是否有真菌、细菌、病毒等症状，并取样进行实验室鉴定。
2. 取根部及介质进行线虫分离鉴定。
3. 观察盆栽杂草情况。
4. 实验室做病毒分离鉴定。

截获的有害生物：

昆虫：沙潜、长管蚜亚科、拟步甲科。

线虫：拟毛刺线虫属、滑刃线虫属、茎线虫属、头垫刃线虫属。

真菌：刺盘孢菌属。

截获或关注的部分有害生物介绍：

·拟毛刺线虫属

分类地位：三矛目 Triplonchida Cobb, 1920 毛刺科 Trichodoridae (Thome,1935) Clark,1961

学　　名：*Paratrichodorus* Siddiqi, 1974

形态特征：热杀死后，雌、雄虫虫体微直或略腹弯；热杀死或固定后角质层强烈膨胀。雌虫双生殖腺、对伸，有或无受精囊，阴门孔状、横裂缝状或纵裂缝状；阴道短，长度明显小于体直径的1/2，通常约为体直径的1/3，阴道收缩肌不显著，阴道骨化结构小到不明显；肛门近末端，尾圆。雄虫无腹中颈乳突，或在排泄孔附近有1个腹中颈乳突，无侧颈孔或在瘤针基部附近或排泄孔附近有1对侧颈孔。

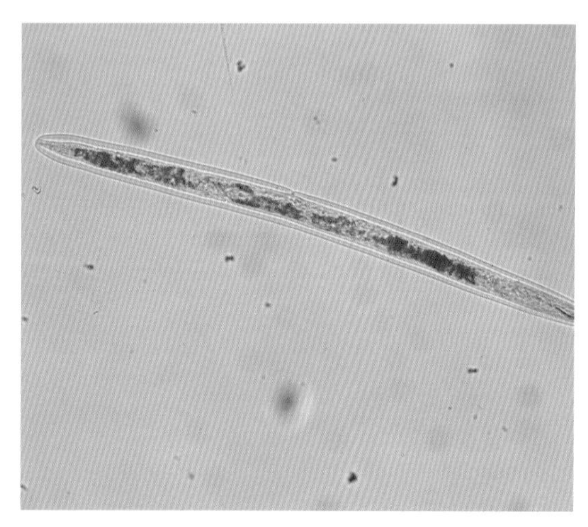

拟毛刺线虫属前体部

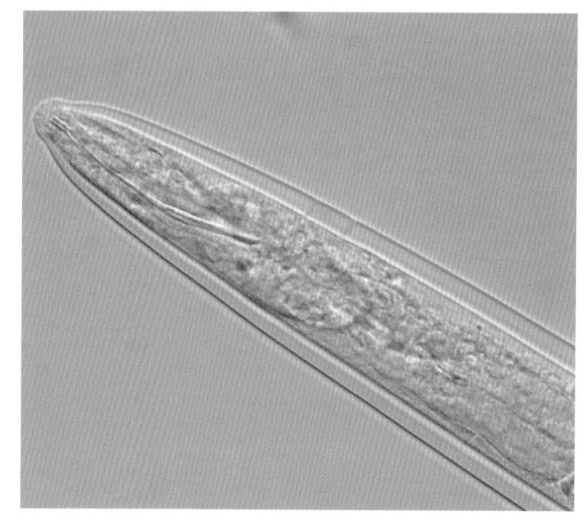

拟毛刺线虫属瘤针

第三节　大花杜鹃

分类地位：杜鹃花科 Ericaceae 杜鹃花属 *Rhododendron* L.

学　　名：*Rhododendron megalanthum* Fang f.

别　　名：硕花杜鹃。

原 产 地：中国。

形态特征：叶革质，宽大，倒卵圆形或倒卵椭圆形，先端钝圆形，基部渐狭，表面深绿色，背面被灰色至淡棕色毛。总状伞形花序，有花15～20朵，花冠筒状，钟形，粉红色，基部有紫红色斑块，上部有斑纹。蒴果圆柱状，弯镰刀形，有锈毛。

大花杜鹃盆苗

大花杜鹃叶片

货物特征：运输一般为密闭货柜，需冷藏；植株盆栽带介质，或有纸箱包装。

引种国家或地区：比利时。

检疫要点：

1. 观察植株茎叶病症，是否有真菌、细菌、病毒等症状，并取样进行实验室鉴定。
2. 取根部及介质进行线虫分离鉴定。
3. 观察盆栽杂草情况。
4. 实验室做病毒分离鉴定。

截获的有害生物：

昆虫：热带火蚁、长管蚜亚科。

线虫：肾形拟毛刺线虫、突腔唇线虫属、丝尾垫刃线虫属、滑刃线虫属、头垫刃线虫属、长尾线虫属。

真菌：杜鹃壳色多隔孢菌、壳二孢菌属。

大棚种植的大花杜鹃

截获或关注的部分有害生物介绍：

·热带火蚁

分类地位：膜翅目 Hymenoptera 蚁科 Formicidae 火蚁属 *Solenopsis*

学　　名：*Solenopsis geminata*

形态特征：体长3～7毫米。兵蚁体型较一般数量居多的工蚁大，但属于连续变异，没有特定的体型大小。体色为红棕色，腹部具1对黄褐色椭圆形斑纹。

热带火蚁

第八章　杜 英 科

杜 英

分类地位：杜英科 Elaeocarpaceae 杜英属 *Elaeocarpus* L.

学　　名：*Elaeocarpus decipiens* Hemsl.

别　　名：山杜英。

原 产 地：中国南部。

形态特征：常绿乔木，小枝几无毛或有短毛；叶薄革质，披针形或矩圆状披针形，长7～12厘米，宽1.6～3厘米，顶端渐尖，基部渐狭，边缘有浅锯齿，几无毛或下面脉上有短毛；叶柄长0.6～1.2厘米。总状花序腋生或生叶痕的腋部，长3～5厘米；花白色，下垂；萼片披针形，长约3毫米，外面生微柔毛；花瓣与萼片近等长，细裂到中部，裂片丝形；雌蕊多数，顶孔开裂；子房生短毛。核果椭圆形，长2～3厘米。

杜英枝叶

杜英花枝

货物特征：运输一般为带遮网的开顶柜；植株带介质，根部有包装。

引种国家或地区：泰国、澳大利亚。

检验要点：

1. 观察植株茎叶病症，是否有真菌、细菌等症状；检查枝叶有无带害虫，并取样进行实验室鉴定。

2. 观察根部带杂草的情况。

3. 抽取根部介质做实验室线虫分离鉴定。

截获的有害生物：

线虫：滑刃线虫属、茎线虫属、矮化线虫属、长尾滑刃线虫、小杆线虫目。

截获或关注的部分有害生物介绍：

·鞘线虫属

分类地位： 垫刃目 Tylenchida Thorne,1949 环科 Criconematidae(Taylor,1936) Thorne,1949

学　　名： *Hemicycliophora* de Man，1921

形态特征： 雌虫虫体有两层角质层，头环2个，偶尔3个；口针长，基部球圆，向后倾斜；阴门横裂，肛门与直肠退化。雄虫头部缢缩，无口针，食道退化，交合刺呈弓形、半环形等。

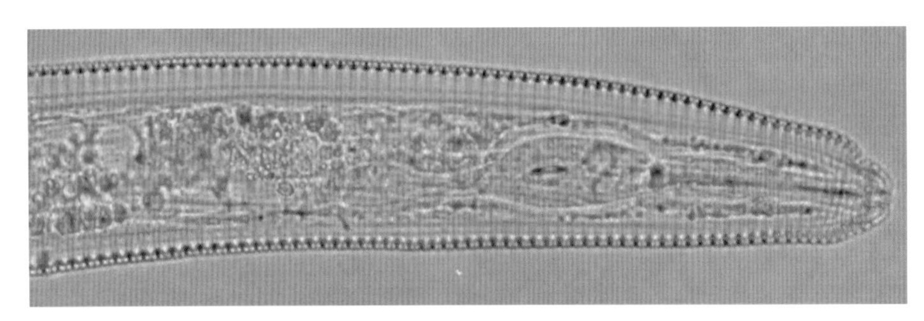

鞘线虫头部

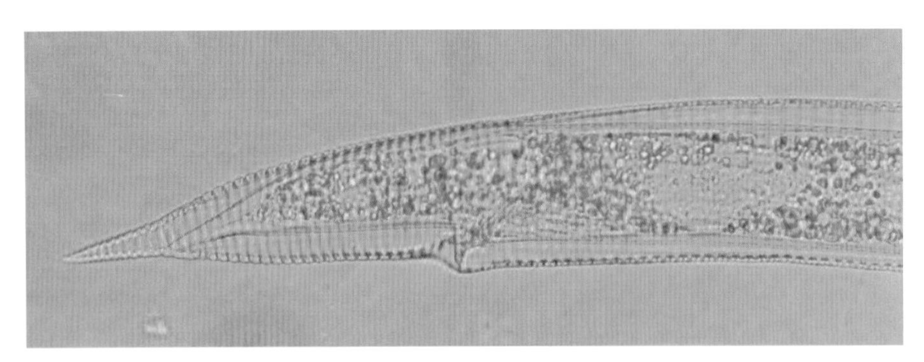

鞘线虫尾部

第九章 凤梨科

果子蔓

分类地位： 凤梨科 Bromeliaceae 果子蔓属 *Guzmania* Ruiz & Pav.

学　　名： *Guzmania lingulata* (L.) Mez.

别　　名： 擎天凤梨、西洋凤梨。

原 产 地： 日本。

形态特征： 多年生草本；叶长带状，浅绿色，背面微红，薄而光亮。穗状花序高出叶丛，花茎、苞片和基部的数枚叶片呈鲜红色。果子蔓叶片翠绿，光亮，深红色管状苞片，色彩艳丽持久。

果子蔓 1

果子蔓 2

货物特征： 运输一般为密闭货柜，需冷藏；植株盆栽，带介质，有纸箱包装。

果子蔓货柜照 1

果子蔓货柜照 2

引种国家或地区： 荷兰、中国台湾、韩国、洪都拉斯、哥斯达黎加、马来西亚、菲律宾。

检疫要点：

1. 观察植株茎叶病症，是否有真菌、细菌、病毒等症状，并取样进行实验室鉴定。
2. 取根部及介质进行线虫分离鉴定。
3. 观察盆栽杂草情况。

果子蔓隔离种植

果子蔓除害处理 1

果子蔓除害处理 2

截获的有害生物：

昆虫：铺道蚁属、小家蚁属、粉蚧科、步甲科。

线虫：香蕉穿孔线虫、根结线虫属、短体线虫属、拟毛刺线虫属、螺旋线虫属、头垫刃线虫属、茎线虫属、突腔唇线虫属、滑刃线虫属、单齿线虫属、丝尾垫刃线虫属、长尾滑刃线虫属、盾线虫属、肾状线虫属、真滑刃线虫属、小盘旋线虫属、针线虫属、矛线线虫科。

真菌：镰孢菌属、灰葡萄孢菌属、盘长孢状刺盘孢菌、叶点霉菌属。

杂草：碎米荠、弯曲碎米荠、菊科。

果子蔓病毒病叶面症状

果子蔓日灼病

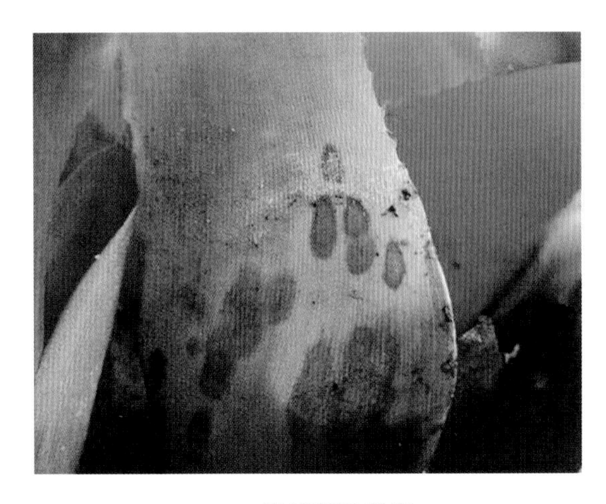

果子蔓根腐病

果子蔓疫病

果子蔓褐斑病症状 1

果子蔓褐斑病症状 2

截获或关注的部分有害生物介绍：

·香蕉穿孔线虫

分类地位： 短体科 Pratylenchidae Thorne,1949 穿孔属 *Radopholus* Thorne,1949

学　　名： *Radopholus similis*（Cobb，1893）Thorne，1949

形态特征：雌虫头部低、不缢缩，头架骨化显著；口针粗短（长为14～23微米），有发达的基部球，中食道球发达、有发达的瓣，后食道腺长叶状、从背面覆盖肠；双生殖腺、对生，或后生殖腺退化成短囊，尾长圆锥形，末端窄圆到近尖。雄虫头部高、呈球状，缢缩，头架骨化不明显；口针退化，口针基部球退化或缺，食道明显退化，交合伞伸到近尾端（偶尔伸到尾端），引带略伸出泄殖腔，精子通常呈杆状。雌、雄虫侧区有3～6条侧线。

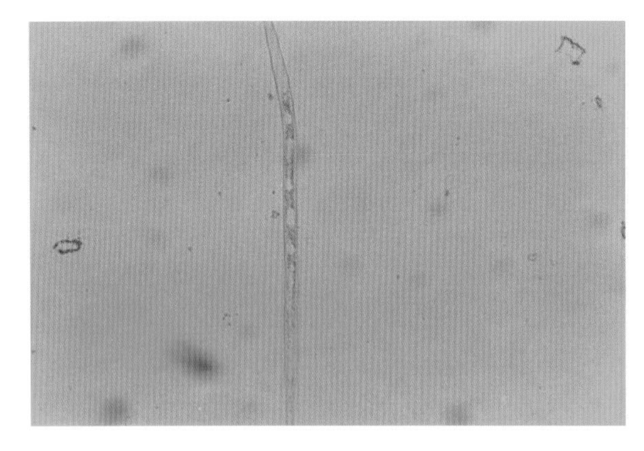

香蕉穿孔线虫雄虫

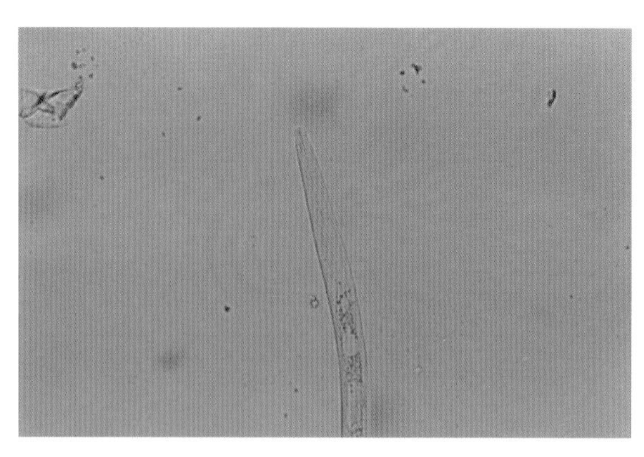

香蕉穿孔线虫雄虫头部

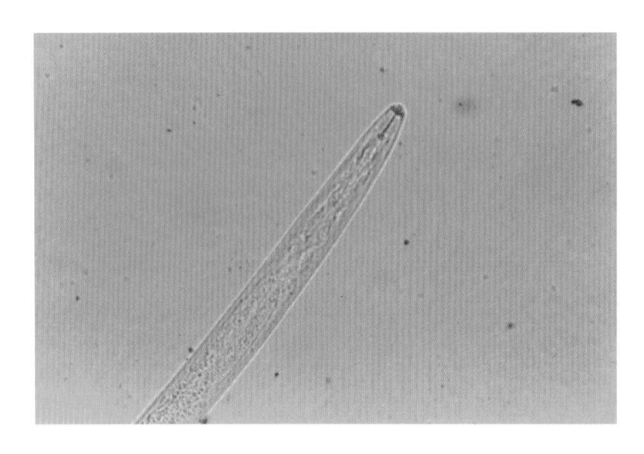

香蕉穿孔线虫雌虫头部

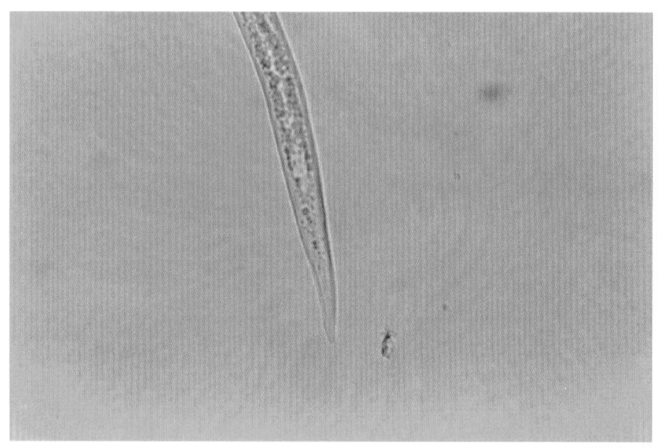

香蕉穿孔线虫雌虫尾部

截获信息：菲律宾（果子蔓、红掌）、印度尼西亚(红果树)、泰国（盾柱木）、马来西亚（蒲桃）。

携带香蕉穿孔线虫的菲律宾果子蔓 1

携带香蕉穿孔线虫的菲律宾果子蔓 2

烧毁携带香蕉穿孔线虫入境果子蔓现场 1

烧毁携带香蕉穿孔线虫入境果子蔓现场 2

第十章　含羞草科

雨豆树

分类地位：含羞草科 Mimosaceae 雨树属 *Samanea* Merr.

学　　名：*Samanea saman* Merr.

别　　名：雨树、伊蓓树。

原 产 地：热带美洲、西印度群岛。

形态特征：落叶大乔木，株高可达20米，冬季会大量落叶。二回羽状复叶互生，羽片2～5对；小叶2～8对，小叶对生，歪卵状长椭圆形或略圆形，长达4.5厘米，表面滑泽，背有绒毛。头状花序于枝端腋出，总梗长10～12.5厘米，花冠长1.7厘米，淡黄色，被丝状长绒毛；雄蕊20枚，花丝细长，前端淡红色，基部合生甚短。木质荚果长15～20厘米，宽1.7～2.5厘米，扁平或略圆柱形。

雨豆树植株

雨豆树枝叶

货物特征：运输一般为带遮网的开顶柜；植株带介质，根部有包装。

引种国家或地区：泰国、中国台湾。

检验要点：

1. 检查植株枝叶有无带病虫等情况，注意检查细小的昆虫。

2. 观察根部带杂草的情况。

3. 抽取根部介质做实验室线虫分离鉴定。

截获的有害生物：

线虫：滑刃属线虫、茎线虫属、丝矛线虫属、肾状线虫属、长尾线虫科、矛线线虫科。

截获或关注的部分有害生物介绍：

·散大蜗牛

分类地位：柄眼目 Stylommatophora 大蜗牛科 Helicidae 大蜗牛属 *Helix* L.

学　　名：*H. aspersa* Muller

分　　布：澳大利亚、新西兰、埃及、阿尔及利亚、南非和加那利群岛、英国（南部和沿海地区）、比利时等。

形态特征：贝壳大型，呈卵圆形或球形，壳质稍薄或结实，不透明，有光泽；贝壳表面呈淡黄褐色，有稠密和细致的刻纹，并有多条（一般是5条）深褐色螺旋状的色带，阻断于与其相交叉的黄色杂斑或条纹处。贝壳有4.5～5个螺层。壳高29 ～33毫米，壳宽32 ～38毫米，壳面有明显的螺纹和生长线，螺旋部矮小，胚螺层光滑，体螺层特膨大，在前方向下极度倾斜，壳口位于其背面。壳口大，向下倾斜，完整，卵圆形或新月形，口缘锋利，外唇稍增厚，向外延伸外折。无脐孔。

散大蜗牛成螺　侧面观（仿周卫川等）

散大蜗牛成螺　背面观（仿周卫川等）

第十一章　禾本科

唐竹

分类地位：禾本科 Poaceae 唐竹属 *Sinobambusa* Makino

学　　名：*Sinobambusa tootsik* (Sieb.)Makino

别　　名：四季竹、苦竹、疏节竹。

原 产 地：中国福建、广东、广西及浙江等地区。

形态特征：竹竿高7米，直径3～4厘米，节间圆筒形，长可达80厘米，无毛，新竿绿色，节下有白圈。解箨后在箨环上留有棕色毛圈。箨鞘初长方形，略带淡红棕色，外被棕褐色刺毛，边缘具纤毛。箨耳卵状至椭圆状，箨舌高4毫米，弓状突起。箨片绿色，披针形至长披针形，边缘有稀锯齿，易落。

唐竹植株 1

唐竹植株 2

货物特征：运输一般为带遮网的开顶柜；植株包根带介质。

唐竹种苗货物照 1

唐竹种苗货物照 2

唐竹种苗货物照 3

引种国家或地区：中国台湾。

检疫要点：

1. 观察植株茎叶病症，是否有真菌、细菌、病毒等症状；检查枝叶有无带害虫，并取样进行实验室鉴定。

2. 取根部及介质进行线虫分离鉴定。

截获的有害生物：

昆虫：竹绿虎天牛。

线虫：根结线虫属、毛刺线虫属、短体线虫属、拟毛刺线虫属、剑线虫属、头垫刃线虫属、螺旋线虫属、长尾线虫属、滑刃线虫属、茎线虫属、矮化线虫属、真滑刃线虫属、丝矛线虫属。

真菌：刺盘孢菌属。

唐竹叶枯病症状 1

唐竹叶枯病症状 2

截获或关注的部分有害生物介绍：

·竹绿虎天牛

分类地位：鞘翅目 Coleoptera 天牛科 Cerambycidae 绿虎天牛属 *Chlorophorus*

学　　名：*Chlorophorus annularis* (Fabr.)

寄　　主：竹材、苹果、枫、柚木和棉。

分　　布：中国东北、河北、陕西、四川、贵州、云南、江苏、浙江、福建、广东、广西、台湾；日本、印度、缅甸、泰国、越南、马来西亚、印度尼西亚。

形态特征：体长9.5～17毫米，体宽2.4～2.5毫米。体棕色或棕黑色，头部及背面密生黄色绒毛，腹面被白绒毛。头部具刻点，额部中线明显似细脊。触角约为体长之半或稍长，柄节与第三至第五节等长。前胸背板具4个长形黑斑，中央2个至前端合并。

竹绿虎天牛成虫　背面观

竹绿虎天牛成虫　侧面观

第十二章　黄杨科

黄　杨

分类地位： 黄杨科 Buxaceae　黄杨属 *Buxus* L.

学　　名： *Buxus microphylla* Sieb. et Zucc.

别　　名： 小叶黄杨、锦熟黄杨、黄杨木 、瓜子黄杨。

原 产 地： 中国内地、日本。

形态特征： 常绿灌木或小乔木；树皮灰色，有规则剥裂；茎枝有4棱；小枝和冬芽的外鳞有短毛。叶倒卵形或倒卵状长椭圆形至宽椭圆形，长1～3厘米，宽7～15毫米，背面主脉的基部和叶柄有微细毛。花簇生于叶腋或枝端，无花瓣；雄花萼片4，长2～2.5毫米；雄蕊比萼片长2倍；雌花生于花簇顶端，萼片6，两轮；花柱3，柱头粗厚，子房3室。蒴果球形，熟时黑色，沿室背3瓣裂。

黄杨树种苗 1

黄杨树种苗 2

货物特征： 运输一般为带遮网开顶柜；植株包根带介质，或为小株盆栽。

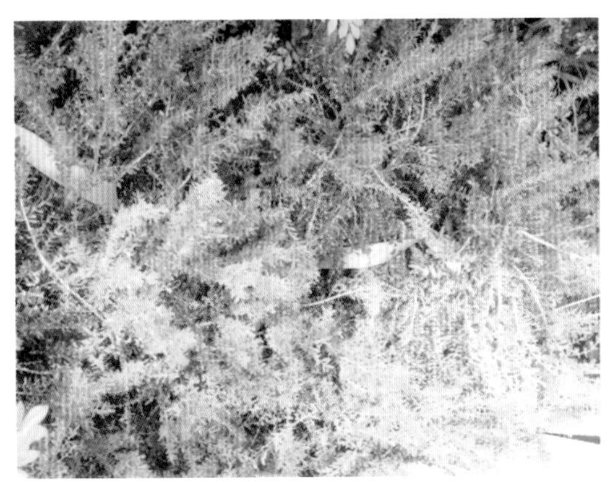

货柜中的黄杨植株

黄杨树植株

引种国家或地区：中国台湾。

检疫要点：

1. 观察植株茎叶病症，是否有真菌、细菌等症状；检查枝叶有无带害虫，并取样进行实验室鉴定。

2. 实验室检查植株根部有无地下害虫；取根部及介质进行线虫分离鉴定。

3. 注意观察盆栽带杂草情况。

4. 注意检查集装箱体是否有蚂蚁、蜗牛等。

截获的有害生物：

昆虫：红火蚁、日本龟蜡蚧、小家蚁、蓟马科、蚧科、叶甲科、瓢虫科、隐翅甲亚科、食蚜蝇科、刺蛾科、毒蛾科。

线虫：肾形肾状线虫、茎线虫属、滑刃线虫属、真滑刃线虫属、针线虫属、细纹垫刃线虫属、螺旋线虫属、细小线虫属、垫刃线虫属、剑囊线虫属。

真菌：刺盘孢菌属、青霉菌属。

杂草：田旋花、马唐、蒿草属。

其他：非洲大蜗牛、同型巴蜗牛、野蛞蝓、鼠妇。

截获或关注的部分有害生物介绍：

·红火蚁

分类地位：膜翅目 Hymenoptera 蚁科 Formicidae 火蚁属 *Solenopsis*

学　　名：*Solenopsis invicta* Buren

寄　　主：红火蚁属于恶性入侵生物，杂食性，在入侵区的每种作物上都有报道。

分　　布：原分布于南美洲巴拉那河流域(包括巴西、巴拉圭、阿根廷)。后传至美国、波多黎各、新西兰、澳大利亚、中国台湾及内地局部地区。

形态特征：工蚁触角成膝状弯曲，共10节，末端2节明显膨大形成棒状，并显著比其他节长。唇基通常具有明显的中齿。腹柄分为2节，后腹柄与柄后腹前部连接，从背面上部观察，柄后腹不成心形；腹部末端有毒刺。大颚有4个明显的小齿。

红火蚁雄蚁

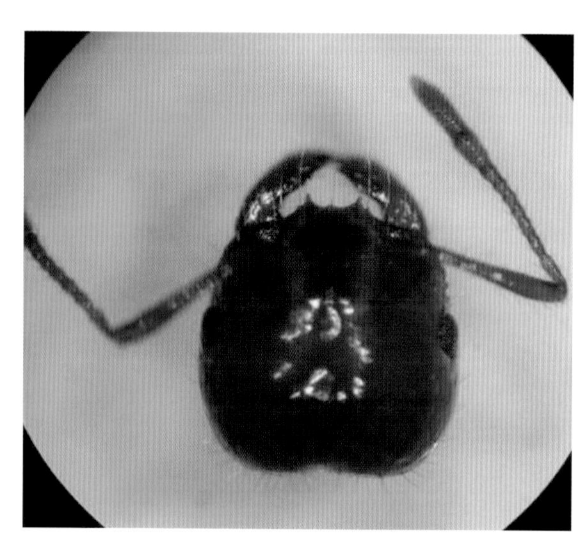

红火蚁工蚁唇基

红火蚁工蚁

为害症状：能取食农作物，严重为害植物的种子、果实、幼芽、嫩茎与根系；也能为害一些鸟类、家畜；而且螯叮攻击人类，会引起肿胀、过敏性休克，甚至死亡；破坏住房与电器设备，对生物多样性及公共安全造成了很大威胁。

红火蚁疫情调查 1

红火蚁疫情调查 2

·田旋花

分类地位：旋花科 Convolvulaceae 旋花属 *Convolvulus* L.

学　　名：*Convolvulus arvensis* L.

形态特征：茎蔓生或缠绕，具条纹或棱角。叶互生，戟形，全缘或3裂。花序腋生，有花1～3朵；苞片2，线形；萼片5，卵圆形，边缘膜质。花冠漏斗状，粉红色；雄蕊5，花丝基部具鳞毛；子房2室，柱头2裂，线形。蒴果卵状球形或圆锥形（中国杂草志，李扬汉编）。

田旋花野外图

·日本龟蜡蚧

分类地位：同翅目 Homoptera 蚧科 Coccidae 蜡蚧属 *Ceroplastes*

学　　名：*Ceroplastes japonicas* Green

寄　　主：在中国分布极其广泛，为害多达100多种植物，其中大部分为果树，如苹果、柿、枣、梨、桃、杏、柑橘、芒果、枇杷等。另有绣线菊、玫瑰、白兰、含笑、木兰、山茶、小檗等。

形态特征：成虫：雌成虫体背有较厚的白蜡壳，呈椭圆形，长4～5毫米，背面隆起似半球形，中央隆起较高，表面具龟甲状凹纹，边缘蜡层厚且弯卷由8块组成。活虫蜡壳背面淡红，边缘乳白，死后淡红色消失，初淡黄后现出虫体呈红褐色。活虫体淡褐至紫红色。雄虫体长1～1.4毫米，淡红至紫红色，眼黑色，触角丝状，翅1对白色透明，具2条纵脉，足细小，腹末略细，性刺色淡。

第十三章　夹竹桃科

第一节　糖胶树

分类地位：夹竹桃科 Apocynaceae 鸡骨常山属 *Alstonia* sp.

学　　名：*Alstonia scholaris* (L.) R.Br.

别　　名：橡皮树、灯架树、黑板树、乳木、魔神树等。

原 产 地：高温多湿的南亚。分布于南亚热带常绿阔叶林区，热带季雨林及雨林区。

形态特征：树冠近椭圆形，分枝逐级轮生，夏季开黄白色花，蓇葖果细线形。

糖胶树枝叶

糖胶树花枝

货物特征：运输一般开顶柜；植株带介质，根部有包装。

引种国家或地区：泰国、中国台湾。

检疫要点：

1. 观察植株茎叶病症，是否有真菌、细菌等症状；检查枝叶有无带害虫，并取样进行实验室鉴定。
2. 实验室检查植株根部有无地下害虫；取根部及介质进行线虫分离鉴定。
3. 注意观察盆栽带杂草情况。

截获的有害生物：

昆虫：拟粉虫属、截头堆砂白蚁、小家蚁、隐翅虫属、美洲大蠊、日本蠼螋、小点拟粉虫、铜绿丽金龟、德国小蠊、竹竿粉长蠹、热带火蚁、新白蚁属。

线虫：短体线虫属、根结线虫属、剑线虫属、针线虫属、滑刃线虫属、真滑刃线虫属、丝矛线虫属、矮化线虫属、长尾线虫属、茎线虫属、螺旋线虫属、矛线线虫科、小杆线虫目。

真菌：烟霉属。

杂草：田旋花、苦苣菜、旋花科。

其他：非洲大蜗牛、同型巴蜗牛、鼠妇。

截获或关注的部分有害生物介绍：

·苦苣菜

分类地位：菊科 Compositae 苦苣菜属 *Sonchus* L.

学　　名： *Sonchus oleraceus* L.

形态特征： 一年生或二年生草本；茎直立，高10～30厘米。基生叶丛生，茎生叶互生；叶片柔软无毛，羽状深裂；基生叶片基部下延成翼柄，中上部的叶无柄，基部扩大成戟耳形。头状花序在茎顶排列成伞房状。瘦果长椭圆状倒卵形，扁平，两面各有3～5条细脉，肋间有不明显的细皱纹；冠毛白色。

苦苣菜野外图

第二节　鸡蛋花

分类地位： 夹竹桃科 Apocynaceae 鸡蛋花属 *Plumeria* L.

学　　名： *Plumeria rubra* L. cv. *acutifolia* (Poir.) Ball

别　　名： 缅栀子、蛋黄花、鸭脚木。

原 产 地： 美洲。

形态特征： 落叶灌木；小枝肥厚多肉，叶大，互生，羽状脉；厚纸质，多聚生于枝顶，叶脉在近叶缘处连成一边脉；花数朵聚生于枝顶，花冠筒状，直径5～6厘米，5裂，外面乳白色，中心鲜黄色，极芳香，极似蛋白包裹着蛋黄；蓇葖果为双生，种子多数，顶端具膜质翅，无种毛。

鸡蛋花种苗

鸡蛋花

鸡蛋花植株

货物特征：运输一般为开顶柜；植株无枝叶，裸根或包根带介质。

鸡蛋花货物照 1

鸡蛋花货物照 2

鸡蛋花后续监管

鸡蛋花隔离种植

引种国家或地区：印度尼西亚、泰国、中国台湾。

检疫要点：

1. 观察植株茎叶病症，是否有真菌、细菌等症状；检查枝叶有无带害虫，并取样进行实验室鉴定。

2. 实验室检查植株根部有无地下害虫；取根部及介质进行线虫分离鉴定。

3. 注意观察盆栽带杂草情况。

截获的有害生物：

昆虫：弧纹坡天牛、散天牛属。

线虫：根结线虫属、短体线虫属、剑线虫属、小盘旋线虫属、滑刃线虫属、真滑刃线虫属、针线虫属、螺旋线虫属、小环线虫属、丝矛线虫属、茎线虫属、头垫刃线虫属、肾状线虫属、矛线线虫科。

真菌：拟茎点霉属。

病毒：鸡蛋花花叶病。

截获或关注的部分有害生物介绍：

·弧纹坡天牛

分类地位：鞘翅目 Coleoptera 天牛科 Cerambycidae 坡天牛属 *Pterolophia* Newman,1842

学　　名：*Pterolophia arctofasciata* Gressitt,1940

分　　布：中国海南、广东、台湾，越南。

形态特征：体长10～13.5毫米，棕红色，被棕黄色至淡黑色绒毛；触角第3节不长于柄节，4～10节内端具刺，第4节中部灰白色；前胸背板中央具2条明显的棕黄色纵纹；鞘翅端部1/3处具一灰白色齿状横带，翅端斜截。

弧纹坡天牛成虫　背面观

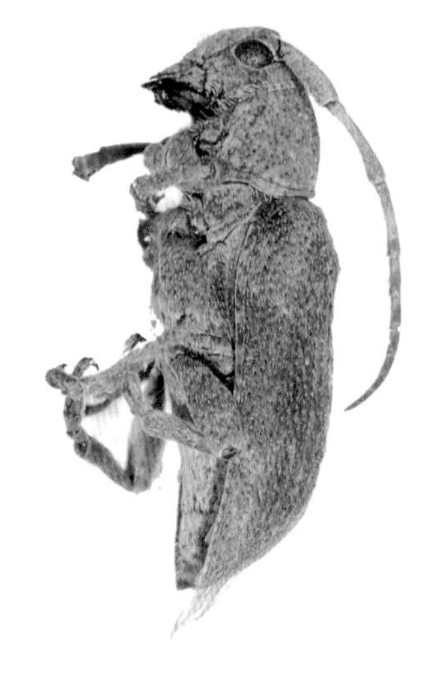

弧纹坡天牛成虫　侧面观

截获的信息：从中国台湾进境的鸡蛋花上截获弧纹坡天牛。

·散天牛属

分类地位：鞘翅目 Coleoptera 天牛科 Cerambycidae 散天牛属 *Sybra* Pascoe

学　　名：*Sybra* Pascoe

寄　　主：鸡蛋花。

形态特征：成虫触角下侧不具显著缨毛，腿节不具显著的脊，两爪基部较接近；所成角度小于90° 直角；头顶微凹。

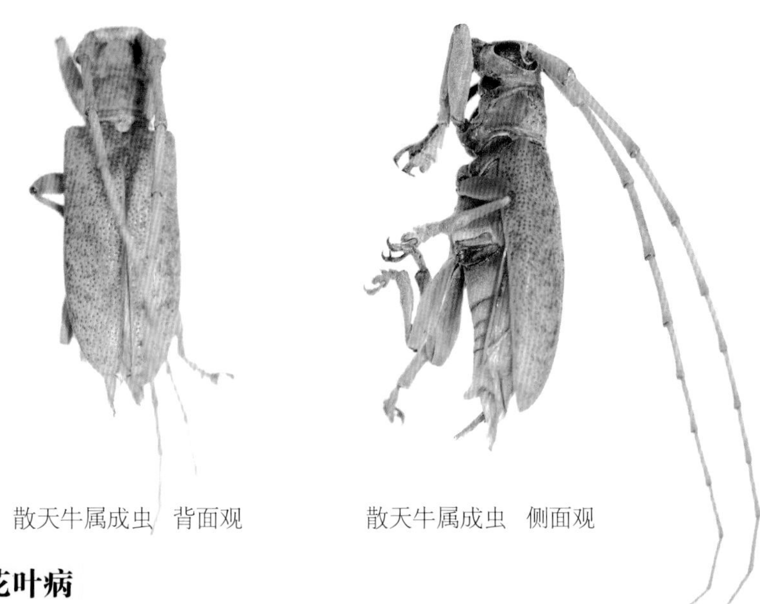

散天牛属成虫　背面观　　　　散天牛属成虫　侧面观

·鸡蛋花花叶病

症状与为害：叶片出现深绿、浅绿相间的花叶及褪绿的大斑块；叶脉褪绿，叶片发育不对称，叶缘呈现波浪状的皱缩。该病由病毒引起。

鸡蛋花花叶病症状

第三节　沙漠蔷薇

分类地位：夹竹桃科 Apocynaceae 沙漠蔷薇属 *Adenium* Roem. & Schult.

学　　名：*Adenium obesum* (Forssk.) Roem. & Schult

别　　名：天宝花、富贵花、沙红姬花、沙漠玫瑰。

原 产 地：肯尼亚、坦桑尼亚。

形态特征：形似小喇叭，玫瑰红色，伞形花序三五成丛，灿烂似锦，四季开花不断。因原产地接近沙漠且红如玫瑰而得名沙漠蔷薇。单叶互生，倒卵形，顶端急尖，长8～10厘米，宽2～4厘米，革质，有光泽，腹面深绿色，背面灰绿色，全缘。总状花序，顶生，着花10多朵，喇叭状，长6～8厘米；花冠5裂，有玫红、粉红、白色及复色等。南方温室栽培较易结实。种子有白色柔毛，可助其飞行散布。

沙漠蔷薇植株 1

沙漠蔷薇植株 2

货物特征：运输一般半开门或开门柜；植株裸根。

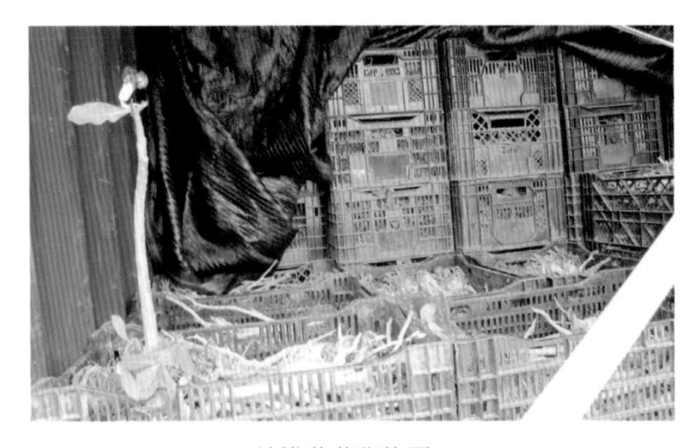

沙漠蔷薇货物照 1

沙漠蔷薇货物照 2

沙漠蔷薇货柜照 3

沙漠蔷薇样品

引种国家或地区：泰国、中国台湾。

检疫要点：

1. 观察植株茎叶病症，是否有真菌、细菌等症状；检查枝叶有无带害虫，并取样进行实验室鉴定。
2. 实验室检查植株根部有无地下害虫；取根部及介质进行线虫分离鉴定。
3. 注意观察盆栽带杂草情况。

截获的有害生物：

线虫：滑刃线虫属、茎线虫属、小盘旋线虫属、长针线虫属、真滑刃线虫属。

真菌：镰孢菌属。

截获或关注的部分有害生物介绍：

·长针线虫属

分类地位：矛线目 Dorylaimida 长针线虫科 Longidoridae

学　　名：*Longidorus* Filipjev，1934

形态特征：虫体细长（通常大于3毫米）。热杀死后虫体直到弯成“C”型，头部圆，连续或缢缩。口针细长，齿针基部平滑，齿针延伸部基部常稍膨大，但不呈明显凸缘。诱导环单环状，一般位于齿针的前1/3处，极少数位于齿针的中部。雌虫生殖系统双向双生殖管型，雄虫后部腹中交配乳突接近于交合刺。雌、雄虫尾形相似，常较短，锥形至半圆形。

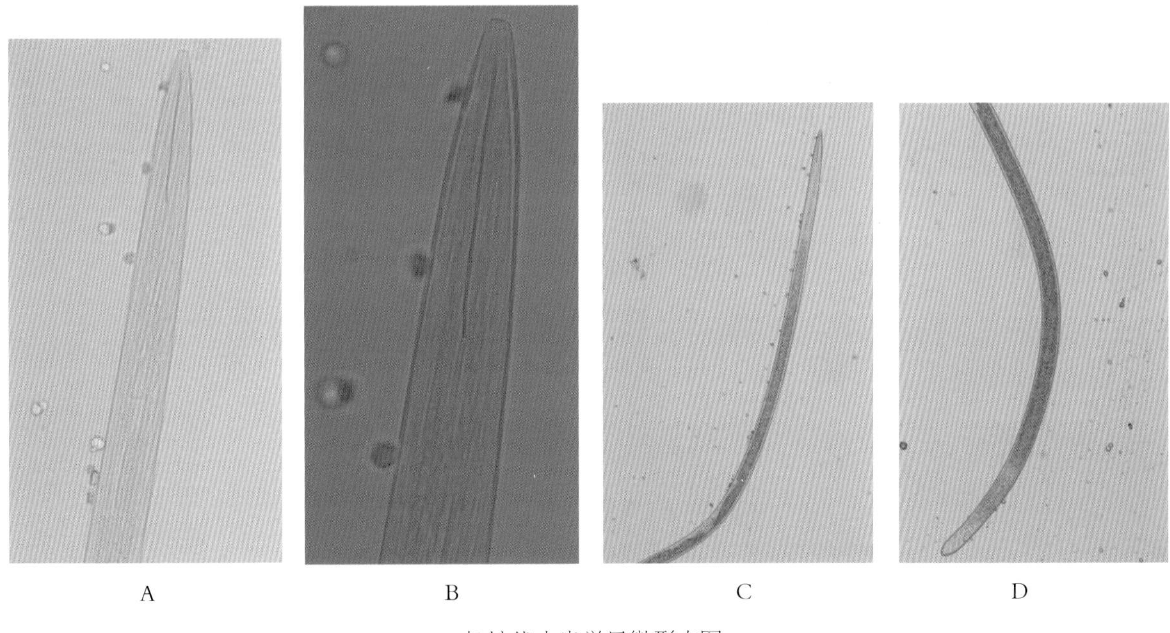

A　　B　　C　　D

长针线虫光学显微形态图

A、B、C. 头部　D. 尾部

第十四章　锦 葵 科

黄 槿

分类地位： 锦葵科 Malvaceae 木槿属 *Hibiscus* L.

学　　名： *Hibiscus tiliaceus* L.

别　　名： 糕仔树、右纳、海麻。

原 产 地： 中国台湾、广东，菲律宾群岛、太平洋群岛、马来群岛、印度、锡兰等。

形态特征： 常绿大灌木至小乔木；主干不明显，高可达3～4米；叶子大，心形，有长柄；花黄色，花冠钟形，蒴果。

黄槿植株

黄槿花

货物特征： 运输一般为带遮网的开顶柜；植株小株或为盆栽带介质。

黄槿货物照

引种国家或地区：泰国、中国台湾。

检疫要点：

1. 观察植株茎叶病症，是否有真菌、细菌、病毒等症状；检查枝叶有无带害虫，并取样进行实验室鉴定。

2. 取根部及介质进行线虫分离鉴定。

3. 观察盆栽杂草情况。

截获的有害生物：

线虫：滑刃线虫属、茎线虫属、小环线虫属、长尾线虫属、矛线线虫科。

真菌：镰孢菌属、茎点霉菌属、刺盘孢菌属、拟茎点霉属。

截获或关注的部分有害生物介绍：

·拟茎点霉属

分类地位：球壳孢目 Sphaeropsidales 拟茎点霉属 *Phomopsis* sp.

学　　名：*Phomopsis*

形态特征：分生孢子座真子座质，埋生，褐色至暗褐色，集生或聚生，球形、烧瓶形或扁球形，单腔室、多腔室或螺旋状腔室；器壁厚，上半部色常略深；分生孢子梗分枝，离生，无色，多数细长；产孢细胞无色，圆柱形，自分生孢子梗及其分支上生出，内壁芽生瓶体式产孢，围领、产孢口及平周加厚均小；分生孢子二型：α 型无色，单胞，纺锤形，直，通常含2油球；β 型无色，单胞，线形，不含油球，直，一端常为钩状。

拟茎点霉属分生孢子器

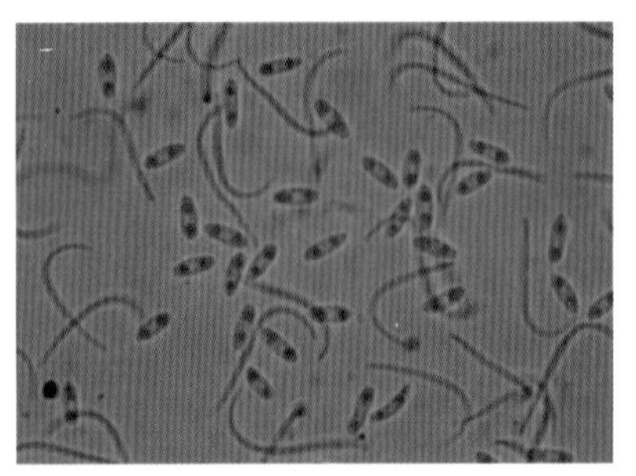

拟茎点霉属分生孢子

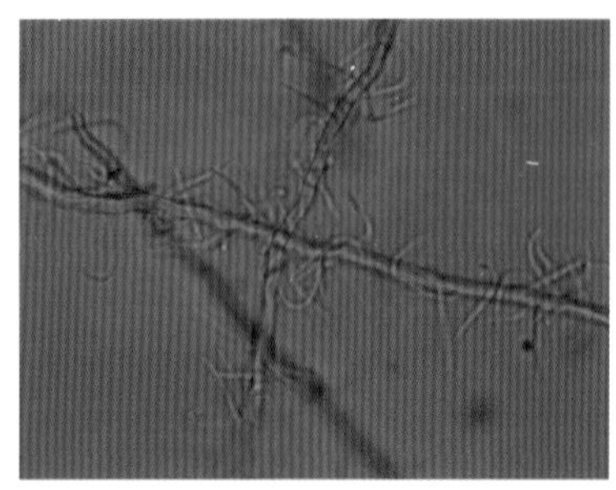

拟茎点霉属菌丝

·美洲斑潜蝇

分类地位：双翅目 Diptera 潜蝇科 Agromyzidae 斑潜蝇属 *Liriomyza*

学　　名：*Liriomyza sativae* Blanchard

寄　　主：菊花、孔雀草、荷兰菊、矮牵牛以及茄科、十字花科、锦葵科、大戟科等22科100多种植物。

形态特征：体长1.3 ~ 2.3毫米，浅灰黑色，胸背板亮褐色，雌虫体比雄虫体大。幼虫蛆状，初无色，后变为浅橙黄色至橙黄色。

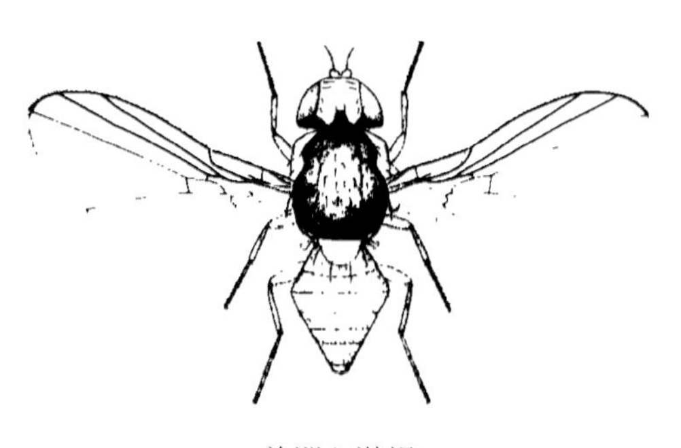

美洲斑潜蝇

为害症状：雌成虫在叶片上刺孔，形成点刻。幼虫在叶片或叶柄内蛀成弯曲的虫道，隧道白色。

第十五章　兰　科

学　　名： Orchidaceae

形态特征： 花一般两侧对称；花被6片，均花瓣状；外轮3枚称萼片，有中萼片与侧萼片之分；中央花瓣常变态而成唇瓣，唇瓣由于花序的下垂或花梗的扭转而经常处于下方即远轴的位置，基部常有囊或距；雄蕊与花柱（包括柱头）完全愈合而成一柱状体，称蕊柱。蕊柱顶端通常具1枚雄蕊，前方有1个柱头凹穴；有些种类的蕊柱基部延伸成足，侧萼片与唇瓣围绕蕊柱足而生，形成囊状物，称为萼囊；在柱头与雄蕊之间有一个舌状器官，称为蕊喙，它通常是由柱头上裂片变态而来，能分泌黏液；花粉多半黏合成团块，有时一部分变成柄状物，称为花粉块柄；蕊喙上的黏液常常变成固态的黏块，称为黏盘，有时黏盘还有柄状或片状的延伸附属物，称为蕊喙柄；花粉团与花粉块柄是雄蕊来源的，而黏盘与蕊喙柄则是柱头来源的，两者合生在一起叫做花粉块，但花粉块也并非都由这4个部分组成，尤其是蕊喙柄，只在很进化的类群中才有；花粉团质地有粒粉质与蜡质之分，数目一般为2～8个。花粉大多为四合体，仅少数原始类群中为单粒。无萌发孔，具一薄壁区，1小槽或2小槽，或具3～4个略呈圆孔状的萌发孔。

卡特兰

大花惠兰

货物特征： 运输一般密闭货柜需冷藏；植株盆栽，带介质，一般有纸箱包装。

兰花现场查验

兰花货物照

检疫要点：

1. 观察植株茎叶病症，是否有真菌、细菌、病毒等症状，并取样进行实验室鉴定。
2. 取根部及介质进行线虫分离鉴定。
3. 观察盆栽杂草情况。
4. 实验室做病毒分离鉴定。

截获的有害生物： 建兰花叶病毒，齿兰环斑病毒。

第一节　蕙 兰

分类地位： 兰科 Orchidaceae 兰属 *Cymbidium* Sw.

学　　名： *Cymbidium hybrida*

别　　名： 中国兰、九子兰、夏兰、九华兰、九节兰、一茎九花。

原 产 地： 中国。

形态特征： 地生草本植物；叶5～8枚，带形，直立性强，基部常对折而呈“V”形，叶脉透亮，边缘常有粗锯齿；根较粗短，基部略比根前端粗大，无分枝；假鳞茎不明显，集生成丛，呈椭圆形；一茎多花，常6～12朵，花瓣与萼片相似，常略短而宽，花通常香气浓郁。花苞、花大小因栽培品种不同而各异。

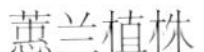
蕙兰植株

蕙兰花

引种国家或地区： 韩国、日本、中国台湾。

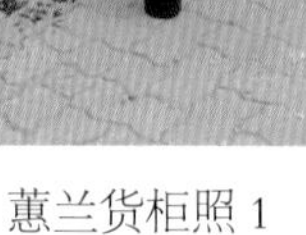

蕙兰货柜照 1

蕙兰货柜照 2

蕙兰现场查验

蕙兰除害处理

截获的有害生物：

昆虫：铺道蚁属、小家蚁属、露尾甲科、黑褐圆盾蚧、蠼螋科、粉蚧科。

线虫：草莓滑刃线虫、小盘旋线虫属、长尾线虫属、突腔唇线虫属、垫刃线虫属、滑刃线虫属、茎线虫属、螺旋线虫属、肾状线虫属、丝矛线虫属、头垫刃线虫属、真滑刃线虫属、小杆线虫目、矛线线虫科、单齿线虫属。

真菌：刺盘孢菌属、兰叶短刺盘孢菌、盘长孢状刺盘孢菌、葡萄孢菌属、叶点霉菌属、柱盘孢属、尖孢镰刀菌、胶孢炭疽菌、镰孢菌属、链格孢菌属、木霉菌属、芽枝霉属。

原核生物：唐菖蒲伯克氏菌。

病毒：齿兰环斑病毒、建兰花叶病毒。

螨类：根螨、鲜甲螨。

杂草：白花菜、苍耳、刺苍耳、酢浆草、大戟科、繁缕、豆科、碎米荠、黄鹌菜、弯曲碎米荠。

其他：蜈蚣科、蜗牛科、蜘蛛目。

蕙兰叶斑病症状 1

蕙兰叶斑病症状 2

截获或关注的部分有害生物介绍：

·酢浆草

分类地位：酢浆草科 Oxalidaceae 酢浆草属 *Oxalis* L.

学　　名：*Oxalis corniculata* L.

形态特征：多年生草本，全体通常被疏柔毛。茎匍匐或斜生，节上生不定根。三出复叶互生，叶柄细长；小叶倒心形，无柄。花1至数朵形成伞形花序，腋生，总花序梗与叶柄近等长，蒴果近圆柱形，有5棱，被短柔毛。种子椭圆形至卵形，褐色。

酢浆草（野外图）

从入境蕙兰截获的酢浆草

截获信息：西班牙金琥，韩国、中国台湾蕙兰和蝴蝶兰。

·碎米荠

分类地位：十字花科 Cruciferae 碎米荠属 *Cardamine* L.

学　　名：*Cardamine hirsuta* L.

形态特征：叶卵形、倒卵形、长圆形或条形。总状花序多数，生于枝顶。长角果线形，稍扁平。花序轴不左右弯曲；生于茎上部复叶的顶生小叶菱状长卵形，先端3齿裂，侧生小叶长卵形至条形，全缘。种子长圆形，褐色，表面光滑。

截获信息：西班牙金琥，韩国、中国台湾蕙兰。

从入境蕙兰上截获的碎米荠

·西花蓟马

分类地位：缨翅目 Thysanoptera 蓟马科 Thripidae 花蓟马属 *Frankliniella*

学　　名：*Frankliniella occidentalis*

寄　　主：西花蓟马食性杂，目前已知寄主植物多达500多种。主要有李、桃、苹果、葡萄、草莓、茄、辣椒、生菜、番茄、豆、兰花、菊花等。

分　　布：该虫原产于北美洲，1955年首先在夏威夷考艾岛发现，曾是美国加利福尼亚州最常见的一种蓟马。自20世纪80年代后，成为强势种类，对不同环境和杀虫剂抗性增强，因此逐渐向外扩展。迄今，西花蓟马分布遍及美洲、欧洲、亚洲、非洲、大洋洲；国家有加拿大、美国、墨西哥、哥斯达黎加、哥伦比亚、日本、朝鲜、塞浦路斯、以色列、肯尼亚、南非、比利时、丹麦、芬兰、法国、德国、匈牙利、爱尔兰、意大利、荷兰、挪威、波兰、葡萄牙、西班牙、瑞典、瑞士、英国、新西兰等。

形态特征：雄成虫体长0.9～1.1毫米，雌成虫略大，长1.3～1.4毫米，触角8节，第二节端部简单，第3节突起简单或外形轻微扭曲。身体颜色从红黄至棕褐色，腹节黄色，通常有灰色边缘。腹部第8节有梳状毛。头、胸两侧常有灰斑，翅边缘有灰色至黑色缨毛。

·蕙兰炭疽病

症状与为害：该病主要发生在叶缘或叶片上。发病初期为褐色小斑点，扩展后呈半圆形或圆形褐色病斑；后期病斑变红褐色或灰褐色，其上着生密集的褐色小颗粒。该病由胶孢炭疽菌*Colletotrichum gloeosporioides*引起，病原菌特征见第三章变叶木炭疽病。

蕙兰炭疽病症状

·考氏白盾蚧

分类地位： 同翅目 Homoptera 盾蚧科 Diaspididae

学　　名： *Pseudaulacaspis cockerelli* (Cooley)

寄　　主： 白兰、含笑、桂花、槟榔、铁树、茶花、白玉兰、广玉兰、杜鹃等。

形态特征： 成虫：雌介壳长2.0～4.0毫米、宽2.5～3.0毫米，梨形或卵圆形，表面光滑，雪白色，微隆；2个壳点突出于头端，黄褐色。雄介壳长1.2～1.5毫米、宽0.6～0.8毫米；长形表面粗糙，背面具一浅中脊；白色；只有一个黄褐色壳点。雌成虫体长1.1～1.4毫米，纺锤形，橄榄黄色或橙黄色，前胸及中胸常膨大，后部多狭；触角间距很近，触角瘤状，上生一根长毛；中胸至腹部第8腹节每节各有一腺刺，前气门腺10～16个；臀叶2对，发达，中臀叶大，中部陷入或半突出。雄成虫体长0.8～1.1毫米、翅展1.5～1.6毫米。腹末具长的交配器。

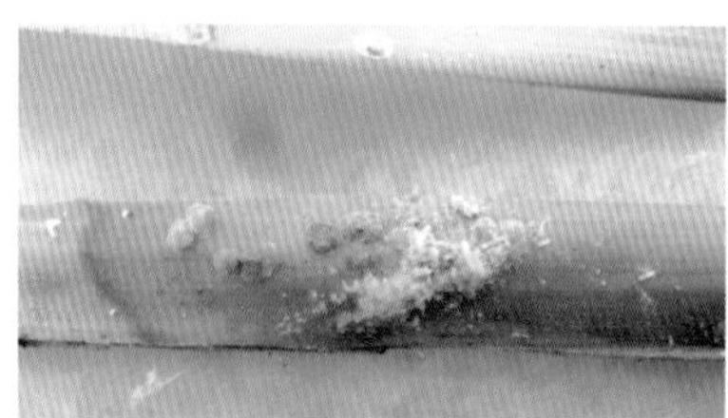

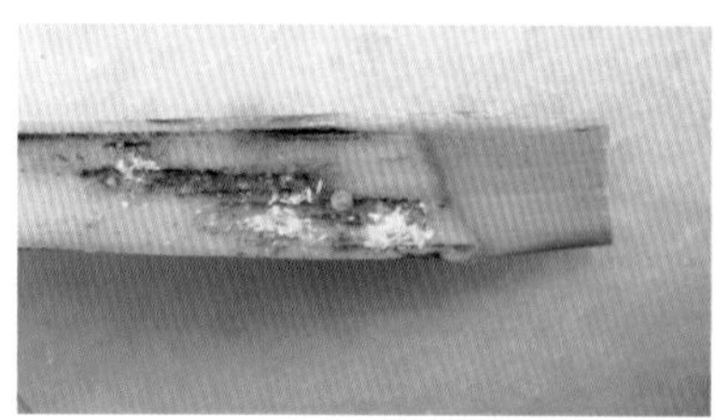

考氏白盾蚧的为害状

·洋葱腐烂病菌

分类地位： 原核生物界 Procaryoces 薄壁菌门 Gracilicutes 肠杆菌科 Enterobacteriaceae 伯克霍尔德菌属 *Burkholderia* 唐菖蒲伯克氏菌 *Burkholderia gladioli*

学　　名： *Burkholderia gladioli* pv. *alliicola* (Burkholder) Urakami et al.

寄　　主： 广泛寄藏于洋葱、胡萝卜、郁金香、水仙、鸢尾花等经济植物种子或球茎中。

形态特征： 革兰氏染色阴性，在KMB 培养基上不产生荧光，菌落白色，在NA 培养基上产生浅黄绿色非荧光扩散色素。

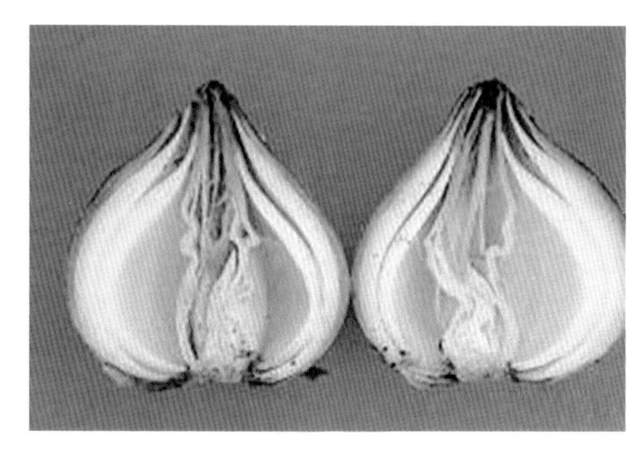

洋葱腐烂病菌侵染洋葱鳞球茎的症状

洋葱腐烂病菌在蕙兰上的为害状

第二节 蝴蝶兰

分类地位：兰科 Orchidaceae 蝴蝶兰属 *Phalaenopsis* Bl.

学 名：*Phalaenopsis hybrida* Hort.

别 名：蝶兰。

原 产 地：热带亚洲。

形态特征：草本植物；茎很短，常被叶鞘所包，叶片稍肉质，常3～4枚或更多，正面绿色，具短而宽的鞘；花序侧生于茎的基部，长达50厘米，不分枝或有时分枝；花梗连同子房绿色，纤细，长2.5～4.5厘米；中萼片近椭圆形，侧萼片歪卵形，花瓣菱状至圆形，蕊柱粗壮，具宽的蕊柱足；花粉团2个，近球形，每个劈裂为不等大的2片。

盆栽蝴蝶兰 1

盆栽蝴蝶兰 2

引种国家或地区：韩国、中国台湾。

蝴蝶兰种苗现场查验

蝴蝶兰种苗货物照

截获的有害生物：

线虫：剑线虫属、草莓滑刃线虫、茎线虫属、滑刃线虫属、针线虫属、螺旋线虫属、丝矛线虫属、突腔唇线虫属、真滑刃线虫属、长尾线虫属、拟滑刃线虫属、矛线线虫科、小杆线虫目。

真菌：刺盘孢菌属、镰孢菌属。

细菌：兰花细菌性褐腐病菌、菊基腐病菌。

病毒：黄瓜花叶病毒、建兰花叶病毒、齿兰环斑病毒。

螨类：根螨、鲜甲螨。

杂草：酢浆草、酸浆、牛繁缕。

蝴蝶兰细菌性软腐病初期症状

蝴蝶兰细菌性软腐病后期症状

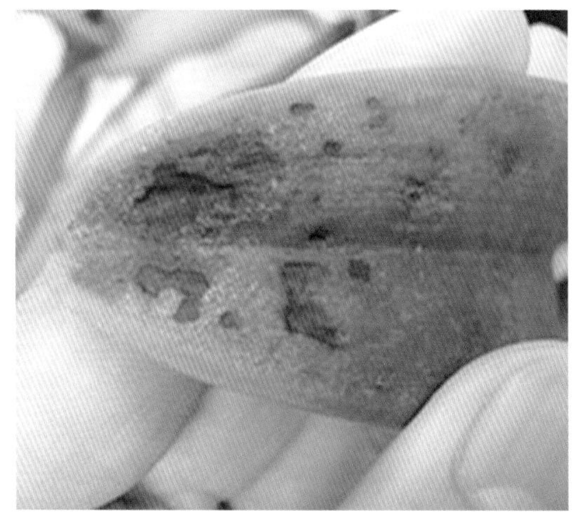

蝴蝶兰细菌性褐斑病

寄生在蝴蝶兰上的酢浆草

截获或关注的部分有害生物介绍：

·建兰花叶病毒

分类地位：马铃薯X病毒属

学　　名：*Cymbidium mosaic* Potex *virus*

分　　布：世界性分布。

形态特征：病毒基因组为单链线状RNA，单分体基因组，长约7.3碱基对。病毒粒体呈线状，长约475纳米，宽约12纳米。

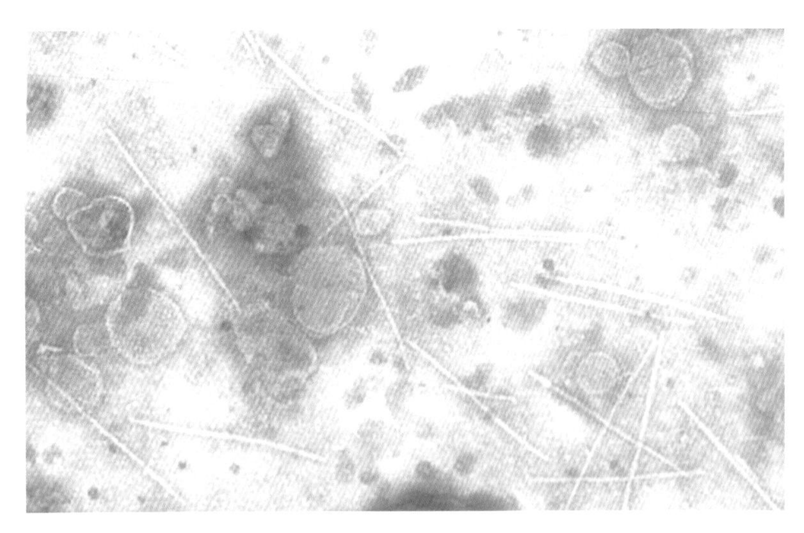

建兰花叶病毒电镜扫描图

为害症状：通常叶产生的褪色斑或长条状褪色斑呈花叶状，初期叶内的内部细胞崩坏，叶肉凹陷，失去光泽，再后坏死成黑褐色。

建兰花叶病毒花叶症状

·齿兰环斑病毒

分类地位：烟草嵌纹病毒属

学　　名：*Odontoglossum ring spot virus*

分　　布：世界性分布。

形态特征：齿兰环斑病毒粒体杆状，无包被，大小为300纳米×18纳米，螺旋对称，螺纹明显，衣壳蛋白由157个氨基酸及分子量为175 986 611个核苷酸组成。

为害症状：叶上病状花叶状，可形成褪色的同心圈或楔形斑，可联合成各种形状，并间有绿色，有时产生细长形褪色斑，但并不产生坏死斑。感染早期病症明显，可使叶脱落，后来却渐不明显，但仍带病毒。花瓣偶尔会出现斑纹。

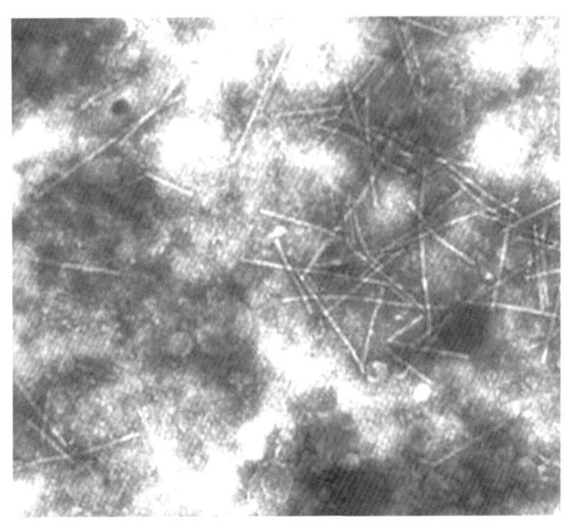

齿兰环斑病毒电镜扫描图 1

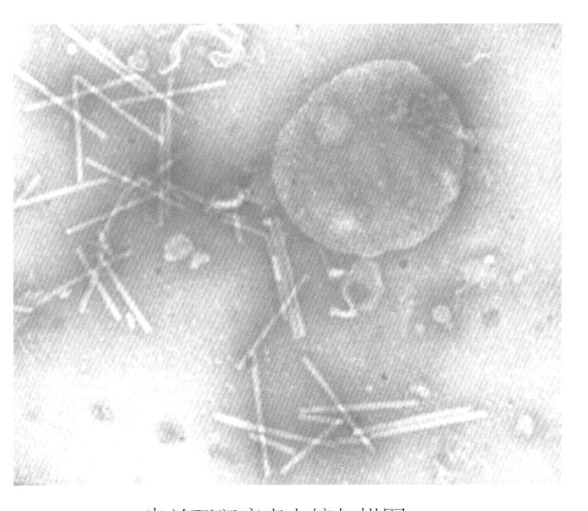

齿兰环斑病毒电镜扫描图 2

齿兰环斑病毒花叶症状 1

齿兰环斑病毒花叶症状 2

截获信息：从中国台湾进境的蝴蝶兰上截获的齿兰环斑病毒。

·牛繁缕

分类地位：石竹科 Caryophyllaceae 牛繁缕属 *Malachium* Fries

学　　名：*Malachium aquaticum*（L.）

形态特征：多年生草本；茎自基部分枝，下部伏卧生根；叶对生，卵形，先端急尖，全缘，下部叶有柄，上部叶近无柄；花单生于叶腋或排列成顶生疏散的聚伞花序；蒴果卵形或长圆形，5瓣裂。种子肾圆形，略扁，黄褐色，密生同心排列的小瘤状突起。

牛繁缕野外图

·菊基腐病菌

分类地位：肠杆菌科 Enterobacteriaceae 欧文氏菌属 *Erwinia*

学　　名：*Erwinia chrysanthemi* Burkholder et al.

形态特征：革兰氏阴性，杆状，不形成芽孢，菌体大小为（0.5～0.7）微米×（1.0～2.5）微米。菌体常单生、周生鞭毛，有时多达14根。兼性厌气。在一般的培养基上菌落灰白至乳白色、光滑、圆形、边缘波浪形或羽毛状，质地呈奶酪状，扁平或稍突起。

为害症状：蝴蝶兰叶片受感染后，首先出现水浸状斑点，随即迅速扩大，造成组织软腐；在高温下病势发展极为快速，3~5天即可使整叶腐烂；不论新叶或老叶，都相当致命。该病是春、夏季最严重的病害。种球染病后变软，组织透明，伴随有白色或黄色斑点，且散发难闻的气味，严重感染的种球全部组织软腐。

蝴蝶兰叶片上的软腐症状 1

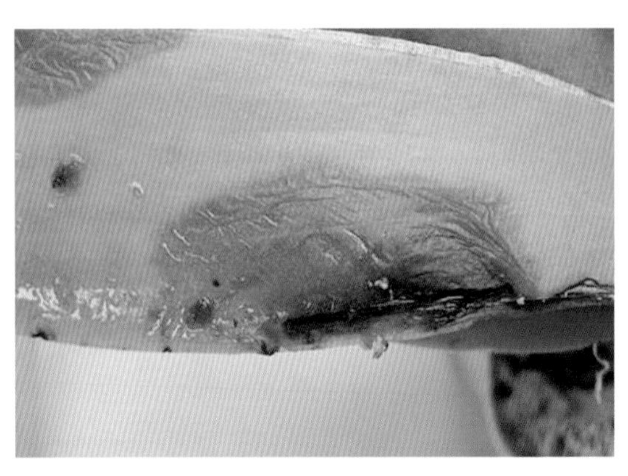

蝴蝶兰叶片上的软腐症状 2

第三节　卡特兰

分类地位：兰科 Orchidaceae 卡特兰属 *Cattleya* Lindl.

学　　名：*Cattleya hybrida*

别　　名：阿开木、嘉德丽亚兰、加多利亚兰、卡特利亚兰。

原 产 地：南美洲。

形态特征：假鳞呈棍棒状或圆柱状，具1~3片革质厚叶；花单朵或数朵，着生于假鳞茎顶端，花大而美丽，色泽鲜艳而丰富；花萼与花瓣相似，唇瓣3裂，基部包围雄蕊下方，中裂片伸展而显著。花大、雍容华丽，花色娇艳多变，花朵芳香馥郁，先端尖尖的萼片3枚，竖直着延伸为此花的最大特征。

卡特兰花 1

卡特兰花 2

进境卡特兰货物照

引种国家或地区：中国台湾。

截获的有害生物：

线虫：长尾线虫属、滑刃线虫属、茎线虫属、单齿线虫属、突腔唇线虫属、丝矛线虫属、矛线线虫科、小杆线虫目。

真菌：兰叶短刺盘孢菌、炭疽菌属。

杂草：酸浆、酢浆草。

截获或关注的部分有害生物介绍：

·酸浆

分类地位：茄科 Solanaceae 酸浆属 *Physalis* L.

学　　名：*Physalis alkekengi* L.

形态特征：具根茎，茎直立；叶片长卵形至阔卵形，顶端渐尖，基部偏斜，狭楔形，叶缘波状或有粗齿，两面有柔毛；花梗密生柔毛而果熟时也不脱落；花萼阔钟状，5裂，密生柔毛,花冠辐状，白色；子实浆果球形，熟时橙红色，被膨大的宿存花萼所包；宿萼薄，革质，有10纵肋，橙红色，被宿存的柔毛；种子肾形，淡黄色，扁平，表面密布弯曲的波状凸纹。

花果期的酸浆（野外图）

第四节　石斛兰

分类地位：兰科 Orchidaceae 石斛兰属 *Dendrobium* Sw.

学　　名：*Dendrobium hybrida*

别　　名：石斛。

原 产 地：喜马拉雅山及澳大利亚昆士兰地区。

形态特征：附生兰；植株由肉茎构成，粗如中指，棒状丛生，上部略呈回折状，稍偏，黄绿色，具槽纹；叶近革质，短圆形；总状花序，花大、白色，顶端淡紫色，落叶期开花。

石斛兰植株

石斛兰花

引种国家或地区：泰国、日本、中国台湾。

进境石斛兰货柜照

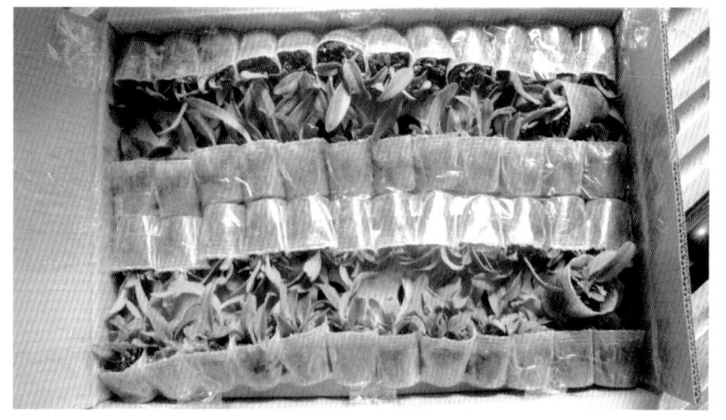
进境石斛兰种苗照

截获的有害生物：

线虫：茎线虫属、丝矛线虫属、长尾线虫属、真滑刃线虫属、滑刃线虫属、螺旋线虫属、单齿线虫属、突腔唇线虫属、矛线线虫科、小杆线虫目。

真菌：盘长孢状刺盘孢菌、枝孢菌属、镰孢菌属、枝孢菌属、炭疽菌属。

杂草：马唐。

石斛兰斑点病症状

石斛兰黑斑病症状

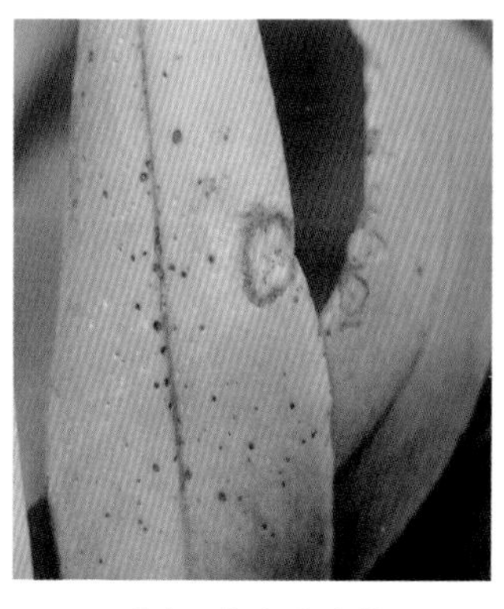
石斛兰炭疽病症状

截获或关注的部分有害生物介绍：

·田野菟丝子

分类地位：菟丝子科 Cuscutaceae 菟丝子属 *Cuscuta* L.

学　　名：*Cuscuta campestris* Yuncker，1932

形态特征：寄生草本；茎缠绕，黄色，纤细，无叶。伞形花序或簇生为团伞花序。花冠浅黄色，柱头球状，不伸长，花冠内鳞片与花冠筒近等长，边缘长流苏状。蒴果仅下部为宿存花冠包被，成熟时不规则开裂。种子近球形，略扁，一面拱形，另一面稍凹陷，有鼻状突起，种皮表面黄棕色。种脐圆形，黄色，脐线短，白色。

寄　　主：甜菜、马铃薯、胡萝卜、洋葱、番茄、苜蓿以及豆类、菊科、茄科、百合科、伞形科的植物。

分　　布：日本、印度尼西亚、印度、巴基斯坦、阿富汗、以色列、瑞士、前苏联、匈牙利、德国、奥地利、荷兰、英国、罗马尼亚、埃及、摩洛哥、乌干达、加拿大、美国、墨西哥、波多黎各、智利等多个国家和地区。

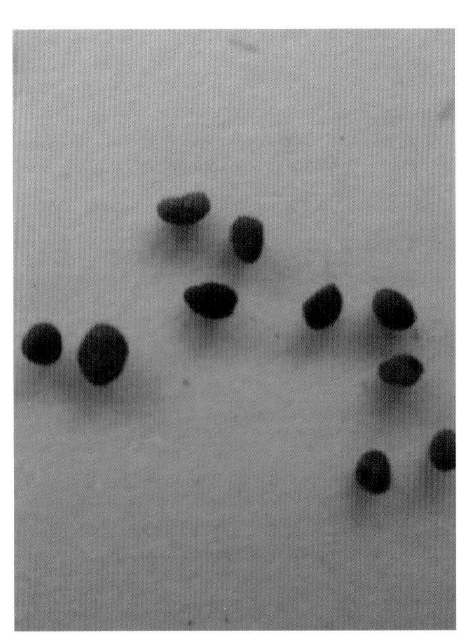

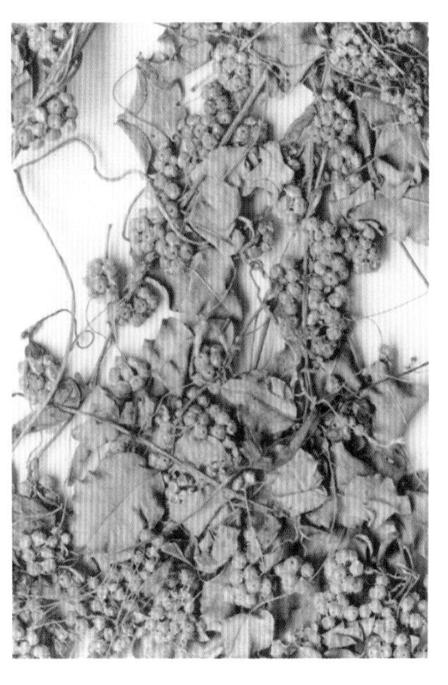

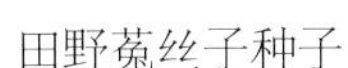

田野菟丝子种子　　田野菟丝子花序

·中国菟丝子

分类地位：菟丝子科 Cuscutaceae 菟丝子属 *Cuscuta* L.

学　　名：*Cuscuta chinensis* Lam.

形态特征：一年生寄生草本；茎缠绕，细弱，黄色或浅黄色，无叶。花多数，簇生，有时两个并生；花萼杯状，花冠白色，壶状或钟状，裂片5，向外反曲，果熟时将果实全部包住。蒴果近球形，稍扁。种子近球形或卵球形，腹棱线明显，两侧稍凹陷。种皮淡黄褐色或黄色，表面具不均匀分布的白色糠秕状物。种脐圆形，脐线乳白色，略突出。种子繁殖。

寄　　主：豆科、菊科、蒺藜科等多种植物，为大豆产区的有害杂草，并为害胡麻、花生、马铃薯等农作物。在印度、埃及等国对作物、蔬菜及花卉也造成为害，在我国主要为害大豆。

分　　布：中国、朝鲜、日本、印度、斯里兰卡、阿富汗、伊朗、马达加斯加、澳大利亚等。

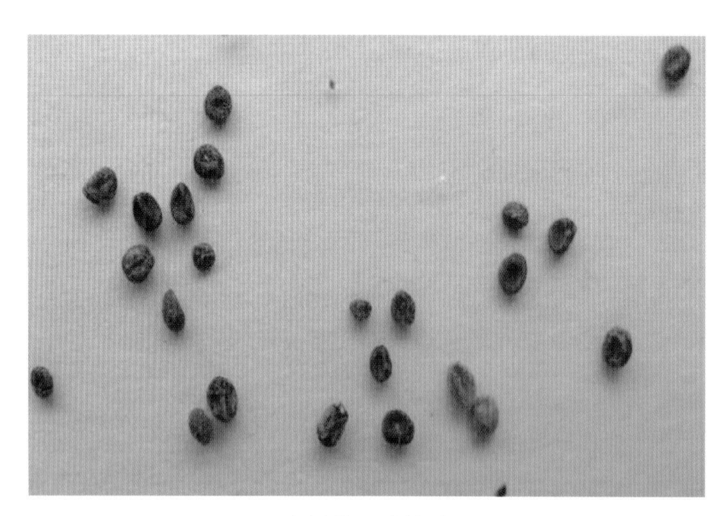

中国菟丝子种子

第五节　兜 兰

分类地位： 兰科 Orchidaceae 兜兰属 *Paphiopedilum* Pfitz.

学　　名： *Paphiopedilum hybrida.*

别　　名： 拖鞋兰。

原 产 地： 热带、亚热带。

形态特征： 多年生草本；大唇耸立在两个花瓣上，呈拖鞋形；萼片背生；花颜色黄、绿、褐、紫等，而且常有脉络或带条纹；地生兰，无假鳞茎。

兜兰 1

兜兰 2

引种国家或地区： 中国台湾。

截获的有害生物：

线虫：滑刃线虫属、茎线虫属、长尾线虫属、矛线线虫科。

兜兰立枯病

兜兰炭疽病

酢浆草为害兜兰

销毁带疫兜兰

截获或关注的部分有害生物介绍：

·苍耳

分类地位：菊科 Compositae 苍耳属 *Xanthium* L.

学　　名：*Xanthium sibiricum* Patrin.

形态特征：一年生草本；茎直立，粗壮，多分枝，有钝棱及长条状斑点。叶互生，具长柄；叶片三角状卵形或心形，边缘浅裂或有齿，两面均被贴生的糙伏毛。头状花序腋生或顶生，花单性，雌雄同株。瘦果包于坚硬而有钩刺的囊状总苞中。

苍耳野外图

苍耳种子

第六节　文心兰

分类地位： 兰科 Orchidaceae 文心兰属 *Oncidium* Sw.

学　　名： *Oncidium hybrida*

别　　名： 跳舞兰、金蝶兰、瘤瓣兰。

原 产 地： 墨西哥、美国、巴西。

形态特征： 形态变化较大，假鳞茎为扁卵圆形，较肥大，但有些种类没有假鳞茎。叶片 1～3枚，可分为薄叶种、厚叶种和剑叶种。一般一个假鳞茎上只有1个花茎，一些生长粗壮的可能有2个花茎。有些种类一个花茎只有1～2朵花，有些种类又可达数百朵。文心兰的花以黄色和棕色为主，还有绿色、白色、红色和洋红色等。

文心兰 1

文心兰 2

引种国家或地区： 中国台湾。

截获的有害生物：

线虫：丝尾垫刃线虫属、滑刃线虫属、茎线虫属、突腔唇线虫属、长尾线虫属、矛线线虫科。

杂草：酢浆草。

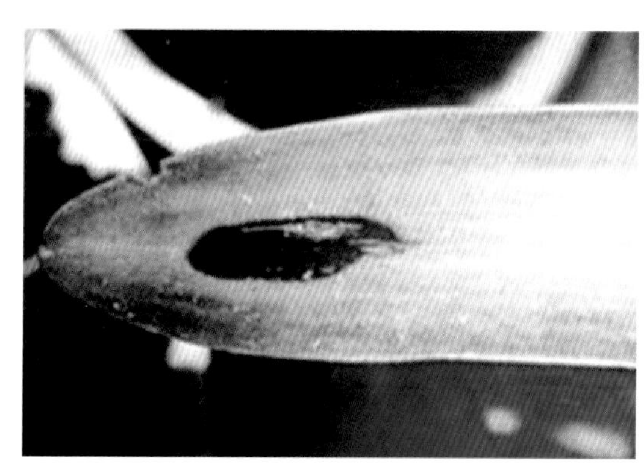

文心兰炭疽病症状

文心兰叶枯病症状

文心兰叶枯病病株

截获或关注的部分有害生物介绍：

·南方菟丝子

分类地位： 菟丝子科 Cuscutaceae 菟丝子属 *Cuscuta* L.

学　　名： *Cuscuta australis* R.Br.

形态特征： 茎缠绕，纤细，金黄色，无叶；花簇生成球状团伞花序；花冠杯状，白色或淡黄色；种子卵球形，上部钝圆，下部渐窄，一侧延伸成鼻状突出；种皮赤褐色至棕色，表面粗糙。

分　　布： 中国、朝鲜、日本、伊朗、印度、马来西亚、澳大利亚等多个国家和地区。

南方菟丝子为害状

第十六章　龙舌兰科

第一节　香龙血树

分类地位：龙舌兰科 Agavaceae 龙血树属 *Dracaena* Vand. ex L.

学　　名：*Dracaena fragrans*（L.）Ker Gawl

别　　名：巴西铁、巴西木、巴西千年木、金边香龙血树。

原 产 地：非洲西部。

形态特征：常绿乔木，株形整齐，茎干挺拔；叶簇生于茎顶，长40～90厘米，宽6～10厘米，尖稍钝，弯曲成弓形，有亮黄色或乳白色的条纹；叶缘鲜绿色，且具波浪状起伏，有光泽。

香龙血树植株

香龙血树种苗

香龙血树种子

货物特征：运输一般用密封柜，需冷藏；植株无包装，裸棍，植株茎部带椰糠介质保湿，顶端封蜡。

香龙血树货物照 1

香龙血树货物照 2

香龙血树货物照 3

引种国家或地区：哥斯达黎加、斯里兰卡、洪都拉斯、西班牙、中国台湾。

检疫要点：

1. 检查植株体有无虫孔、虫屑等为害状。
2. 取保湿介质进行实验室线虫分离鉴定。
3. 隔离种植观察，重点观察蔗扁蛾和对粒材小蠹的为害。

香龙血树后续监管 1

香龙血树后续监管 2

截获的有害生物：

昆虫：蔗扁蛾、长角象科、赤足郭公虫、小家蚁属、铺道蚁属、隐翅甲科、蚁属、毛棒象属。

线虫：长尾线虫属、单齿线虫属、突腔唇线虫属、滑刃线虫属、真滑刃线虫属、茎线虫属、矛线线虫科、丝矛线虫属、小杆线虫目。

真菌：镰孢菌属、青霉菌属、可可球二孢菌、色二孢菌属、胶孢炭疽菌。

螨类：罗氏根螨、根螨、鲜甲螨、粉螨科。

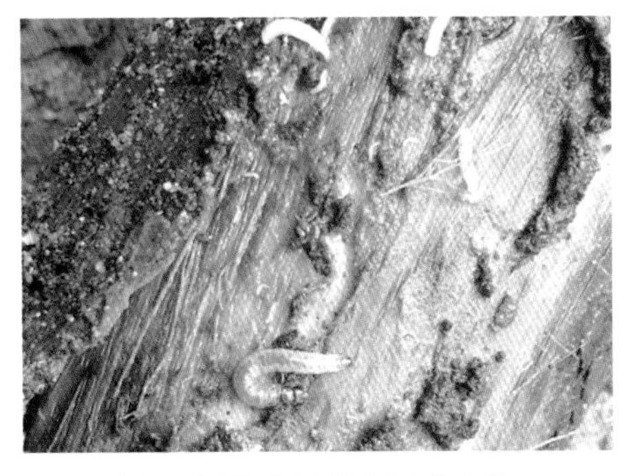

香龙血树茎上的蔗扁蛾为害状 1

香龙血树茎上的蔗扁蛾为害状 2

香龙血树茎腐病为害状

香龙血树炭疽病为害状

截获或关注的部分有害生物介绍：

·香龙血树尖枯病

症状与为害：叶尖部先出现黄褐色斑块，后向叶面扩展成不规则形枯草色病斑，发病后期斑缘为褐色。该病由色二孢菌属 *Diplodia* sp. 引起，病原菌分生孢子器散生或集生，分生孢子初期单细胞，无色，椭圆形或卵圆形，成熟后转变为双细胞，深褐至黑色。

香龙血树尖枯病叶部症状 1

香龙血树尖枯病叶部症状 2

·香龙血树炭疽病

症状与为害：该病引起大叶斑发生在叶尖、叶缘处。初期叶上出现黄色小斑点，扩展后呈不规则形赤褐色大斑，发病后期病斑中央呈褐色至灰白色，上面轮生许多黑色小颗粒，斑缘深褐色，外围有黄色晕圈。该病由胶孢炭疽菌*Colletotrichum gloeosporioides*引起，病原菌特征见第三章变叶木炭疽病。

香龙血树炭疽病症状

第二节　百合竹

分类地位：龙舌兰科 Agavaceae 龙血树属 *Dracaena* Vand. ex L.

学　　名：*Dracaena reflexa* Lam

别　　名：短叶朱焦、富贵竹。

原 产 地：马达加斯加。

形态特征：多年生长绿灌木或小乔木；叶线形或披针形，全缘，浓绿有光泽，松散成簇；花序单生或分枝，常反折，花白色，为雌雄异株；花序单生或分枝，小花白色；其斑叶品种金边百合竹也见于栽培，叶缘有金黄色纵条纹；金心百合竹，叶缘绿色，中央呈金黄色。

百合竹植株 1

百合竹植株 2

货物特征：运输一般为半开门柜；植株包根带介质或为盆栽，带枝叶。

百合竹货柜照

百合竹货物照

引种国家或地区：印度尼西亚、中国台湾。

检疫要点：

1. 检查植株有无虫孔、虫屑等为害状。
2. 取保湿介质进行实验室线虫分离鉴定。

百合竹线虫检疫

销毁带疫百合竹

百合竹消毒照 1

百合竹消毒照 2

截获的有害生物：

线虫：滑刃线虫属、丝矛线虫属、肾状线虫属、真滑刃线虫属、茎线虫属、矮化线虫属、长尾线虫属、单齿线虫属、杆垫刃线虫属、小杆线虫目、小盘旋线虫属、突腔唇线虫属。

真菌：炭疽菌属。

百合竹黑斑病

截获或关注的部分有害生物介绍：

· 百合竹炭疽病

百合竹炭疽病症状

症状与为害： 该病发生在叶面及叶缘。发病初期叶面上出现浅褐色小斑点，扩展后呈近圆形或不规则赤褐色病斑。发病后期病斑中央组织呈现灰褐色或灰白色，病斑上散生黑色小点粒。该病由胶孢炭疽菌 *Colletotrichum gloeosporioides*引起，病原菌特征见第三章变叶木炭疽病。

第三节 虎尾兰

分类地位： 龙舌兰科 Agavaceae 虎尾兰属 *Sansevieria* Thunb.

学　　名： *Sansevieria trifasciata* Prain

别　　名： 虎皮兰、锦兰。

原 产 地： 非洲热带地区、印度。

形态特征： 地下茎无枝，叶簇生，下部筒形，中上部扁平，剑叶刚直立，株高 50 ~ 70 厘米；叶宽 3 ~ 5 厘米，叶全缘，表面乳白、淡黄、深绿相间，呈横带斑纹。金边虎尾兰叶缘金黄色，宽 1 ~ 1.6 厘米。银脉虎尾兰，表面具纵向银白色条纹；花从根茎单生抽出，总状花序，花淡白、浅绿色， 3 ~ 5 朵一束，着生在花序轴上。

虎尾兰植株 1

虎尾兰植株 2

货物特征： 运输一般无需冷藏；植株盆栽或包根带介质。

引种国家或地区： 泰国、马来西亚、中国台湾。

检疫要点：

1. 检查植株有无虫孔、虫屑等为害状。

2. 取保湿介质进行实验室线虫分离鉴定。

截获的有害生物：

线虫：根结线虫属、头垫刃线虫属、滑刃线虫属、茎线虫属、真滑刃线虫属、长尾线虫属。

虎尾兰细菌性病害症状 1

虎尾兰细菌性病害症状 2

第四节　酒瓶兰

分类地位：龙舌兰科 Agavaceae 酒瓶兰属 *Nolina*

学　　名：*Nolina recurvata*

别　　名：象腿树。

原 产 地：墨西哥干热地区。

形态特征：常绿小乔木；茎干直立，干基部肥大，状似酒瓶；老株表皮会粗糙龟裂，状似龟甲为其特色，肥大圆干茎具有厚木栓层树皮；叶丛生，单叶，线形，软垂状，叶端渐尖，叶基截形，叶缘全缘，叶面平滑，叶革质，无柄；圆锥花序上着生白色小花，单性花在全日照夏季成熟植株才会开花；果实稍扁平，3室，含有1～3个种子。

酒瓶兰植株

酒瓶兰种苗

酒瓶兰种子

酒瓶兰种子（含荚壳）

货物特征：运输一般为带遮网的开顶柜，无需冷藏；植株小株或为盆栽带介质。

酒瓶兰货物照 1

酒瓶兰货物照 2

引种国家或地区：泰国、马来西亚、中国台湾。

检疫要点：

1. 检查植株有无虫孔、虫屑等为害状。
2. 取保湿介质进行实验室线虫分离鉴定。

截获的有害生物：

线虫：根结线虫属、头垫刃线虫属、滑刃线虫属、茎线虫属、真滑刃线虫属、长尾线虫属。

真菌：大茎点霉属。

截获或关注的部分有害生物介绍：

·酒瓶兰叶斑病

酒瓶兰叶斑病症状

症状与为害：该病多发生在叶缘，少有发生在叶面上。发病初期叶上出现褐色小斑点，外有黄色晕圈，扩展后呈椭圆形或不规则形病斑，褐色。发病后期中央组织呈灰褐色，斑缘褐色。该病由大茎点霉属 *Macrophoma* sp. 引起，病原菌分生孢子梗极短，分生孢子单细胞，较大，卵形或卵圆形，主要引起叶斑病。

第五节 万年麻

分类地位： 龙舌兰科 Agavaceae 万年兰属 *Furcraea*

学　　名： *Furcraea foetida* (L.) Haw.

别　　名： 万年兰。

原 产 地： 美洲热带地区。

形态特征： 株高可达1米，茎不明显；叶呈放射状生长，剑形，叶缘有刺，波状弯曲；斑叶品种无刺或有零星刺，叶面有乳黄色和淡绿色纵纹，常绿灌木状，成株半圆球形，叶呈放射状，先端有硬刺。质感粗，叶缘有锯齿。

万年麻植株

万年麻种苗

货物特征： 运输一般无需冷藏；植株盆栽或包根带介质。

引种国家或地区： 中国台湾。

检疫要点：

1.检查植株叶片有无病斑、萎蔫等症状。

2.取保湿介质进行实验室线虫分离鉴定。

截获的有害生物：

线虫：根结线虫属、滑刃线虫属、茎线虫属、突唇腔线虫属、矛线线虫科。

万年麻货柜照

第六节　象脚王兰

分类地位：龙舌兰科 Agavaceae 丝兰属（王兰属）*Yucca* L.

学　　名：*Yucca elephantipes* Regel

别　　名：象脚丝兰 无刺丝兰、巨丝兰、荷兰铁。

原 产 地：北美洲、中美洲。

形态特征：株高可达10米，茎干直立，叶呈放射状，剑形，密生于茎顶或短茎之上，叶姿清秀。老株夏、秋季能开花，花乳白色。

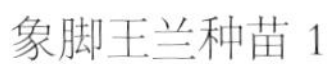

象脚王兰种苗 1

象脚王兰种苗 2

货物特征：运输一般为密封柜，或冷藏柜；植株无包装，裸棍，植株基部带椰糠介质保湿，顶端封蜡。

象脚王兰货物照

象脚王兰现场查验 1

象脚王兰现场查验 2（右2株）

引种国家或地区：哥斯达黎加、洪都拉斯、印度尼西亚、中国台湾。

检疫要点：

1. 检查植株有无虫孔、虫屑等为害状。
2. 取保湿介质进行实验室线虫分离鉴定。
3. 隔离种植观察，重点观察蔗扁蛾危害情况。

截获的有害生物：

昆虫：蔗扁蛾、叶甲科、铺道蚁属、小家蚁属、露尾甲属。

线虫：长尾线虫属、单齿线虫属、茎线虫属、真滑刃线虫属、滑刃线虫属、丝矛线虫属、矛线线虫科。

真菌：镰孢菌属、拟茎点霉菌属、盘长孢状刺盘孢菌、可可球二孢菌。

螨类：刺足根螨、根螨、鲜甲螨、粉螨科、罗氏根螨。

蔗扁蛾为害象脚王兰病状 1

蔗扁蛾为害象脚王兰病状 2

象脚王兰褐斑病病叶

第七节　朱 蕉

分类地位：龙舌兰科 Agavaceae 朱蕉属 *Cordyline* Comm. ex Juss.

学　　名：*Cordyline fruticosa* (L.) A. Cheval.

别　　名：千年木、铁树、朱竹、铁莲草、红叶铁树、红铁树。

原 产 地：热带、亚热带。

形态特征：灌木；地下部分具发达的根茎，其主茎挺拔，茎高1～3米，不分枝或少分枝；花淡红色至青紫色，间有淡黄；茎干圆直，叶片细长，新叶向上伸长，老叶垂悬，叶片中间是绿色，边缘有紫红色条纹，叶片细狭如剑形。

朱蕉植株 1

朱蕉植株 2

货物特征：运输一般无需冷藏；植株小株盆栽或包根带介质。

引种国家或地区：荷兰、印度尼西亚、哥斯达黎加、中国台湾。

检疫要点：

1. 检查植株有无虫孔、虫屑等为害状。

2. 取保湿介质进行实验室线虫分离鉴定。

截获的有害生物：

昆虫：象甲、蔗扁蛾。

线虫：盾线虫属、长尾线虫属、单齿线虫属、茎线虫属、真滑刃线虫属、滑刃线虫属、丝矛线虫属、矛线线虫科。

细菌：细菌性叶斑病菌。

朱蕉现场货物照

截获或关注的部分有害生物介绍：

·盾线虫属

分类地位：垫刃目 Tylenchida　纽带科 Hoplolaimidae

学　　名：*Scutellonema* Andrassy, 1958

形态特征：雌虫虫体呈螺旋形到C形或近乎直；头部前端平到圆，有环纹，有或无纵纹；口针基部球形或前缘呈齿状，背食道腺开口于口针基部球后4～8微米处，后食道腺背侧覆盖肠；双生殖腺、对伸，有阴门盖；尾短、圆；雄虫交合伞伸到尾端，尾呈圆锥形。

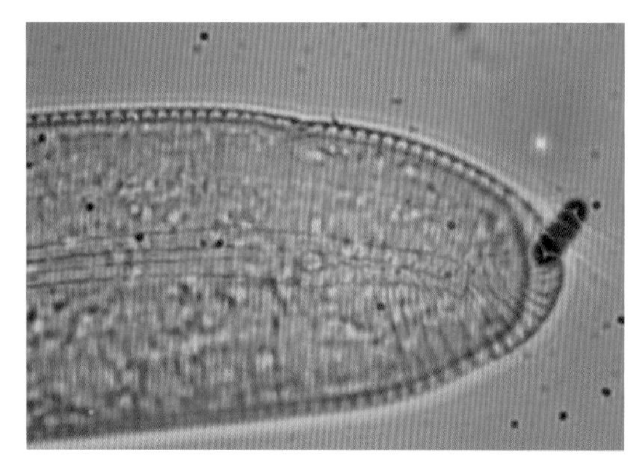

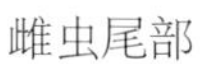

雌虫尾部

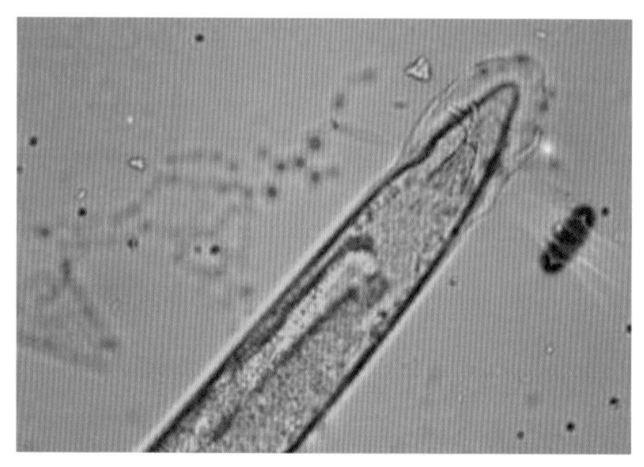

雄虫尾部

头部

第十七章　露兜树科

红刺露兜树

分类地位： 露兜树科 Pandanaceae　露兜树属 *Pandanus* L.

学　　名： *Pandanus utilis* Bory.

别　　名： 有用露兜树、红运临头、红刺林投。

原 产 地： 马达加斯加。

形态特征： 常绿灌木或小乔木；叶片螺旋排列，剑状长披针形，叶色深绿，有光泽，叶背、叶缘有红色锐刺；基部茎节处会着生许多粗壮气生根，状似章鱼须；雌雄异株，雄株开白花，具香味，聚伞状花序；雌株结果实，外形似凤梨，成熟为红色。

红刺露兜树植株

红刺露兜树果实

红刺露兜树种子

货物特征：运输一般为遮网开顶柜；植株带枝叶，包根带介质。

红刺露兜树货物 1

红刺露兜树货物 2

引种国家或地区：中国台湾。

检疫要点：

1. 观察植株茎叶病症，是否有真菌、细菌等症状；检查枝叶有无带害虫，并取样进行实验室鉴定。
2. 实验室检查植株根部有无地下害虫；取根部及介质进行线虫分离鉴定。
3. 注意观察盆栽带杂草情况。

截获的有害生物：

线虫：根结线虫属、螺旋线虫属、真滑刃线虫属、滑刃线虫属、小盘旋线虫属、矮化线虫属、茎线虫属、盾线虫属、矛线线虫科、小杆线虫目。

第十八章　旅人蕉科

第一节　鹤望兰

分类地位：旅人蕉科 Strelitziaceae 鹤望兰属 *Strelitzia* Aiton

学　　名：*Strelitzia reginae* Aiton

别　　名：天堂鸟、极乐鸟花。

原 产 地：非洲南部。

形态特征：常绿宿根草本；叶2列，冠于茎顶或基生，叶片长椭圆形或长椭圆状卵形；花大，两性，高度左右对称，花序外有佛焰苞，着花6～8朵，顺次开放；萼片3，黄或白色；花瓣3，白色或蓝色；外花被片3个，橙黄色；内花被片3个，舌状，天蓝色。

鹤望兰植株

鹤望兰花

货物特征：植株盆栽，带介质，或有纸箱包装。

引种国家或地区：中国香港和台湾。

检疫要点：

1. 观察植株茎叶病症，并取样进行实验室鉴定。
2. 取根部及介质进行线虫分离鉴定。
3. 观察盆栽杂草情况。

截获的有害生物：

真菌：刺盘孢菌属、青霉菌属、拟盘多孢属。

鹤望兰种子

截获或关注的部分有害生物介绍：

·咖啡短体线虫

分类地位：垫刃目 Tylenchida Thorne,1949 短体科 Pratylenchidae Thorne,1949 短体属 *Pratylenchus* Filipjev,1936

学　　名：*Pratylenchus coffeae* (Zimmermann,1898) Filipjev et Schuurmans Stekhoven,1941

形态特征： 雌虫：虫体粗短，虫体表纹明显，唇区低，稍缢缩，前缘平，头环2个；头骨中度骨化；口针发达，粗短；口针基圆球形，背食道腺开口距口针基球约2微米；中食道球卵圆形，食道腺覆盖肠的长度为40（24～54）微米；受精囊明显，呈长卵圆形，受精囊中充满精子，后阴子宫囊长17～50微米。雄虫：雄虫前部略窄，口针基球在宽度上明显退化。其他特征与雌虫相似。交合刺纤细，成对，基端膨大部和向腹面略弯的主干明显，交合刺长约20微米，引带长4～5微米。

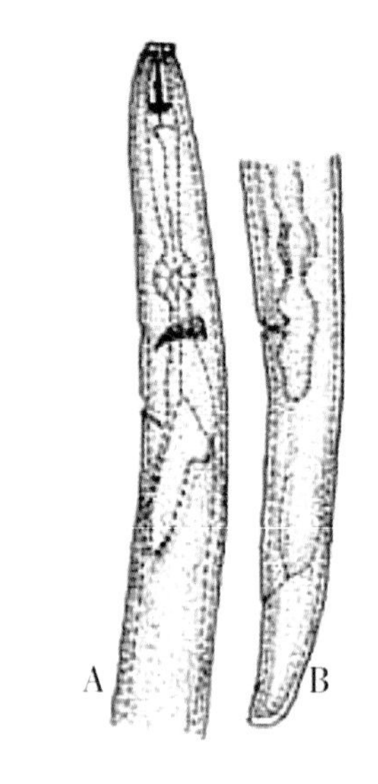

咖啡短体线虫雌虫形态图
A. 体前部　B. 阴门区及尾部

第二节　旅人蕉

分类地位： 旅人蕉科 Strelitziaceae 旅人蕉属 *Ravenala* Adans.

学　　名： *Ravenala madagascariensis* Adans.

别　　名： 扇芭蕉。

原 产 地： 马达加斯加。

形态特征： 常绿乔木；叶生枝端，排成二纵列，具长柄，形似芭蕉，自茎顶斜上发射生长，状如一把大扇，叶鞘能贮藏大量水分；成株开花佛焰苞状，白色；蒴果形似香蕉，果皮坚硬，种子扁椭圆形。

旅人蕉植株

旅人蕉花

货物特征： 植株包根带介质，带枝叶，小株或为盆栽。

引种国家或地区： 马达加斯加岛、中国台湾。

检疫要点：

1. 检查植株有无虫孔、虫屑等为害状。
2. 取保湿介质进行实验室线虫分离鉴定。
3. 观察盆栽杂草情况。

旅人蕉种子

截获的有害生物：

昆虫：三锥象甲。

线虫：根结线虫属、滑刃线虫属。

截获或关注的部分有害生物介绍：

·印度雷须螨

分类地位： 蛛形纲 Arachnida 蜱螨亚纲 Acari 前气门目 Prostigmata 细须螨科 Tenuipalpidae 雷须螨属 *Raoiella*

学　　名： *Raoiella indica*

寄　　主： 棕榈科、芭蕉科、旅人蕉科、蝎尾蕉科、露兜树科、姜科等6科40多种植物，主要为害香蕉、椰子、槟榔、海枣、皇后葵等植物。

分　　布： 印度、苏丹、埃及、毛里求斯、斯里兰卡、以色列、留尼汪岛、沙特阿拉伯、阿拉伯联合酋长国、菲律宾、阿曼、伊朗、巴基斯坦、玻利维亚和委内瑞拉等国家和地区，美国佛罗里达州、中国台湾地区。

·白星花金龟

分类地位： 鞘翅目 Coleoptera 金龟科 Scarabaeidae

学　　名： *Potosia brevitarsis* Lewis

寄　　主： 鸡冠花、向日葵、大花萱草、月季、菊花、美人蕉、木芙蓉、木槿等植物。

形态特征： 体长17～24毫米、宽9～12毫米，体椭圆形，具古铜色或青铜色光泽，体表散布众多不规则白斑。前胸背板具不规则白绒斑，后缘中凹，中胸小盾片十分显著。

白星花金龟成虫 背面观

白星花金龟成虫 侧面观

第十九章　罗汉松科

罗 汉 松

分类地位： 罗汉松科 Podocarpaceae　罗汉松属 *Podocarpus* L'Her. ex Pers.

学　　名： *Podocarpus macrophyllus* (Thunb.)D.Don.

别　　名： 罗汉杉、长青罗汉杉、土杉、金钱松、仙柏、罗汉柏、江南柏。

原 产 地： 中国内地、日本、琉球。

形态特征： 常绿大乔木，叶互生，螺旋状排列，狭披针形或线形，先端尖突；雌雄异株，种托大于或等于种子，种子卵圆形。

罗汉松植株 1

罗汉松植株 2

罗汉松果实

罗汉松种苗

货物特征： 运输一般为带遮网的开顶柜；植株包根带介质，小株或为盆栽。

罗汉松货物图 1

罗汉松货物图 2

罗汉松货物图 3

引种国家或地区： 泰国、印度尼西亚、日本、中国台湾。

检疫要点：

1. 检查植株枝叶有无带病虫等情况，注意检查细小的昆虫如蚜虫、介壳虫等。
2. 观察根部带杂草的情况。
3. 抽取根部介质做实验室线虫分离鉴定。
4. 注意检查集装箱体是否有蚂蚁、蜗牛等。

药剂处理进境罗汉松

截获的有害生物：

昆虫：罗汉松新叶蚜、七星瓢虫、异色瓢虫、红点唇瓢虫、谷象、毛蚁属、丽金龟科、角蜡蚧、肾圆盾蚧属、盔唇瓢虫属、盾蚧科、潜蛾科、长蝽科、蠡斯科、金龟甲科、毒蛾科、菜蛾科、透翅蛾科、枯叶蛾科、灯蛾科、蝽科、荔蝽科、热带火蚁、东方肾盾蚧、黑刺粉虱。

线虫：穿刺短体线虫、根结线虫属、短体线虫属、剑线虫属（传毒种类）、毛刺线虫属、拟毛刺线虫属、马铃薯茎线虫、长针线虫属、滑刃线虫属、真滑刃线虫属、丝矛线虫属、茎线虫属、肾状线虫属、剑囊线虫属、盾线虫属、长尾线虫属、实腔唇线虫属、矮化线虫属、小盘旋线虫属、螺旋线虫属、头垫刃线虫属、小环线虫属、针线虫属、单齿线虫属、矛线线虫科。

真菌：可可花瘿病菌、镰孢菌属、罗汉松盘多毛孢菌。

螨类：鲜甲螨、根螨、真螨目。

其他：非洲大蜗牛。

在罗汉松上截获的毒蛾科（Lymantriidae）

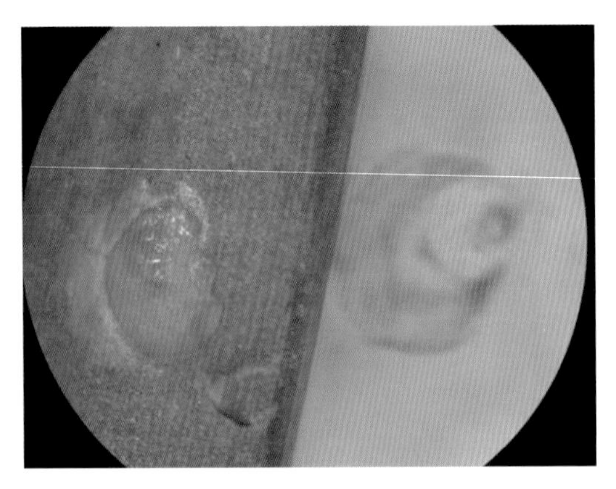

在罗汉松上截获的肾圆盾蚧（*Aonidiella* sp.）

乌桕癞蛎盾蚧（*Paralepidosaphes tabulorum*）

罗汉松烟煤病症状

罗汉松叶斑病症状

截获或关注的部分有害生物介绍：

· 罗汉松新叶蚜

分类地位：同翅目 Homoptera 斑蚜科 Drepanosiphidae

学　　名：*Neophyllaphis podicarpi* Takahashi

寄　　主：竹柏、百日青、罗汉松、兰屿罗汉松等罗汉松科植物。

分　　布：中国台湾低海拔地区及中国内地、日本琉球、马来西亚、美国等。

形态特征：无翅孤雌蚜体红褐色或赤紫色，椭圆形。长约2毫米，宽约0.6毫米，外被白色蜡粉。触角6节，细长，第一、第二节光滑，喙长过后足基节。腹管截断形，位于褐色的圆锥体上。尾片乳突状，明显突出腹端。

罗汉松新叶蚜 1

罗汉松新叶蚜 2

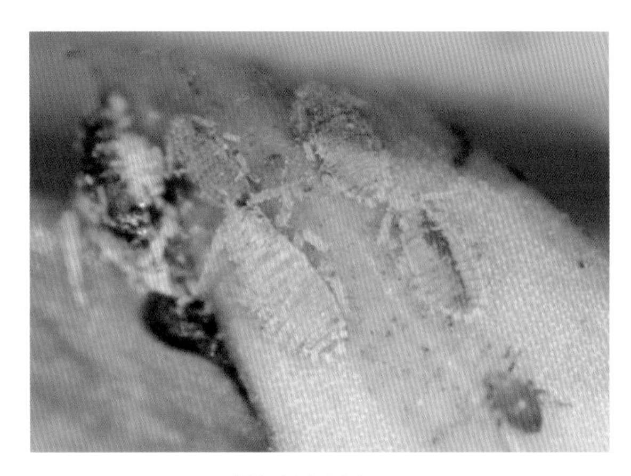

罗汉松新叶蚜 3

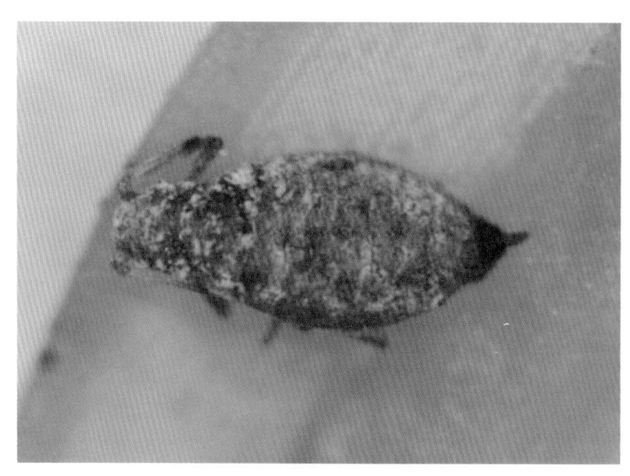

罗汉松新叶蚜 4

为害症状：以若虫或成虫为害罗汉松嫩芽及新叶，抑制新梢生长，并分泌蜜露，诱发煤污病。

罗汉松新叶蚜为害状 1

罗汉松新叶蚜为害状 2

截获信息：日本、中国台湾。

·非洲大蜗牛

分类地位：柄眼目 Stylommatophora 玛瑙螺科 Achatinidae

学　　名：*Achatina fulica* Bowditch

寄　　主：木瓜、木薯、仙人掌、面包果、橡胶、可可、茶、柑橘、椰子、菠萝、香蕉、竹芋、番薯、花生、菜豆、落地生根、铁角蕨、谷类植物（高粱、粟等）。

分　　布：日本、越南、老挝、柬埔寨、马来西亚、新加坡、菲律宾、印度尼西亚、印度、斯里兰卡、西班牙、马达加斯加、塞舌尔、毛里求斯、加拿大、美国。

形态特征：贝壳大型，壳质稍厚，有光泽，呈长卵圆形，螺旋部呈圆锥形。壳顶尖，缝合线深，壳面为黄或深黄底色，带有焦褐色雾状花纹，胚壳一般呈白玉色，其他各螺层有断续的棕色条纹，生长线粗而明显。壳内为淡紫色或蓝白色，体螺层上的螺纹不明显，中部各螺层的螺纹与生长线交错。壳口呈卵圆形，口缘简单、完整。外唇薄而锋利，易碎。内唇贴缩于体螺层上，形成“S”型的蓝白色的胼胝部。轴缘外折，无脐孔。足部肌肉发达，背面呈暗棕黑色。

截获信息：中国台湾。

·锐尾剑线虫

分类地位：矛线目 Dorylaimida Pearse,1942 长针科 Longidoridae 剑属 *Xiphinema* Cobb，1993

学　　名：*Xiphinema oxycaudatum* Lamberti et Bleve–Zacheo, 1979

形态特征：雌虫热杀死后虫体向腹面弯曲呈“C”至开螺旋形, 两端渐细。角质层光滑，具细条纹，在尾端背腹面明显增厚。唇区圆,缢缩明显。齿尖针细长、针状、高度硬化，齿尖针基部呈叉状，齿托基部呈显著的凸缘状；齿针导环为双环, 后环高度硬化。阴门位于虫体中部，横裂，占阴门处体宽的1/3左右。生殖腺对生、均发育完全，生殖腺较短、卵巢回折。尾圆锥形，向腹面弯曲，尾尖尖锐，尾长比肛门处体宽大于1.5。

非洲大蜗牛　背面观

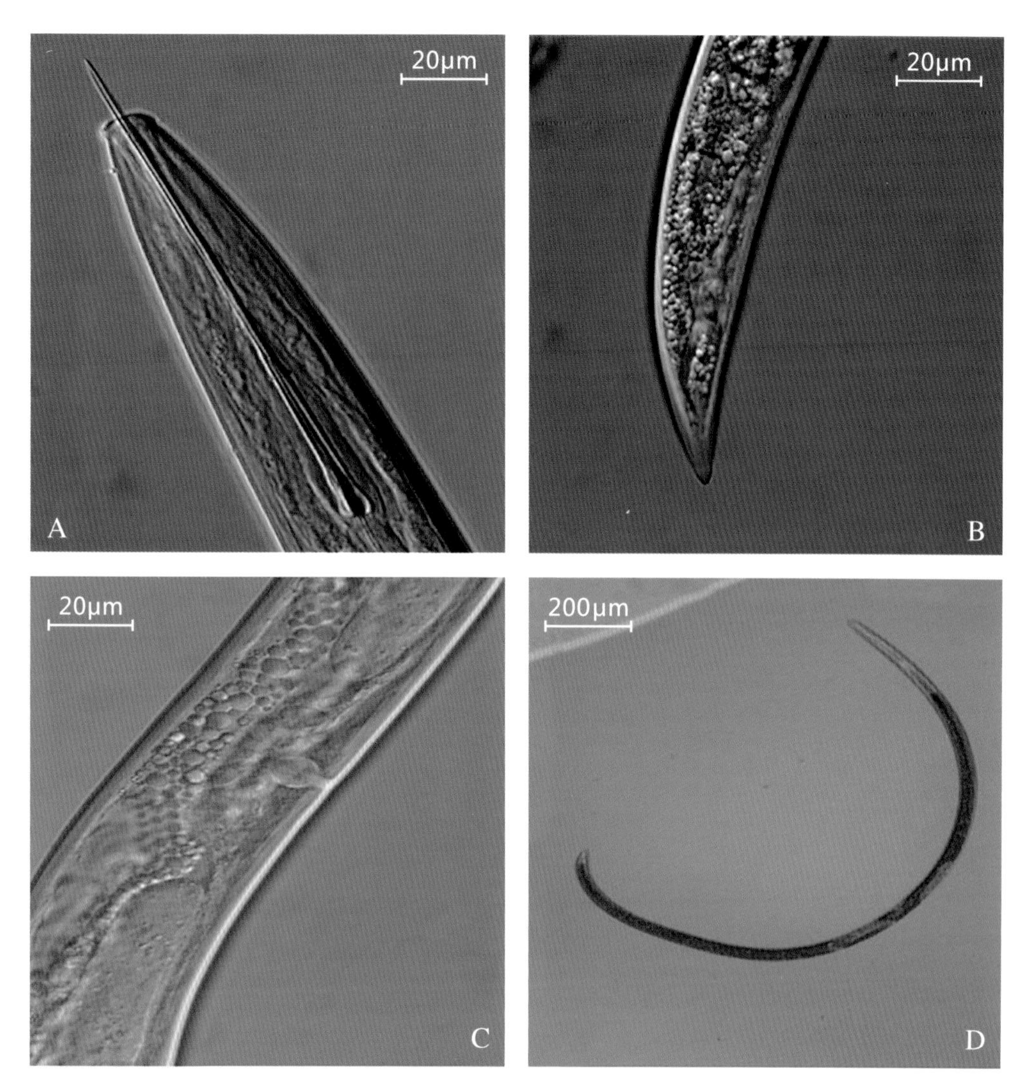

锐尾剑线虫的形态特征图
A. 头部　B. 尾部　C. 阴门区　D. 虫体整体

・可可花瘿病菌

分类地位： 菌物界 Fungi　子囊菌门 Ascomycota　粪壳菌纲 Sordariomycetes　肉座菌目 Hypocreales　丛赤壳科 Nectriaceae　丛白壳属 *Albonectria*，其无性阶段为多隔镰刀菌（*Fusarium decemcellulare* Brick 1908）

学　　名： *Nectria rigidiuscula* Berk. et Broome

寄　　主： 可可、芒果、三叶胶属、咖啡、水稻、玉米、豆科、榴莲树、莲雾、鳄梨、橡胶、番荔枝、漆树科、夹竹桃科、木棉科、大戟科、锦葵科、桑科等。

分　　布： 澳大利亚、俄罗斯、白俄罗斯、乌克兰、日本、斯里兰卡、印度、印度尼西亚、马来西亚、菲律宾、以色列和中国局部地区以及美洲和非洲大部分地区。

形态特征： 小型分生孢子着生于气生菌丝的小梗上，串生、假头生，分生孢子梗无色，新生菌落菌丝中的小型分生孢子大量，小型分生孢子椭圆形至圆柱形，无色透明，具0~1个隔，大小2.877微米×2.446 微米。大型分生孢子非常大，镰刀形或稍弯的柱形，透明，壁厚，顶孢略弯，渐缩小，多孢，通常有5~9个隔，多为8隔，大小为（60.8~78.5）微米×（5.4~8.1）微米。产孢细胞单瓶梗。

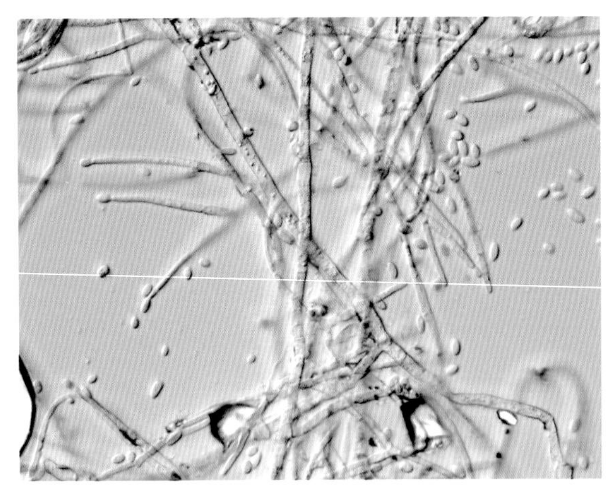
小型分生孢子梗和分生孢子

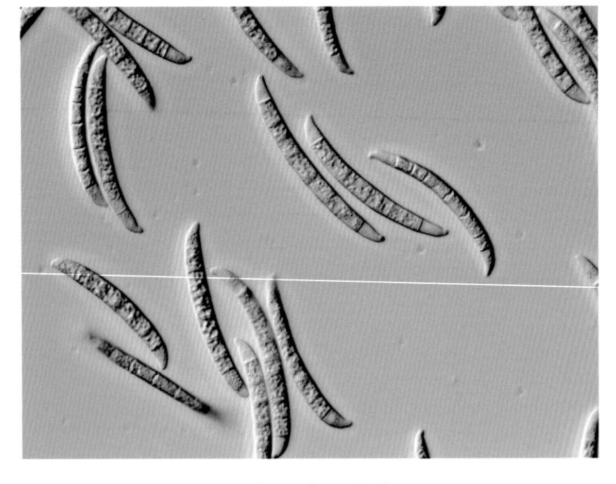
大型分生孢子

为害症状：可可花瘿病菌能够造成可可等寄主植物根腐，堵塞维管束，在枝条上形成癌肿，造成萎蔫、畸形，但不影响株高和茎粗。

罗汉松新梢顶枯

叶片枯死症状

罗汉松上发病叶片

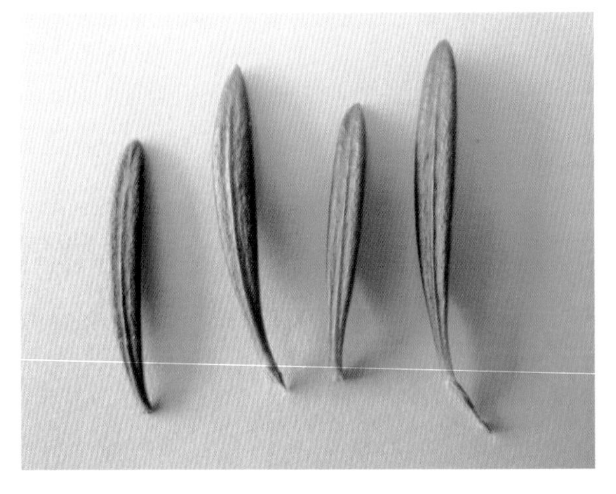
罗汉松上健康叶片

截获信息：宁波口岸在进口日本罗汉松植株上首次截获。

第二十章　木 兰 科

含 笑 花

分类地位： 木兰科 Magnoliaceae　含笑属 *Michelia* L.

学　　名： *Michelia figo* (Lour.) Spreng.

别　　名： 香蕉花、含笑梅、笑梅。

原 产 地： 中国华南地区。

形态特征： 常绿灌木；树皮灰褐色；分枝繁密；芽、幼枝、花梗和叶柄均密生黄褐色绒毛；叶革质，狭椭圆形或倒卵形至椭圆形，先端渐尖或尾状渐尖，基部楔形，全缘，上面有光泽，无毛，下面中脉上有黄褐色毛，托叶痕长达叶柄顶端；花单生于叶腋，淡黄色而边缘有时红色或紫色；花被片6，长椭圆形，雄蕊药隔顶端急尖。

含笑花植株

含笑花

货物特征： 运输一般无需冷藏；植株盆栽或包根带介质。

含笑花现场货物照

引种国家或地区：中国台湾。

检疫要点：

1. 观察植株茎叶病症，是否有真菌、细菌等症状；检查枝叶有无带害虫，并取样进行实验室鉴定。

2. 实验室检查植株根部有无地下害虫；取根部及介质进行线虫分离鉴定。

3. 注意观察盆栽带杂草情况。

截获的有害生物：

线虫：穿刺短体线虫、滑刃线虫属、真滑刃线虫属、丝矛线虫属、长尾线虫属、针线虫属、矮化线虫属、小盘旋线虫属、茎线虫属。

含笑花黑斑病症状

第二十一章　木麻黄科

木 麻 黄

分类地位：木麻黄科 Casuarinaceae 木麻黄属 *Casuarina* L.

学　　名：*Casuarina equisetifolia* L.

别　　名：马尾树、短枝木麻黄、驳骨树。

原 产 地：澳大利亚、东印度群岛。

形态特征：常绿大乔木；最末次分出的小枝纤细（常被误认为叶），常下垂，小枝上的鳞片状叶披针形，轮生，具6～8棱角，各节有6～8鞘齿；春季4～5月开花，雄花灰褐色，雌花紫红色；球果椭圆形，小坚果有翅。

木麻黄植株

木麻黄果实

货物特征：运输一般为带遮网的开顶柜；植株带介质，根部有包装。

引种国家或地区：中国台湾。

检疫要点：

1. 注意检查枝叶是否带活虫，特别是介壳虫等。

2. 观察根部带杂草的情况。

3. 检查植株根部有无地下害虫；取根部及介质进行线虫分离鉴定。

4. 注意检查集装箱体是否有蚂蚁、蜗牛等。

截获的有害生物：

昆虫：德国小蠊、铜绿丽金龟、拟步甲科、隐翅甲科、毒蛾科、蚁科、瓢虫科。

线虫：盘旋线虫属、剑囊线虫属、小杆线虫目。

其他：同型巴蜗牛。

截获或关注的部分有害生物介绍：

·吹绵蚧

分类地位：同翅目 Homoptera 绵蚧科 Margarodidae

学　　名：*Icerya purchasi* Maskell

形态特征：雌虫体长3毫米，体内橘红色，体表有白粉，口器退化，腹部末端有瘤状突起两个，其上生有数根长毛。雄虫体躯呈橙黄色，扁平椭圆形。

吹绵蚧

·黑翅土白蚁

分类地位：等翅目 Isoptera 白蚁科 Termitidae

学　　名：*Odontotermes formosanus*

寄　　主：樱花、梅花、桂花、桃花、广玉兰、红叶李、月季、栀子花、海棠、蔷薇、蜡梅、麻叶绣球等花木。

分　　布：在中国黄河、长江以南各省（市）地区。

形态特征：体长12～16毫米，全体呈棕褐色；翅展23～25毫米，黑褐色；触角11节；前胸背板后缘中央向前凹入，中央有一淡色“十”字形黄色斑，两侧各有一圆形或椭圆形淡色点，其后有一小而带分支的淡色点。

黑翅土白蚁无翅型成虫

黑翅土白蚁长翅型成虫　背面观

黑翅土白蚁长翅型成虫　腹面观

第二十二章　木棉科

第一节　美丽异木棉

分类地位：木棉科 Bombacaceae 美人树属 *Chorisia* Kunth

学　　名：*Chorisia speciosa* (A. St. Hil.) Ravenna

别　　名：美人树、南美木棉。

原 产 地：南美。

形态特征：落叶乔木，树高10～15米；幼树树皮绿色，下部膨大，密生圆锥状皮刺，侧枝放射状水平伸展或斜向伸展。掌状复叶有小叶5～9片；小叶椭圆形，长12～14厘米。花冠淡紫红色，中心白色；花瓣5，花丝合生成雄蕊管，包围花柱，蒴果椭圆形。

美丽异木棉植株

美丽异木棉花枝

货物特征：运输一般为带遮网的开顶柜；植株包根带介质。

引种国家或地区：泰国、韩国、中国台湾。

检疫要点：

1. 观察植株茎叶病症，是否有真菌、细菌等症状；检查枝叶有无带害虫，并取样进行实验室鉴定。

2. 实验室检查植株根部有无地下害虫；取根部及介质进行线虫分离鉴定。

3. 检查集装箱体是否有蚂蚁、蜗牛等。

截获的有害生物：

昆虫：木白蚁属（非中国种）、小家蚁、蝼蛄科、蠼螋科、猎蝽科、黄粉虫、象甲科。

线虫：咖啡根腐线虫、真滑刃线虫属、小环线虫属、垫刃线虫属、小杆线虫目。

其他：同型巴蜗牛、野蛞蝓、马陆。

第二节　马拉巴栗

分类地位： 木棉科 Bombacaceae 瓜栗属 *Pachira* Aubl.

学　　名： *Pachira macrocarpa* Jasminum sambac

别　　名： 发财树、瓜栗、中美木棉。

原 产 地： 墨西哥、哥斯达黎加。

形态特征： 基部肥大，肉质状；叶掌状复叶，小叶4～7枚，长椭圆形或披针形，全缘；每年春至4～5月开花，花后结果，果实成熟呈褐色。

马拉巴栗种苗

马拉巴栗种子

货物特征： 运输一般为密封柜或为遮网半开门柜；植株裸根，不带介质，无包装。

马拉巴栗货物照 1

马拉巴栗货物照 2

马拉巴栗现场查验

马拉巴栗现场查验（采样）

引种国家或地区：印度尼西亚、哥斯达黎加、荷兰、马来西亚、中国香港及台湾。

检疫要点：

1. 检查植株有无虫孔、虫屑等为害状。
2. 观察箱体有无携带蚂蚁、蜗牛等。
3. 抽取根部及少量介质做线虫分离鉴定。
4. 后续监管，观察植株生长过程中靠根部有无虫孔、虫屑等蔗扁蛾或对粒材小蠹的为害状。

马拉巴栗隔离检疫

马拉巴栗隔离种植

马拉巴栗后续监管 1

马拉巴栗后续监管 2

截获的有害生物：

昆虫：对粒材小蠹、蔗扁蛾、小家蚁、铺道蚁属、多刺蚁属、露尾甲科、隐翅甲科、皮蠹属、瘤小蠹属、毛皮蠹属。

线虫：短体线虫属、根结线虫属、滑刃线虫属、真滑刃线虫属、茎线虫属、丝矛线虫属、长尾线虫属、肾状线虫属、单齿线虫属、小盘旋线虫属、针线虫属、小杆线虫目、螺旋线虫属、突腔唇线虫属。

真菌：镰孢菌属、刺盘孢菌属、可可球二孢、链格孢菌属、青霉菌属、弯孢菌属、尖孢镰刀菌、拟茎点霉菌属、盘长孢状刺盘孢菌。

螨类：兰氏罗甲螨、粉螨、普通肉食螨、根螨、新奥甲螨、鲜甲螨、光滑菌甲螨、棒耳头甲螨、真螨目的其他类群。

杂草：雀麦属。

马拉巴栗炭疽病症状

马拉巴栗叶斑病症状

截获或关注的部分有害生物介绍：

·对粒材小蠢

分类地位：鞘翅目 Coleoptera 小蠹科 Scolytidae 材小蠹属 *Xyleborus* Eichhoff

学　　名：*Xyleborus perforans* Wollaston，1875

寄　　主：铁刀木、马拉巴栗、巴西铁。

分　　布：中国广西、云南，马达加斯加、印度、斯里兰卡、菲律宾、印度尼西亚、北美、巴西。

形态特征：体黄褐色至红褐色，具光泽，体长约2.3毫米，茸毛规则。复眼黑色，肾形，触角锤状部基节的长度超过锤状部全长的一半；鞘翅的刻点沟中较沟间大而略密；鞘翅的茸毛纵列发生在沟间部，从翅基至翅端，刻点沟无毛；鞘翅斜面有颗粒，第1与第3沟间部粒大而多，等距排列，第2沟间部没有颗粒。

对粒材小蠹成虫

为害症状： 以幼虫侵入树干边材里面，蛀食寄主，形成坑道，严重影响树木材质量。

对粒材小蠹在马拉巴栗上的为害状 1

对粒材小蠹在马拉巴栗上的为害状 2

· 蔗扁蛾

分类地位： 鳞翅目 Lepidoptera 辉蛾科 Hieroxestidae 扁蛾属 *Opogona*

学　　名： *Opogona sacchari*(Bojer)

寄　　主： 巴西木、荷兰铁、马拉巴栗、香蕉、甘蔗、马铃薯、竹子、玉米等经济作物、观赏植物及多种贮藏块茎。

分　　布： 巴西、美国、意大利等。

形态特征：

成虫：体色黄褐，体长8～10毫米，翅展22～26毫米，前翅深棕色，中室端部和后缘各有一黑色斑点。前翅后缘有毛束，停息时毛束翘起如鸡尾状。后翅黄褐色，后缘有长毛。后足长，超出翅端部，后足胫节具长毛。腹部腹面有两排灰色点列。停息时，触角前伸；爬行时，速度快，形似蜚蠊，并可做短距离跳跃。雌虫前翅基部有一黑色细线，可达翅中部。

卵：淡黄色，卵圆形，长0.5～0.7毫米、宽0.3～0.4毫米。

幼虫：乳白色透明。老熟幼虫长30毫米，宽3毫米。头红棕色，胴部各节背面有4个毛片，矩形，前2后2排成2排，各节侧面亦有4个小毛片。

蛹：棕色，触角、翅芽、后足相互紧贴与蛹体分离。

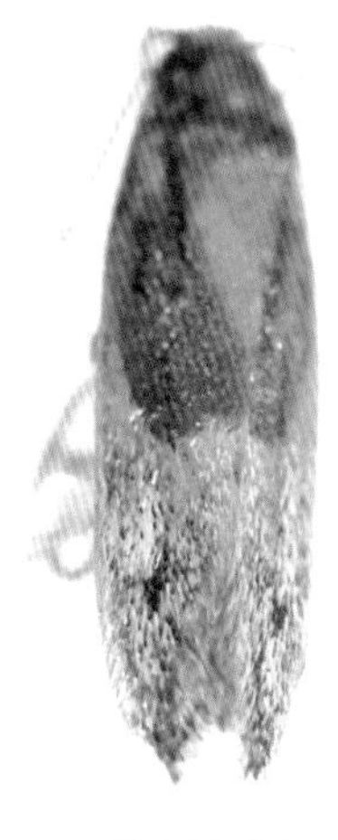

蔗扁蛾成虫

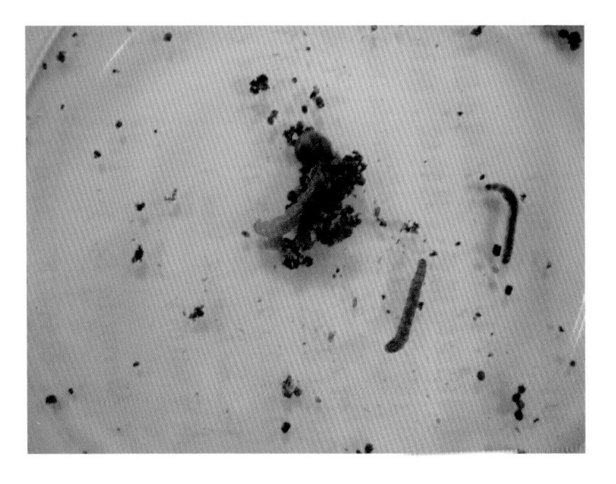

从种苗上采集到的蔗扁蛾幼虫

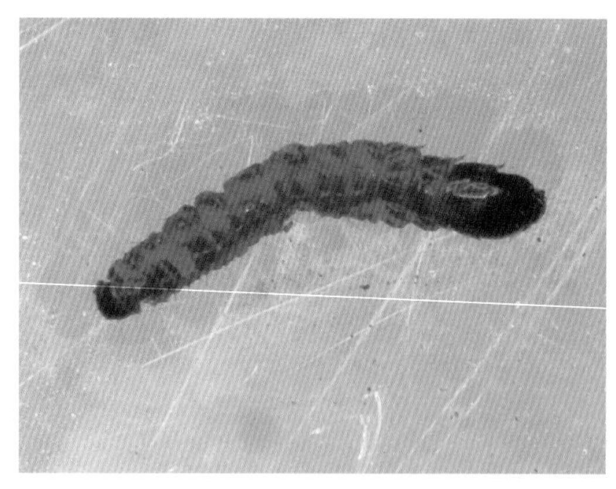

蔗扁蛾幼虫整体观

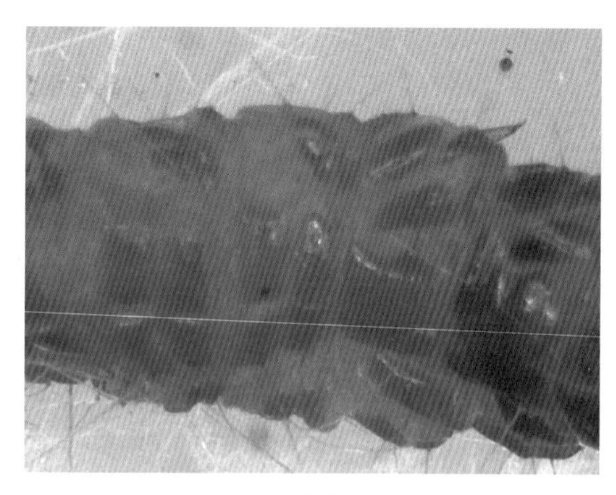

蔗扁蛾幼虫

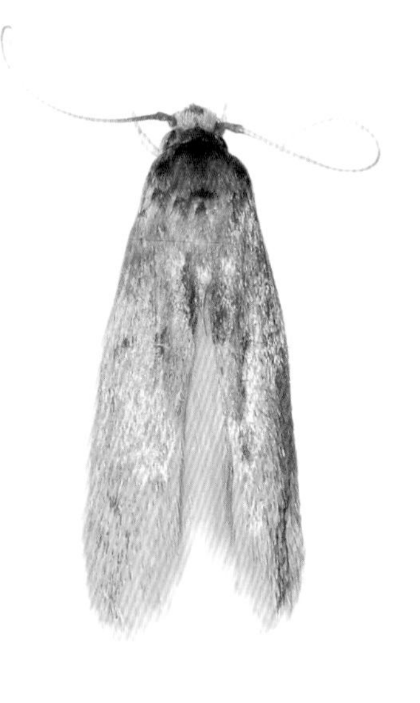

蔗扁蛾成虫 背面观

蔗扁蛾成虫 侧面观

为害症状：受害苗木叶片萎蔫褪绿，茎干、根茎结合部和根部组织会变软疏松，茎皮部可见直径1.5～2毫米的蛀孔，有虫粪及蛀屑堆积于茎皮内，皮层形成不规则蛀道或连成一片。

截获信息：哥斯达黎加、洪都拉斯、中国台湾。

首次截获口岸是广州，首次截获时间是1987年，蔗扁蛾随进口的巴西木进入广州。

蔗扁蛾在马拉巴栗上的为害状

检疫处理：

1. 幼虫越冬入土期，可用菊杀乳油等速杀性的药剂灌浇茎的受害处，并用敌百虫制成毒土，撒在花盆表土内。

2. 大规模生产温室内，可挂敌敌畏布条熏蒸，或用菊酯类化学药剂喷雾防治。

3. 可用斯氏线虫局部注射进行生物防治。

4. 除害处理方法：44℃下处理30～60分钟。

5. 喷洒80%敌敌畏500倍液并用塑料盖上密封熏蒸5小时，可杀死潜伏在表皮的幼虫或蛹。

6. 用40%氧化乐果乳油1 000倍液混合90%敌百虫800倍液喷施。

·镰孢菌属

分类地位：丝孢纲 Hyphomycetes 瘤座菌目 Tuberculariales

学　　名：*Fusarium* sp.

形态特征：孢子有3种：小型分生孢子、大型分生孢子和厚垣孢子。孢子形态多样，多为单细胞，形状有卵形、椭圆形、肾形、楔形、鸟嘴形等，孢子壁光滑或有突起，绝大多数无色，少数为褐色、肉桂色，多生于菌丝的顶端或中间。寄生性的镰孢菌属主要引起根腐、茎腐、穗腐、果腐、块根和块茎的腐烂。

马拉巴栗除害处理

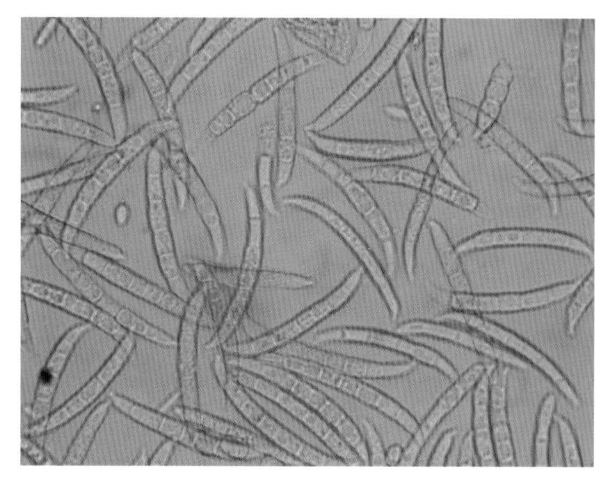

分生孢子

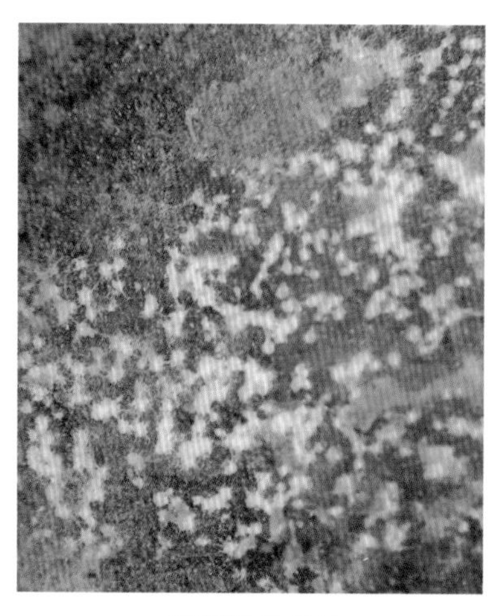

棉絮状的菌丝

镰孢菌属在马拉巴栗种子上的为害状 1

镰孢菌属在马拉巴栗种子上的为害状 2

为害症状：马拉巴栗种子或根部出现白色絮状菌丝，造成种子或整体枯萎、腐烂。

第二十三章　木犀科

日本女贞

分类地位： 木犀科 Oleaceae　女贞属 *Ligustrum* L.

学　　名： *Ligustrum japonicum* Thunb.

别　　名： 女贞木、冬青木、冬女贞。

原 产 地： 日本、韩国、中国台湾、琉球。

形态特征： 常绿灌木；幼枝略具茸毛，叶对生，长卵形或卵状椭圆形，先端钝或短尖，革质富光泽；春末至夏季开花，顶生，圆锥花序具白色的花，核果成熟时黑紫色。

日本女贞枝叶

日本女贞花叶

货物特征： 运输一般为带遮网开顶柜；植株包根带介质，或为小株盆栽。

引种国家或地区： 日本、美国、法国、中国台湾。

检疫要点：

1. 注意观察植株茎叶病症及带活虫情况。
2. 取根部及介质进行线虫分离鉴定。
3. 注意观察盆栽带杂草情况。

截获的有害生物：

线虫：短体线虫属（非中国种）、滑刃线虫属、茎线虫属、真滑刃线虫属、单齿线虫属。

真菌：链格孢菌属、镰孢菌属。

日本女贞植株

第二十四章　槭树科

鸡爪槭

分类地位：槭树科 Aceraceae　槭属 *Acer* L.

学　　名：*Acer palmatum* Thunb.

别　　名：紫红鸡爪槭

原 产 地：中国、日本、朝鲜。

形态特征：落叶小乔木；树皮深灰色，小枝细瘦，紫色或灰紫色；叶对生，近圆形，薄纸质，基部心形或近心形，裂片7，裂片长卵形或披针形，边缘具紧贴的锐锯齿，叶柄长4～6厘米，无毛；伞房花序，无毛，花紫色，雄花与两性花同株，花萼及花瓣都为5；雄蕊8；花盘微裂，位于雄蕊外；子房无毛，花柱2裂。

鸡爪槭植株

鸡爪槭枝叶

货物特征：运输一般为带遮网开顶柜；植株带介质，根部有包装，或为盆栽小苗植株。

引种国家或地区：中国台湾。

检疫要点：

1. 观察植株茎叶病症，是否有真菌、细菌等症状；检查枝叶有无带害虫，并取样进行实验室鉴定。

2. 检查植株根部有无地下害虫；取根部及介质进行实验室线虫分离鉴定。

3. 注意观察盆栽带杂草情况。

截获的有害生物：

昆虫：角蜡蚧、猎蝽科、螳螂目、举腹蚁属、天牛科、刺蛾科、蚁科、蝽科、细蛾科、毒蛾科、夜蛾科、德国小蠊。

线虫：拼胝拟毛刺线虫、长针线虫属（传毒种类）、毛刺线虫科（传毒种类）、细纹垫刃线虫属、螺旋线虫属、纽带线虫属、剑囊线虫属、突腔唇线虫属、垫刃线虫属、丝矛线虫属、盘环线虫属、具毒毛刺线虫、马丁长针线虫。

杂草：蒿草属、节节草、蕨属。

截获或关注的部分有害生物介绍：

·胼胝拟毛刺线虫

分类地位：三矛目 Triplonchida Cobb，1920 毛刺科 Trichodoridae（Thome，1935) Clark，1961 拟毛刺属 *Paratrichodorus* Siddigi，1974

学　　名：*Paratrichodorus porosus*

形态特征：雌虫热杀死后虫体直，角质层显著膨胀，瘤针向腹面弯。食道球没有缢缩，肠沿食道球背面延伸从背面覆盖食道球。背食道腺核位于食道腺的前部，亚腹食道腺核略靠后。排泄孔位于食道球前部。双生殖腺对生，卵巢转折，阴门位于虫体中部稍后。阴道呈梯形，阴门骨化结构侧面观呈卵圆形。肛门很靠后，几乎端生。

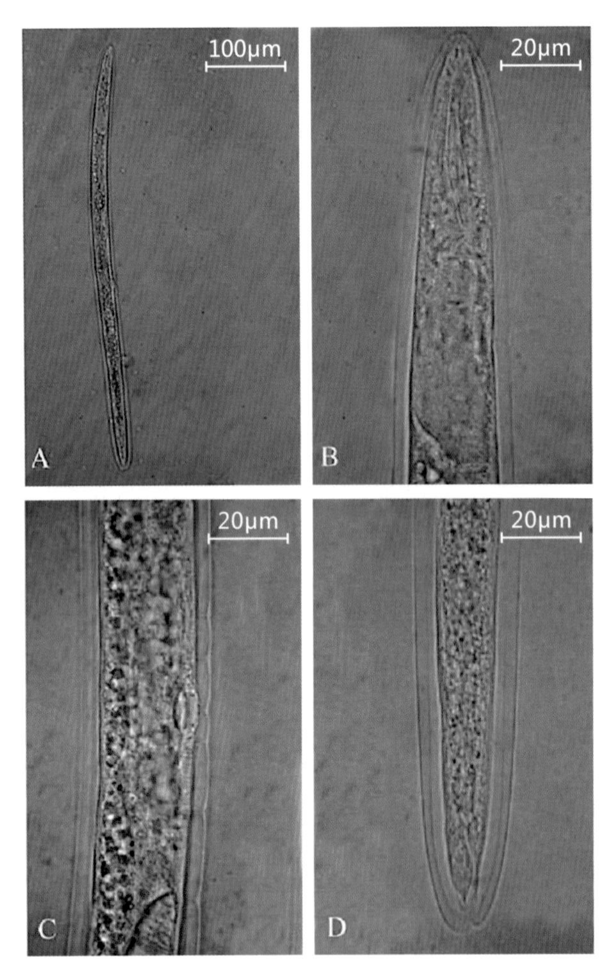

胼胝拟毛刺线虫光学显微形态图（仿廖力、迟远丽等）

A. 雌虫整体　B. 雌虫前体部　C. 雌虫阴门区　D. 雌虫尾部

·光肩星天牛

分类地位：鞘翅目 Coleoptera 天牛科 Cerambycidae 星天牛属 *Anoplophora* Hope

学　　名：*Anoplophora glabripennis*

寄　　主：柏、杉、马尾松、油桐、槭、木麻黄等。

形态特征：头部额宽阔，几近方形；复眼椭圆形；触角基瘤突出，头顶较深陷；触角第三节以后各节的基部和端部均有淡色绒毛，鞘翅肩部较光滑，无明显刻点，翅面毛斑白色。

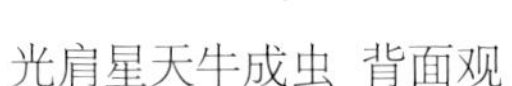

光肩星天牛成虫 背面观　　光肩星天牛成虫 侧面观

·日本短体线虫

分类地位：垫刃目 Tylenchida　短体科 Pratylenchidae　短体属 *Pratylenchus*

学　　名：*Pratylenchus japonicus*

形态特征：虫体粗短，体长小于1毫米；A值多在20～30，头部低平，头架骨化显著。口针粗短，基部球发达，食道腺覆盖肠腹面。雌虫单生殖腺前伸，有后阴子宫囊，尾长为肛门处体宽的2～3倍。雄虫有时不常见，交合伞包到尾端。雌虫阴门很靠后，V值为84～88；唇环3个，第一个唇环前端凸出，中间缢缩；口针长而粗壮（18～21微米）；尾较细长，末端光滑。

注：A，体长 / 虫体最宽处体宽；V，阴门至头端的长度 / 体长×100。

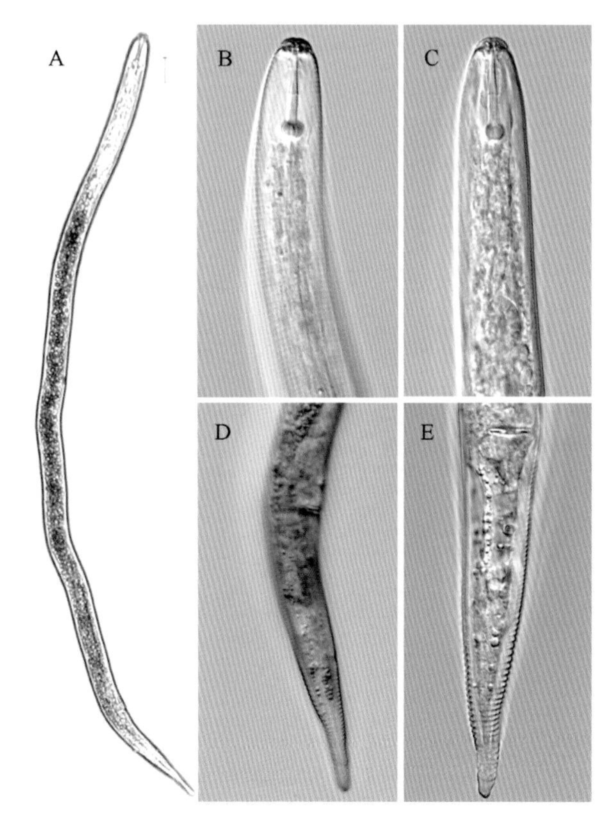

日本短体线虫雌虫形态图

A. 雌虫　B、C. 头部　D、E. 尾部

·具毒毛刺线虫

分类地位：毛刺科[Trichodoridae（Thorne, 1935） Siddiqi, 1974] 毛刺属（*Trichodorus* Cobb, 1913）

学　　名：Trichodorus viruliferus

形态特征：雄虫：热杀死时虫体后部向腹面弯曲，表皮不强烈膨胀，齿针典型。食道球后部与肠紧靠，有时形成斜角，在侧腹面轻微覆盖肠。单生殖管前伸，交合刺头部不明显，无横纹，近基部宽，向腹面弯曲，渐渐变狭，在中部微收缩，后加宽，再向末端渐细。引带位于交合刺间，端部背侧明显凸起，似鞋跟。雌虫：阴门后有一对侧体孔，阴门开口为孔状。阴道骨化结构小，呈卵形；阴道长宽大致相当，呈菱形；阴道收缩肌发达。

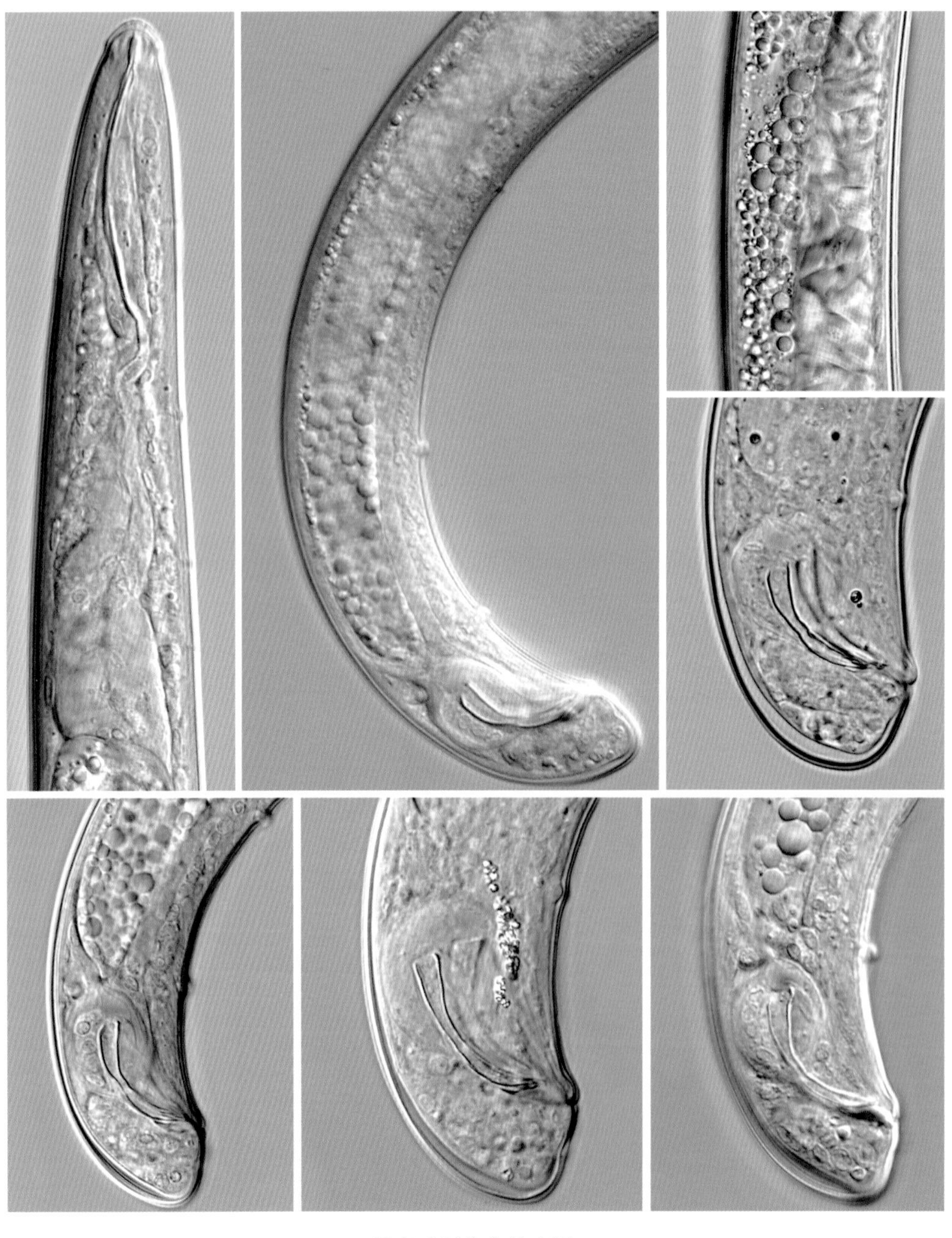

具毒毛刺线虫雄虫图

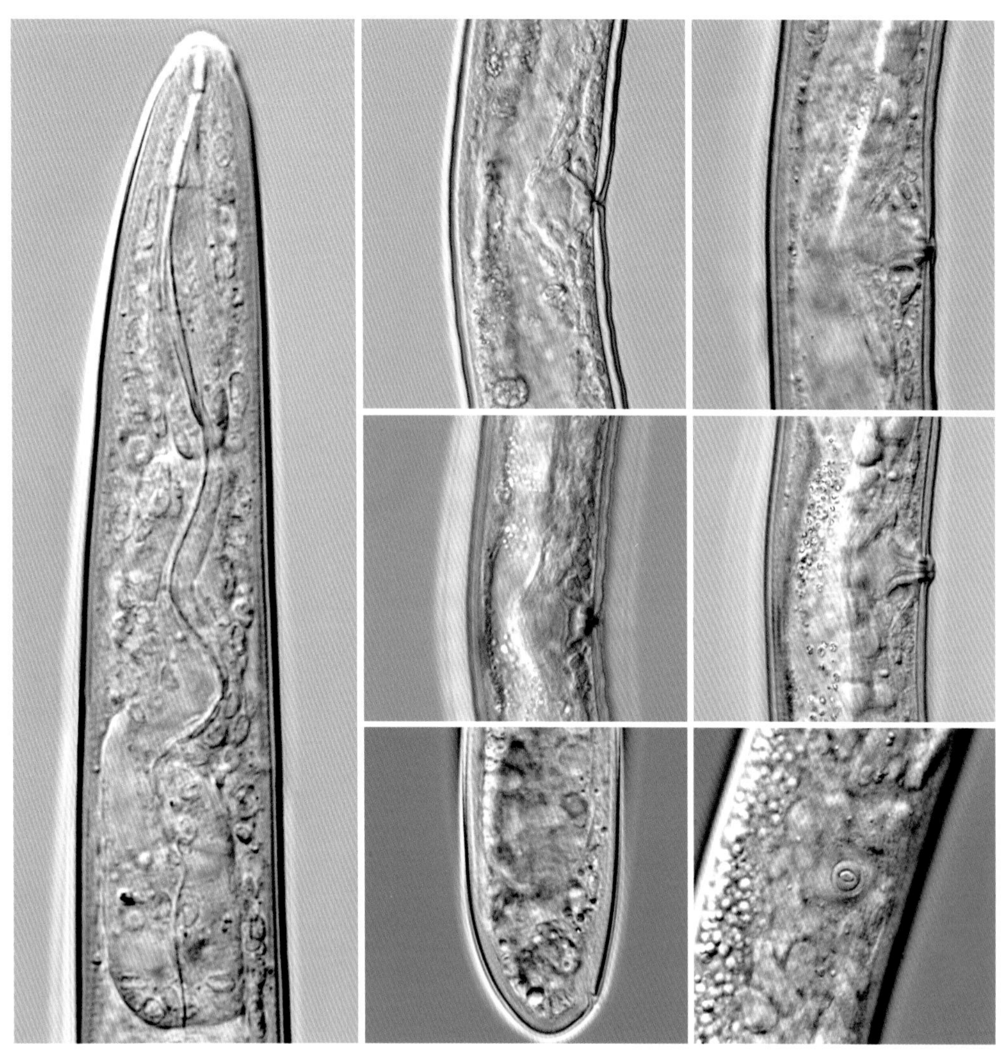

具毒毛刺线虫雌虫图

·马丁长针线虫

分类地位：长针亚科 Longidorinae 长针属 *Longidorus*

学　　名：*Longidorus matini*

形态特征：虫体细长，体长3~4毫米，最大体宽为69~51微米，唇宽12~14微米，唇区显著缢缩。齿尖针长100~110微米，齿托长59~73微米，体前端至导环距离较大，为57~62微米。尾末端宽圆，尾长与肛门处宽基本相等。

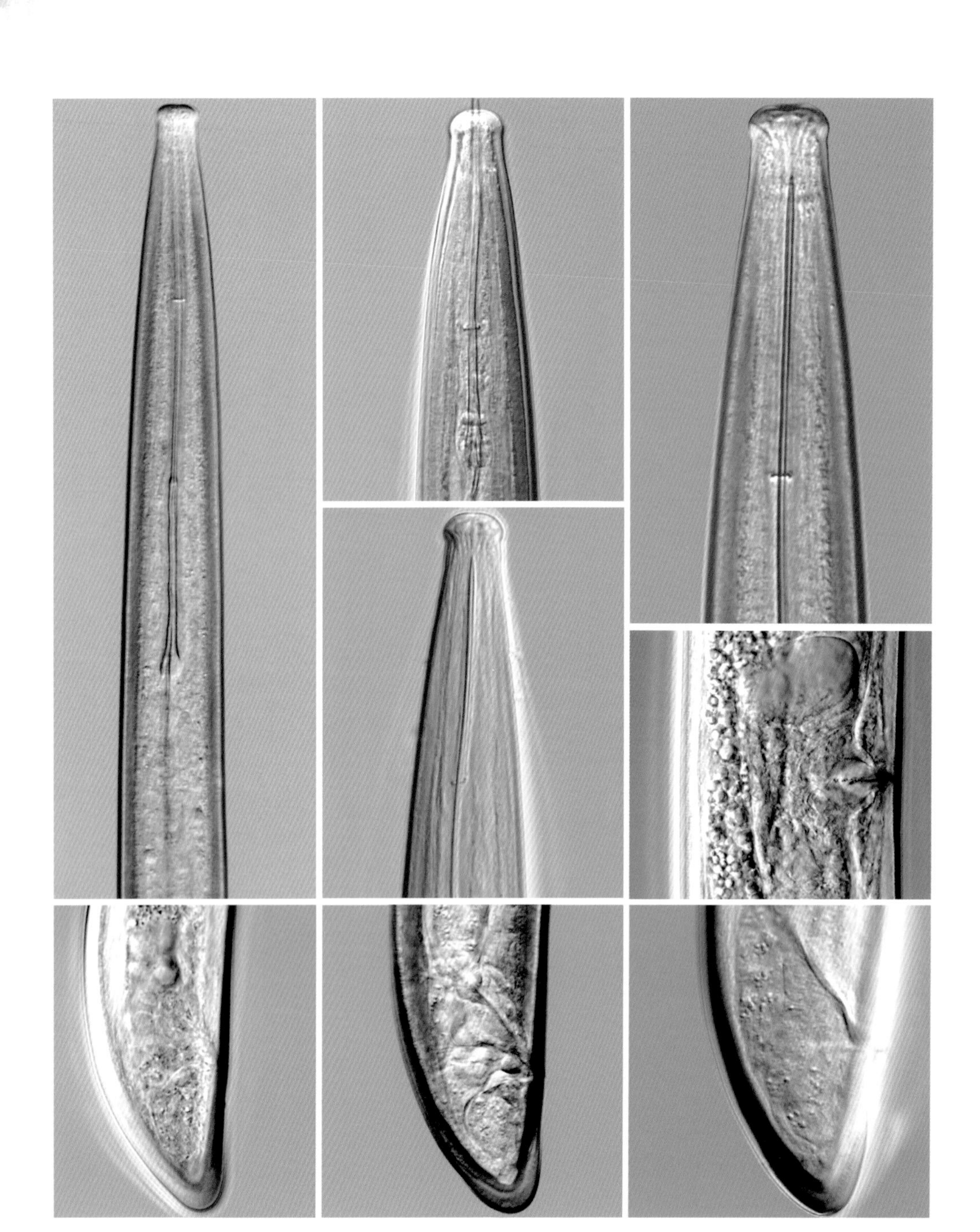

马丁长针线虫雌虫图

第二十五章　千屈菜科

大花紫薇

分类地位： 千屈菜科 Lythraceae 紫薇属 *Lagerstroemia* L.

学　　名： *Lagerstroemia speciosa* (L.) Pers.

别　　名： 洋紫薇。

原 产 地： 马达加斯加。

形态特征： 大乔木；树皮灰色，平滑，枝圆筒形，无毛；叶椭圆形或卵状椭圆形，两面无毛；圆锥花序长15～25厘米或更长，花序轴、花梗和花萼外面密被黄褐色毡毛；花萼有棱12条，6裂，裂片三角形，外反，内面无毛，附属体鳞片状；花瓣6，近圆形至长圆状或倒卵形，几不皱缩；雄蕊多数，达100～200枚，子房球形；蒴果倒卵形或球形，6裂。

大花紫薇植株

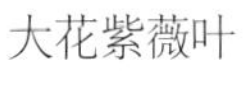

大花紫薇叶

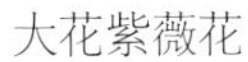

大花紫薇花

大花紫薇果枝

货物特征： 运输一般为带遮网开顶柜；植株为包根带介质，或为小株盆栽。

引种国家或地区：印度尼西亚、泰国、中国台湾。

检疫要点：

1. 观察植株茎叶病症，是否有真菌、细菌等症状；检查枝叶有无带害虫，并取样进行实验室鉴定。
2. 实验室检查植株根部有无地下害虫；取根部及介质进行线虫分离鉴定。
3. 注意观察盆栽带杂草情况。

截获的有害生物：

线虫：根结线虫（非中国种）、滑刃线虫属、剑线虫属、真滑刃线虫属、茎线虫属、小环线虫属、矮化线虫属、长尾线虫属、头垫刃线虫属、杆垫刃线虫属、螺旋线虫属、丝矛线虫属。

截获或关注的部分有害生物介绍：

·中华管蓟马

分类地位：缨翅目 Thysanoptera 管蓟马科 Phlaeothripidae

学　　名：*Haplothrips chinensis* Priesner

寄　　主：菊花、毛叶大丽、夫人菊、野菊、九月菊、半枝莲、唐菖蒲、金边兰、中国石竹、牵牛花、豆科花卉、蝴蝶花、野麦草、红花草、百合花、三叶草、白花杜鹃、木芙蓉、木槿、榆叶梅、柑橘类、朝鲜黄杨、泡桐、麻叶绣球、月季、龙眼、桂花、玫瑰、白兰、狗牙花、白蝉、大叶紫薇、大叶女贞、桃、枇杷、芒果、酸味子、花桃、法国冬青、金合欢、毛叶丁香、茶花、柳树、白桦、黑桦、阔叶箬竹、毛竹、小麦、水稻、玉米、葱类、白菜、菠菜、扁豆等。

分　　布：中国福建、海南、台湾。

形态特征：成虫体长1.7毫米，呈暗褐色至黑褐色；触角第3～6节黄色，翅无色，体鬃较暗。成虫、若虫为害植物幼嫩部位，吸食汁液。

中华管蓟马

第二十六章　蔷薇科

第一节　红果树

分类地位： 蔷薇科 Rosaceae 红果树属 *Stranvaesia* Lindl.

学　　名： *Stranvaesia davidiana* Dcne.

别　　名： 红枫子。

原 产 地： 中国、印度。

形态特征： 灌木或小乔木；小枝紫褐色或灰褐色，幼时密被长柔毛；叶片矩圆形，矩圆状披针形或倒卵状披针形，先端急尖或突尖，基部楔形，全缘，沿中脉有柔毛，叶柄有柔毛；复伞房花序，多花；总花梗和花梗均密生柔毛；花白色。

红果树种苗

红果树果实

货物特征： 运输一般无需冷藏；植株盆栽或包根带介质。

引种国家和地区： 印度尼西亚、中国台湾。

检疫要点：

1. 观察植株茎叶病症，是否有真菌、细菌等症状；检查枝叶有无带害虫，并取样进行实验室鉴定。
2. 实验室检查植株根部有无地下害虫；取根部及介质进行线虫分离鉴定。
3. 注意观察盆栽带杂草情况。

截获的有害生物：

线虫：香蕉穿孔线虫、长尾线虫属、头垫刃线虫属、螺旋线虫属。

截获或关注的部分有害生物介绍：

·螺旋线虫属

分类地位： 纽带科 Hoplolaimdae 纽带亚科Hoplolaiminae

学　　名： *Helicotylenchus* Steiner,1945

形态特征： 雌虫虫体呈螺旋形到直，侧区有4条刻线；头部连续到略缢缩，端圆或平，通常有环纹，无纵纹；背食道腺开口于口针基部球后6 ~ 16微米处，后食道腺背腹覆盖肠、腹面长覆盖；双生殖腺、对伸，有时后生殖腺退化为后阴子宫囊，有或无阴门盖或阴门膜。尾呈不对称圆锥形，背弯弧大，有或无末端腹突，有时尾圆，尾长通常为肛门处体宽的1 ~ 2倍，最长不超过肛门处体宽的2.5倍；侧尾腺口小，位于肛门附近。雄虫交合伞伸到尾端。

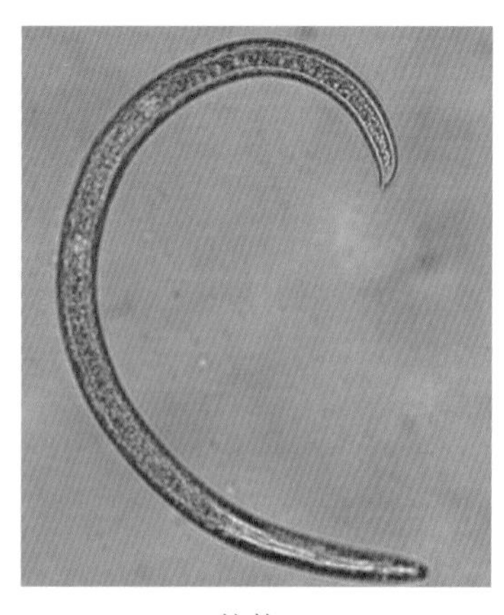
整体

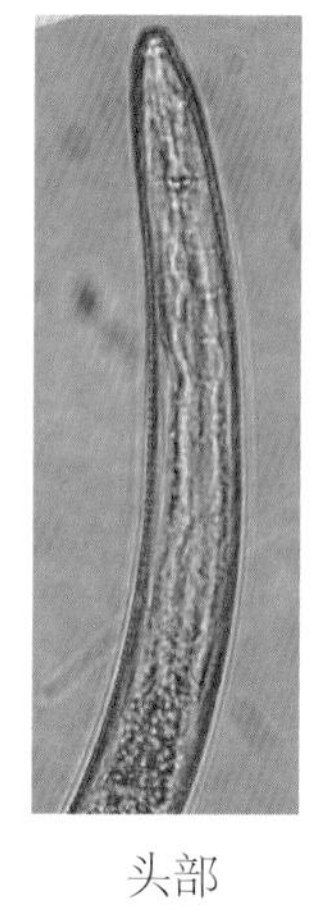
头部

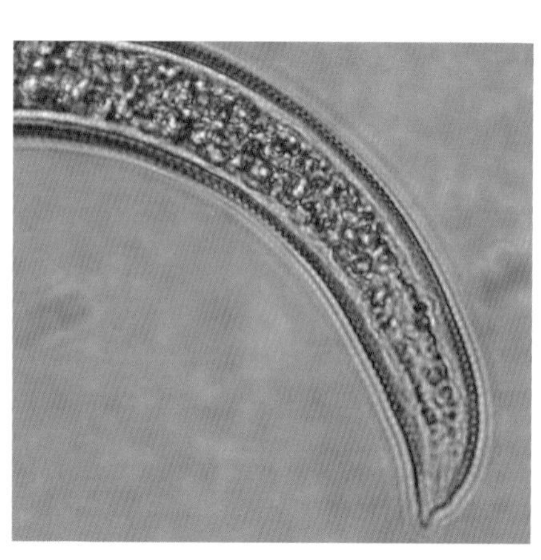
尾部

第二节　火 棘

分类地位： 蔷薇科 Rosaceae 火棘属 *Pyracantha* Roem.

学　　名： *Pyracantha fortuneana* (Maxim.) L.

别　　名： 救兵粮、救命粮、火把果。

原 产 地： 中国黄河以南及广大西南地区。

形态特征： 常绿灌木；侧枝短，先端成刺状；小枝暗褐色，幼时有锈色短柔毛，叶片倒卵形，先端圆或微凹，边缘有圆钝锯齿，两面无毛，叶柄短，无毛或幼时有疏柔毛；复伞房花序，花白色，萼筒钟状，无毛，裂片三角卵形，花瓣圆形。

火棘盆栽

火棘枝叶

货物特征：运输一般为带遮网开顶柜；植株为包根带介质，或为小株盆栽。

火棘货物照 1

火棘货物照 2

引种国家或地区：印度尼西亚、中国台湾。

检疫要点：

1. 观察植株茎叶病症，是否有真菌、细菌等症状；检查枝叶有无带害虫，并取样进行实验室鉴定。

2. 实验室检查植株根部有无地下害虫；取根部及介质进行线虫分离鉴定。

3. 注意观察盆栽带杂草情况。

截获的有害生物：

线虫：长尾线虫属、头垫刃线虫属、螺旋线虫属。

截获或关注的部分有害生物介绍：

·合毒蛾

分类地位：鳞翅目 Lepidoptera 卷蛾科 Tortricidae

学　　名：*Hemerocampa leucostigma* (Smith)

寄　　主：鸢尾属、紫荆属、火棘、大头茶、樱树。

分　　布：加拿大东南部、美国除西海岸外的大部分地区。

形态特征：

成虫：雄虫翅展约30毫米。体灰褐色，腹部棕色，腹末有明显的棕色簇毛。触角羽状。前翅暗褐色，具波形带和白色斑。后翅Sc+R_1在中室前缘1/3处与中室接触，形成一大基室，M_1与Rs在中室以外短距离愈合。雌虫无翅，不能飞翔，乳白色，全身具毛，腹末具大毛丛，产卵时用以覆盖卵块。

幼虫：长约38毫米，暗褐色，两侧各有一条断断续续的白线。全身具毛，前胸和第八腹节之间具长的黑褐色毛。头部微红，第一腹节和第四腹节之间具白色长毛簇；第六腹节和第七腹节具红色毒背腺；胸部具淡黄色条带；腹部具黄色斑点。

合毒蛾幼虫

合毒蛾成虫

第三节　玫 瑰

分类地位： 蔷薇科 Rosaceae　蔷薇属 *Rosa* L.

学　　名： *Rosa rugosa* Thunb.

别　　名： 刺玫花、徘徊花、刺客、穿心玫瑰。

原 产 地： 亚洲东部地区。

形态特征： 直立灌木；枝干粗壮，茎丛生，有皮刺和刺毛，小枝密生绒毛；羽状复叶，小叶5～9片，椭圆形或椭圆状倒卵形，边缘有钝锯齿，质厚，上面光亮，多皱，无毛，下面苍白色，有柔毛和腺体；叶柄和叶轴有绒毛及疏生小皮刺和刺毛；托叶大部附着于叶柄上；花单生或3～6朵聚生，花梗有绒毛和腺毛；花紫红色至白色，蔷薇果扁球形，红色，平滑，具宿存萼裂片。

玫瑰花 1

玫瑰花 2

货物特征： 运输一般需冷藏；植株为小株盆栽，带介质。

引种国家或地区： 中国台湾。

检疫要点：

1. 观察植株茎叶病症，是否有真菌、细菌等症状；检查枝叶有无带害虫，并取样进行实验室鉴定。

2. 实验室检查植株根部有无地下害虫；取根部及介质进行线虫分离鉴定。

3. 注意观察盆栽带杂草情况。

截获的有害生物：

线虫：滑刃线虫属、茎线虫属、真滑刃线虫属。

截获或关注的部分有害生物介绍：

·梨火疫病菌

分类地位：肠杆菌科 Enterobacteriaceae 欧文氏菌属 *Erwinia*

学　　名：*Erwinia amylovora*

形态特征：直杆菌，有荚膜，周生鞭毛，能运动，多数单生，有时成双或短时间内3～4个呈链状。革兰氏染色阴性，兼性厌氧，过氧化物酶阳性，菌落白色，黏性，圆顶状。

为害症状：花器被害后呈萎蔫状，深褐色，并向下蔓延至花柄，使花柄呈水渍状。叶片发病，先从叶缘开始变黑色，然后沿叶脉发展，最终全叶变黑、凋萎。病果初生水渍状斑，后变暗褐色，并有黄色黏液溢出，最后病果变黑而干缩。枝干被害，初呈水渍状，有明显边缘，病部凹陷出现溃疡状，呈褐色至黑色。

·玫瑰短喙象

分类地位：鞘翅目 Coleoptera 象甲科 Curculionidae

学　　名：*Pantomorus cervinus* (Boheman)

寄　　主：玫瑰、柑橘、蔷薇属、芭蕉属、胡桃、金合欢属。

分　　布：日本、土耳其、俄罗斯、法国、西班牙、葡萄牙、意大利、埃及、摩洛哥、南非、厄立特里亚、澳大利亚、新西兰、阿根廷、巴西、智利、巴拉圭、秘鲁、乌拉圭、加拿大、美国、墨西哥、海地。

形态特征：成虫体壁坚硬，体淡棕色至黑色，混杂有白色鳞片，体长约9毫米。头部狭窄，眼位于头部两侧，并向外凸出，喙粗短，棕色，略向地面弯曲。翅基上有数排小点。每个鞘翅上各有1个灰白色新月形斑点。

玫瑰短喙象　背面观

第二十七章　桑　科

第一节　面包树

分类地位：桑科 Moraceae　波罗蜜属 *Artocarpus* Forst.

学　　名：*Artocarpus altilis* (Park.) Fosberg

别　　名：面包果。

原 产 地：波利尼西亚、马来西亚、大溪地。

形态特征：常绿大乔木；叶互生，卵状长椭圆形或广卵形，全缘或上部羽状掌裂（3～9裂），厚纸质；核果球形或椭圆形，肥大肉质状，成熟呈黄色。

面包树植株

面包树果实

面包树种子

货物特征：运输一般为带遮网的开顶柜；植株裸根。

面包树货柜照

面包树货柜照（开顶柜）

引种国家或地区：中国台湾。

检疫要点：

1. 观察植株茎叶病症，是否有真菌、细菌等症状；检查枝叶有无带害虫，并取样进行实验室鉴定。
2. 观察箱体有无携带蚂蚁、蜗牛等。
3. 实验室检查植株根部有无地下害虫；取根部及介质进行线虫分离鉴定。
4. 注意观察盆栽带杂草情况。

截获的有害生物：

线虫：滑刃线虫属、小盘旋线虫属、茎线虫属、矮化线虫属、真滑刃线虫属、丝矛线虫属。

截获或关注的部分有害生物介绍：

· 桑天牛

分类地位：鞘翅目Coleoptera 天牛科 Cerambycidae 沟颈天牛亚科 Lamiinae

学　　名：*Apriona germari* Hope

寄　　主：羊蹄甲、桑、樱花、海棠、紫荆、紫薇、柽柳、核桃、榔榆和枫杨等。

分　　布：中国、日本、朝鲜、越南、老挝、柬埔寨、缅甸、泰国、印度、孟加拉。

形态特征：成虫体长34 ~ 36毫米。体和鞘翅黑色，被黄褐色短毛，头顶隆起，中央有1条纵沟。上颚黑褐色，强大锐利。触角比体稍长，顺次细小，柄节和梗节黑色，其余各节端半部黑褐色，基半部灰白色。前胸近方形，背面有横的皱纹，两侧中间各具1个刺状突起。鞘翅基部密生颗粒状小黑点。足黑色，密生灰白短毛。雌虫腹末2节下弯。

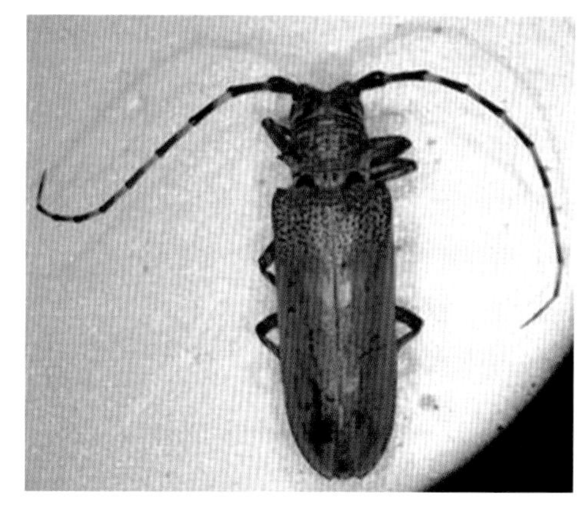

桑天牛成虫　背面观

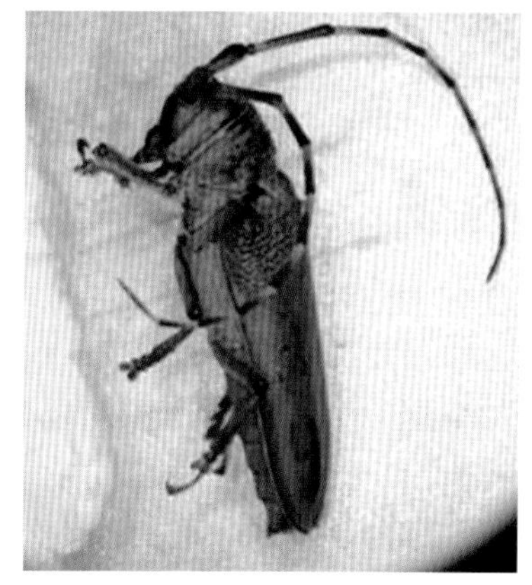

桑天牛成虫　侧面观

第二节 榕 树

分类地位：桑科 Moraceae 榕属 *Ficus* L.

学　　名：*Ficus microcarpa* L.f.

别　　名：细叶榕、成树、榕树须。

原 产 地：热带亚洲。

形态特征：常绿大乔木，生气根；叶革质，椭圆形或卵状椭圆形或倒卵形，先端钝尖，基部圆形，全缘或浅波状，基出脉3条，侧脉5～6对；花序托无柄，单生或成对生于叶腋，扁倒卵球形，乳白色，成熟时黄色或淡红色；雄花、瘿花和雌花生于同一花托中；雄花被片3～4，雄蕊1；雌花花被片3，花柱侧生，柱头细棒状；瘿花与雌花相似。

榕树盆苗

榕树植株

货物特征：运输一般为带遮网的开顶柜；植株盆栽或包根带介质。

引种国家或地区：澳大利亚、印度尼西亚、泰国、马来西亚、中国台湾。

检疫要点：

1. 观察植株茎叶病症，是否有真菌、细菌等症状；检查枝叶有无带害虫，并取样进行实验室鉴定。
2. 观察箱体有无携带蚂蚁、蜗牛等。
3. 实验室检查植株根部有无地下害虫；取根部及介质进行线虫分离鉴定。
4. 注意观察盆栽带杂草情况。

截获的有害生物：

昆虫：榕管蓟马、大腿榕管蓟马。

线虫：咖啡短体线虫、根结线虫（非中国种）、穿刺短体线虫、长尾线虫属、剑线虫属、茎线虫属、小环线虫属、咖啡根腐线虫、螺旋线虫属、矮化线虫属、滑刃线虫属、真滑刃线虫属、矛线线虫科、短体线虫属。

真菌：链格孢菌属。

截获或关注的部分有害生物介绍：

· 大腿榕管蓟马

分类地位：缨翅目 Thysanoptera 管蓟马科 Phloeathripidae

学　　名：*Mesothrips jordani* Zimm.

寄　　主：榕树、杜鹃、无花果等。

分　　布：中国台湾、日本、印度、北美、墨西哥。

形态特征：体长3～4.3毫米。触角8节，1～2节色暗，第3节黄色，4～6节基部黄色，端部淡褐色，7～8节褐色，第3～4节最长且等粗。单眼月晕黑褐色，单眼后的1对短鬃长为单眼直径的1/3，单眼间鬃在三角连线的外缘；复眼后各有1根长鬃，头部后方略窄，似有颈。前胸背板的前侧角、中侧缘和后侧角各有1根长鬃；前足腿节特别肥大，胫节黄色，跗节内侧有1个粗大的齿突，整个跗节像个伸出拇指的拳头，中、后足胫节褐色。翅透明，前翅中部略缢缩，间插缨14~16条。腹部第2～7节背面两侧各有1对向内弯曲的粗鬃，形成一个槽状，翅平放于槽内；弯曲粗鬃的外侧各有5～13根短鬃；第10节呈管状，基粗端细，管长略短于头长。成虫体黑色有光泽，腹部有向上翘动的习性，卵集中产生在幼嫩叶片的表面，若虫共4龄。

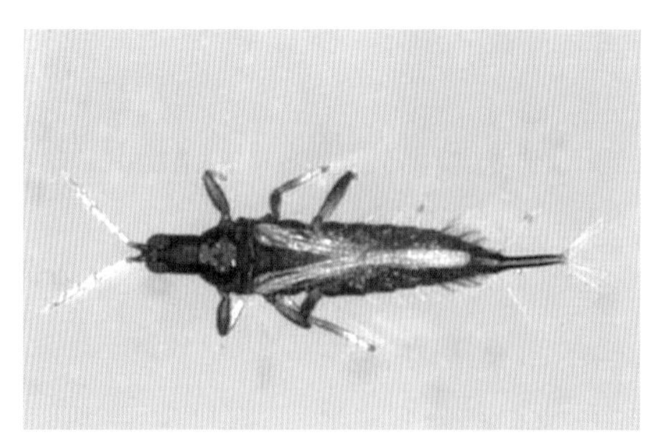

大腿榕管蓟马成虫

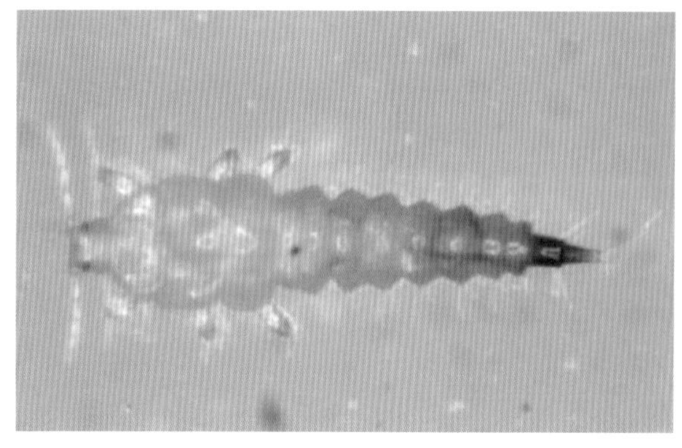

大腿榕管蓟马若虫

为害症状：可为害幼芽、嫩叶、花和果实，造成芽梢凋萎；取食花器，破坏雌雄花组织，致使花朵提早凋谢；造成叶片失绿，呈白色、银灰色或褐色斑点，多有叶片扭曲、皱缩变形等特征，有的形成虫瘿，有些蓟马能传播植物病毒病。蓟马体微小，成虫体长多为1～2毫米，极易被人们忽视，甚至在植物受到严重危害，造成枯萎继而死亡时还不被发现。成虫和若虫吸取榕树嫩叶和幼芽的汁液，造成紫褐色斑点，芽梢凋萎，叶片向正面翻缩呈饺子状或疙瘩状的虫瘿。

大腿榕管蓟马在榕树叶上的为害状

· 榕管蓟马

分类地位：缨翅目 Thysanoptera 管蓟马科 Phlaeothripidae 母管蓟马属 *Gynaikothrips*

学　　名： *Gynaikothrips uzeli* Zimmerman

寄　　主： 榕树、气达榕、杜鹃、无花果、龙船花等。

分　　布： 中国台湾、日本、印度、印度尼西亚、西班牙、北美、墨西哥、埃及、阿尔及利亚。

形态特征： 体长2.3～3.2毫米。触角8节，1～2节褐色，3～6节及第7节基部黄色，第7节端部和第8节淡褐色，第3节最长，但比第4节细。单眼后的1对毛长等于单眼直径，无单眼间鬃；复眼后各有1对短鬃，外侧的1根略长。前胸背板后缘角各有1条长鬃；前足跗节内侧有1个小的齿突，胫节黄色，中、后足胫节大部分褐色。翅透明，前后翅翅缘呈平行状，前翅间插缨14～15条，前缘基部有3条前缘鬃。腹部第2～7节背面两侧也各有1对向内弯曲的粗鬃，其外侧各有短鬃5根以下；第10节尾管的基半部略收缢，尾管长于头长。成虫体黑色有光泽，腹部有向上翘动的习性，卵集中产在幼嫩叶片的表面，若虫共4龄。

榕管蓟马在榕树叶上的为害状

· 榕树黑斑病菌

分类地位： 半知菌亚门 Deuteromycotina 丝孢目 Hypohomycetales

学　　名： *Alternaria* sp.

形态特征： 该病由链格孢菌属 *Alternaria* sp. 引起，病原菌分生孢子梗深色，以合轴式延伸，顶端单生或串生淡褐色至深褐色、砖隔状的分生孢子。分生孢子从产孢孔内长出，倒棍棒形、椭圆形或卵圆形，顶端有喙状细胞。

为害症状： 榕树叶片上先出现褐色小斑点，后扩展为近圆形或不规则形褐色病斑；发病后期病斑变为灰褐色，斑缘暗褐色。

榕树黑斑病症状 1

榕树黑斑病症状 2

第二十八章　山茶科

第一节　山　茶

分类地位： 山茶科 Theaceae 山茶属 *Camellia* L.

学　　名： *Camellia japonica* L.

别　　名： 曼陀罗、耐冬、野山茶、薮春、晚山茶、洋茶。

原 产 地： 中国西南部至东南部。

形态特征： 小乔木；叶互生；花单生或2～4朵聚生；萼片与苞片常混淆；花瓣基部相连；雄蕊多数，2列，花药丁字着生；子房上位，3～5室，每室有胚珠4～6颗；蒴果从上部开裂，连轴脱落。

茶花植株 1

茶花植株 2

货物特征： 运输一般无需冷藏；植株盆栽或包根带介质。

引种国家或地区： 中国台湾。

检疫要点：

1. 观察植株茎叶病症，是否有真菌、细菌等症状；检查枝叶有无带害虫，并取样进行实验室鉴定。
2. 观察箱体有无携带蚂蚁、蜗牛等。
3. 实验室检查植株根部有无地下害虫；取根部及介质进行线虫分离鉴定。
4. 注意观察盆栽带杂草情况。

截获的有害生物：

昆虫：凤蝶、茶花蜂、褐圆蚧。

线虫：穿刺根腐线虫、小环线虫属、滑刃线虫属、螺旋线虫属、丝矛线虫属。

病毒：茶花叶黄斑病毒。

真菌：胶孢炭疽菌。

山茶炭疽病症状

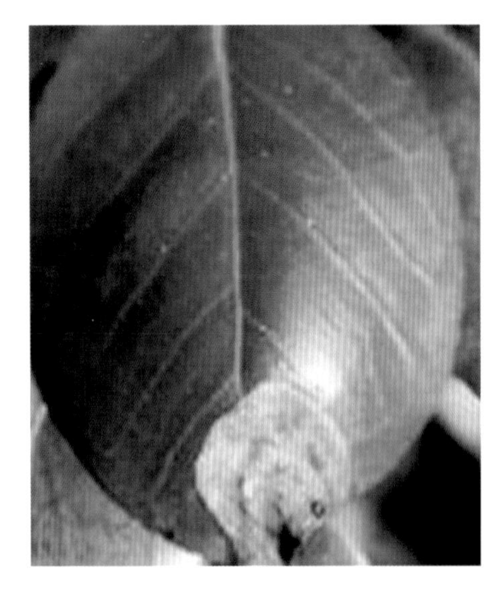

茶花灰斑病

茶花斑点病

截获或关注的部分有害生物介绍：

·褐圆盾蚧

分类地位：同翅目 Homoptera 盾蚧科 Diaspididae 褐圆盾蚧属 *Chrysomphalus* Ashmead

学　　名：*Chrysomphalus aonidum* (L.)

寄　　主：柑橘、柠檬、椰子、香蕉、无花果、栗、茶等200余种植物。

分　　布：中国内地及台湾省。

形态特征：雌成虫：介壳圆形，紫褐色，边缘淡褐色，中央隆起，壳点在中央，呈脐状，颜色黄褐或全黄。介壳直径约2毫米。虫体倒卵形，胸部最宽，胸部两侧各有一刺状突起，臀板边缘有臀角3

对。第1对、第2对大小和形状均相似，内、外缘各有一凹陷；第3对内缘平滑，外缘呈齿状。缘鬃先端呈锯齿状，在第1对、第2臀角之间各有2根，在第2～3臀角之间有3根，围阴腺孔4～5群。

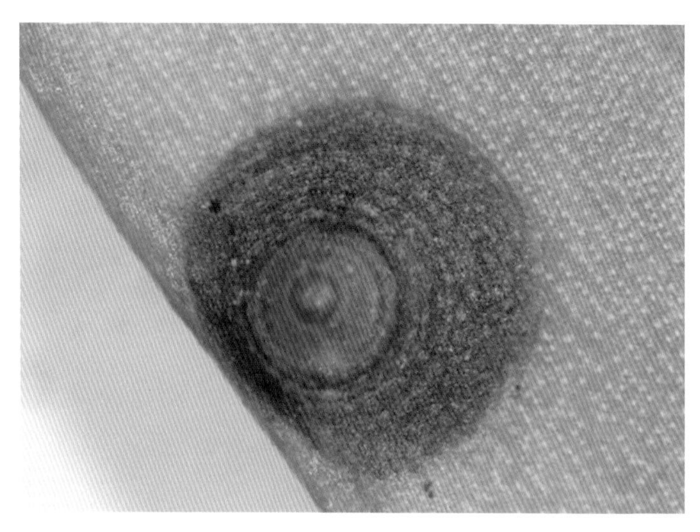

褐圆盾蚧

若虫：体卵形，长略大于阔。口器发达，极长，伸过腹部末端。

为害症状：枝干受害，表现为表皮粗糙，树势减弱；嫩枝受害后生长不良；叶片受害后叶绿素减退，出现淡黄色斑点；果实受害后，表皮有凹凸不平的斑点，品质降低。

截获信息：越南、美国。

·茶毒蛾

分类地位：鳞翅目 Lepidoptera 毒蛾科 Lymantriidae

学　　名：*Euproctis pseudoconspersa* Strand

寄　　主：茶、柑橘、樱桃、柿、枇杷、梨、玉米等。

分　　布：中国各产茶区。

形态特征：雄成虫翅展20～26毫米；雌成虫翅展30～35毫米。雄虫翅棕褐色，布稀黑色鳞片，前翅前缘橙黄色，顶角、臀角各具黄色斑1块。顶角黄斑上具黑色圆点2个，内横线外弯，橙黄色。雌虫黄褐色，前翅浅橙黄色至黄褐色。幼虫体长10～25毫米，头黄褐色，布褐色小点，具光泽，体黄色，密生黄褐色细毛。背线暗褐色，亚背线、气门上线棕褐色，1～8腹节亚背线上有褐色绒样瘤，上生黄白色长毛；气门上线亦有黑褐色小绒球样瘤，上生黄白色毛。

·日铜罗花金龟

分类地位：鞘翅目 Coleoptera 花金龟科 Cetoniidae 罗花金龟属 *Rhomborrhina* Hope

学　　名：*Rhomborrhina japonica* (Hope)

寄　　主：柑橘、梨、栎、榆等果树和林木。

形态特征：成虫体长25～29毫米，宽12～14.5毫米；体型较大，稍微光亮，头部，前胸背板，小盾片多为深橄榄绿色或墨绿色泛红，触角、腿节大部分、胫节、跗节为深褐色、近墨绿或黑色。唇基端部近方形，中纵隆较高，密被圆刻点，前缘弧形，微折翘，两侧边框较高，两侧向下斜倾扩出，边缘近弧形，后头光滑几乎无刻点。前胸背板密布较深圆刻点，基部最宽，两侧向前渐收狭，有窄边框，后角稍圆，后缘横直，中凹较浅。

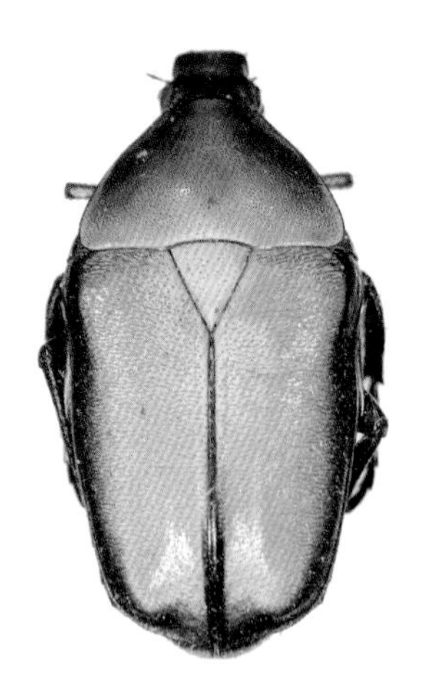

日铜罗花金龟 背面观　　日铜罗花金龟 侧面观

· **胶孢炭疽菌**

症状与为害：该病主要为害叶片。发病初期，在叶缘或叶尖部着生褐色斑，扩展后呈半圆形或不规则形病斑；发病后期病斑中央组织为灰白色或浅褐色，斑缘褐色，其上散生黑色小颗粒，近斑缘有轮状皱缩状纹。该病由胶孢炭疽菌*Colletotrichum gloeosporioides*引起，病原菌特征见第三章变叶木胶孢炭疽病。

山茶炭疽病症状 1

山茶炭疽病症状 2

第二节 厚皮香

分类地位：山茶科Theaceae 厚皮香属*Ternstroemia* Mutis ex L.f.

学　　名：*Ternstroemia gymnanthera* (Wight et Arn.) Sprague

别　　名：株木树，猪血柴，水红树。

原 产 地：我国西南部至台湾省。

形态特征：常绿乔木；叶螺旋排列，常簇生枝顶，全缘；花两性，单生于叶腋内；萼片和花瓣均5枚，稀6枚；雄蕊多数，2轮排列，花丝合生；子房2~3室，每室有胚珠2或多颗；花柱1，全缘；果为一不开裂的蒴果。

厚皮香枝叶

厚皮香花枝

货物特征：运输一般无需冷藏；植株盆栽或包根带介质。

引种国家或地区：中国台湾。

检疫要点：

1. 观察植株茎叶病症，是否有真菌、细菌等症状；检查枝叶有无带害虫，并取样进行实验室鉴定。
2. 观察箱体有无携带蚂蚁、蜗牛等。
3. 实验室检查植株根部有无地下害虫；取根部及介质进行线虫分离鉴定。
4. 注意观察盆栽带杂草情况。

截获的有害生物：

昆虫：毛蚁属。

线虫：滑刃线虫属、矛线线虫科。

第二十九章　山 榄 科

神 秘 果

分类地位： 山榄科 Sapotaceae 神秘果属 *Synsepalum*

学　　名： *Synsepalum dulcificum* Daniell

别　　名： 梦幻果、奇迹果，西非山榄、蜜拉圣果。

原 产 地： 加纳、喀麦隆。

形态特征： 常绿灌木；叶倒披针形，全缘，革质；花小、腋生、花冠乳白色或乳黄色；单果，椭圆形，成熟果皮鲜红色，种子1枚、褐色；果实含神秘素，能改变人的味觉，吃神秘果后几小时内吃酸的食物，味觉显著变甜。

神秘果种苗 1

神秘果种苗 2

神秘果枝叶

神秘果果实

货物特征： 运输一般无需冷藏；植株盆栽或包根带介质。

引种国家或地区： 中国台湾。

检疫要点：

1. 观察植株茎叶病症，是否有真菌、细菌等症状；检查枝叶有无带害虫，并取样进行实验室鉴定。
2. 观察箱体有无携带蚂蚁、蜗牛等。
3. 实验室检查植株根部有无地下害虫；取根部及介质进行线虫分离鉴定。
4. 注意观察盆栽带杂草情况。

截获的有害生物：

线虫：丝矛线虫属、茎线虫属、滑刃线虫属、矛线线虫科、真滑刃线虫属。

神秘果炭疽病症状

第三十章　石竹科

香石竹

分类地位：石竹科 Caryophyllaceae 石竹属 *Dianthus* L.

学　　名：*Dianthus caryophyllus* L.

别　　名：麝香石竹、康乃馨、狮头石竹、大花石竹、荷兰石竹。

原 产 地：地中海沿岸。

形态特征：多年生草本；叶狭，禾草状；花美丽，具芳香，单生、2~3朵簇生或成聚伞花序；萼管状，5裂，下有苞片2至多枚；花瓣5，具柄，全缘或具齿或细裂；雄蕊10；子房1室，花柱2；蒴果圆形或长椭圆形，顶端4~5齿裂。

香石竹盆苗

香石竹花

货物特征：运输一般需冷藏；植株盆栽，带介质，一般有纸箱包装。

引种国家或地区：荷兰、意大利、西班牙、以色列、法国。

检疫要点：

1. 观察植株茎叶病症，是否有真菌、细菌、病毒等症状，并取样进行实验室鉴定。

2. 取根部及介质进行线虫分离鉴定。

3. 观察盆栽杂草情况。

截获的有害生物：

线虫：滑刃线虫属、长尾线虫属、畸形茎线虫。

真菌：链格孢菌属、镰孢菌属、枝孢菌属。

截获或关注的部分有害生物介绍：

· 卢斯短体线虫

分类地位：垫刃目 Tylenchida Thorne，1949 短体科 Pratylenchidae Thome,1949 短体属 *Pratylenchus* Filipjev，1936

学　　名：*Pratylenchus loosi* Loof，1960

形态特征：雌虫：表皮纹细而不明显，唇区低，前端平，连续。头架中度骨化，口针发达，粗短，口针基球较大，呈郁金香花形。食道腺从腹面覆盖肠的前端。排泄孔位于食道和肠交界处的后方。前生单卵巢，卵母细胞单行排列。受精囊长卵形，后阴子宫囊较短。阴道较直，尾锥形，尾端无纹，钝或尖，尾端窄圆到近尖。 雄虫：常见，虫体前部体宽变窄，口针基球也明显变窄。其他特征与雌虫相似。交合刺明显，引带长3～4.5微米，交合伞较窄，侧尾腺孔位于尾的中后部。

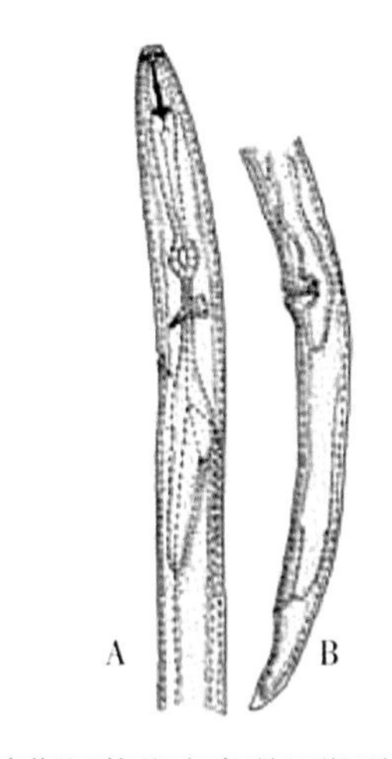

卢斯短体线虫光学显微形态图
雌虫：A. 体前部　B. 阴门区及尾部

· 麝香石竹环斑病毒

分类地位：番茄丛矮病毒科　麝香石竹环斑病毒属

学　　名：*Carnation ringspot virus*, CRSV

形态特征：病毒粒子为等轴对称二十面体（T=3），直径32～35纳米，无包膜，表面粗糙，有180个蛋白结构亚基。

寄　　主：自然条件下只侵染几种石竹科植物，实验中可侵染25科133种双子叶植物。

为害症状：引起叶片斑驳、环斑、矮化和畸形，有时叶尖坏死。

第三十一章 使君子科

小叶榄仁

分类地位：使君子科 Combretaceae 榄仁树属 *Terminalia* L.

学　　名：*Terminalia neotaliala Capuron*

别　　名：大叶榄仁树、凉扇树、枇杷树、山枇杷树、法国枇杷、楠仁树、雨伞树。

原 产 地：非洲。

形态特征：乔木；叶互生，常聚集于小枝之顶；花两性或单性，有小苞片，组成疏散的穗状花序或总状花序；萼延伸或收狭于子房之上，钟状，5裂，很少4裂，裂片短三角形，脱落；花瓣缺；雄蕊10或8，2轮排列；子房下位，1室，有胚珠2～3颗，花柱长而不分支；核果扁平，有角或2～5翅，有种子1枚。

小叶榄仁植株

小叶榄仁枝叶

货物特征：运输一般为带遮网的开顶柜；植株带介质，根部有包装。

引种国家或地区：泰国、中国台湾。

检疫要点：

1. 观察植株茎叶病症，是否有真菌、细菌等症状；检查枝叶有无带害虫，并取样进行实验室鉴定。

2. 观察箱体有无携带蚂蚁、蜗牛等。

3. 实验室检查植株根部有无地下害虫；取根部及介质进行线虫分离鉴定。

4. 注意观察盆栽带杂草情况。

小叶榄仁种子

截获的有害生物：

昆虫：土白蚁、螺旋粉虱。

线虫：螺旋线虫属、长尾线虫属、茎线虫属、肾状线虫属、真滑刃线虫属、丝矛线虫属、矛线线虫科。

截获或关注的部分有害生物介绍：

·螺旋粉虱

分类地位： 同翅目 Homoptera 粉虱科 Aleyrodidae

学　　名： *Aleurodicus dispersus* Russell

寄　　主： 洋紫荆、印度紫檀、榄仁树、一品红、木棉、指甲花、香蕉、番荔枝、番石榴、番木瓜、四季豆、茄子、辣椒等。

分　　布： 美国、中国台湾。

形态特征： 翅展为3.50～4.65毫米，雌、雄个体均具有两种形态，即前翅有翅斑型和前翅无翅斑型。前翅有翅斑的个体明显较前翅无翅斑的大，雌虫体长为1.55～1.75毫米，雄虫体长为1.55～2.46毫米。初羽化时浅黄色、近透明，随着发育不断分泌蜡粉，之后在前翅末端有一具金属光泽的斑，但也有部分个体前翅无斑。成虫腹部两侧具有蜡粉分泌器，初羽化时不分泌蜡粉，随成虫日龄的增加蜡粉分泌量增多。雄虫腹部末端具一对铗状交尾握器。

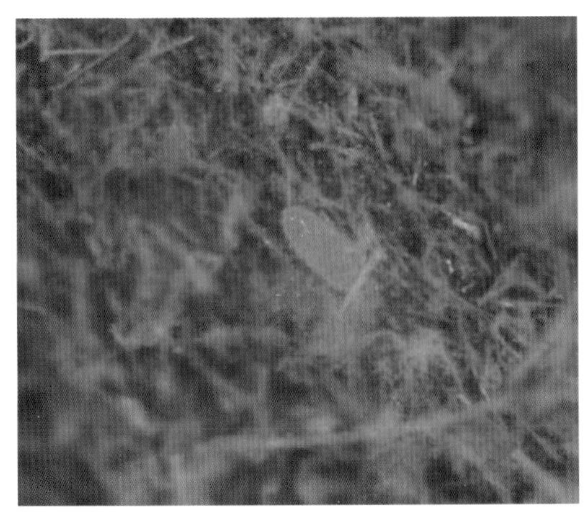

螺旋粉虱卵

螺旋粉虱若虫

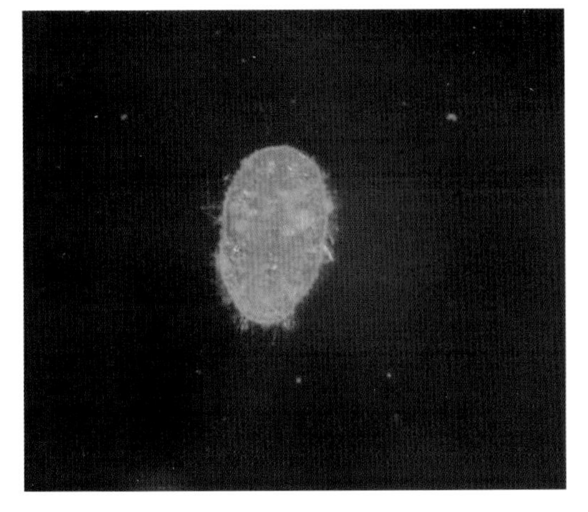

螺旋粉虱若虫

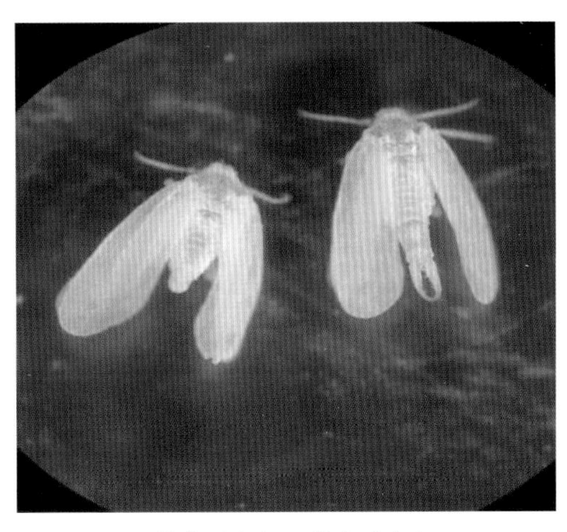

雌虫（左）、雄虫（右）

为害症状：以若虫、成虫刺吸植物汁液，造成叶片黄化、落叶，引起植株衰弱甚至死亡；该虫还排泄蜜露，诱发煤烟病；降低作物产量，影响园林植物景观。

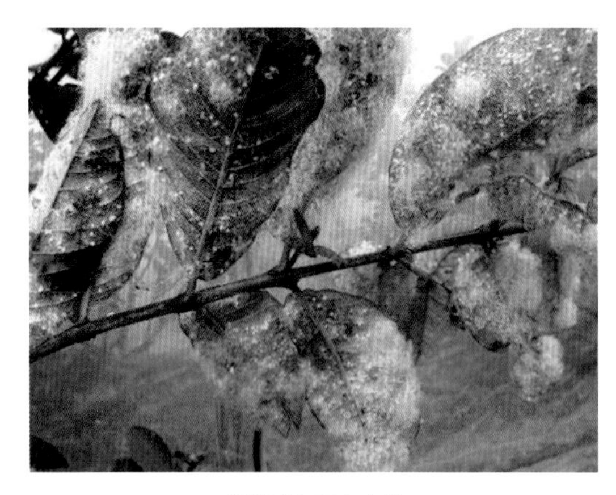

螺旋粉虱为害状

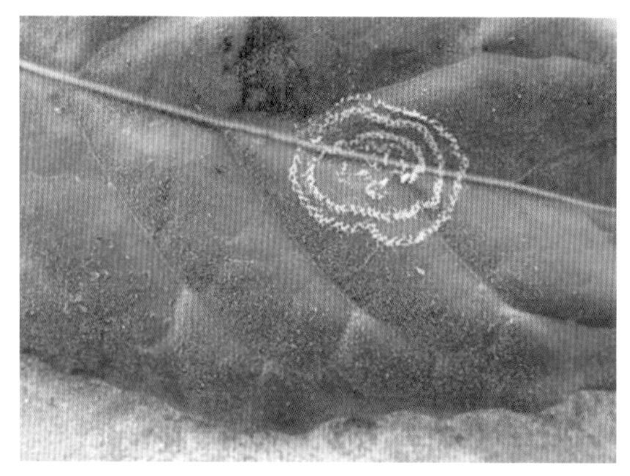

螺旋粉虱在叶片上的螺旋状产卵轨迹

· 土白蚁

分类地位：等翅目 Isoptera 白蚁科 Termitidae 土白蚁属 *Odontotermes* Holmgren

学　　名：*Odontotermes* sp.

寄　　主：小叶榄仁。

形态特征：兵蟹：头宽卵圆形，长大于宽，前端狭窄；额部扁平，囟不十分明显；上唇无透明的尖部。两侧边缘有长毛；上颚弯曲，军刀状，左上颚具有一枚大的尖齿；触角15～18节；前胸背板狭于头宽，马鞍形。

有翅成虫：头宽卵形，或近圆形；囟明显；后唇基隆起，颜色稍淡于头顶，很短；触角19节，第3节常短于第2节。前胸背板往往有淡色的十字形斑纹及前侧的斑点，侧缘后部聚拢。

土白蚁　背面观

土白蚁　侧面观

第三十二章　柿树科

第一节　枫港柿

分类地位：柿树科 Ebenaceae 柿树属 *Diospyros* L.

学　　名：*Diospyros vaccinioides* Lindl.

别　　名：枫港柿、乌饭叶。

原 产 地：中国内地的华南地区及台湾省的恒春半岛枫港溪。

形态特征：常绿小乔木；叶互生，椭圆形或长卵形，全缘，叶面明亮富光泽；花雌雄异株，细小，腋生单出，近无梗，4～5瓣，花冠淡黄色，花期 4～5 月；浆果椭圆形，长约1厘米，有宿存萼，熟果紫黑色，结果期 6～7 月。

进境小果柿植株

小果柿枝叶

货物特征：运输一般为带遮网开顶柜；植株带介质，根部有包装。

小果柿货柜照 1

小果柿货柜照 2

引种国家或地区：中国台湾。

检疫要点：

1. 观察植株茎叶病症，是否有真菌、细菌等症状；检查枝叶有无带害虫，并取样进行实验室鉴定。

2. 检查植株根部有无地下害虫；取根部及介质进行实验室线虫分离鉴定。

3. 注意观察集装箱体残留检疫物，是否有蚂蚁、蜗牛等有害生物。

截获的有害生物：

昆虫：步甲科、日本蠼螋、角蜡蚧、瓢虫科、刺蛾科、叶蝉科、梅氏多刺蚁、棕色金龟、蝼蛄科、蓑蛾科、隐翅虫属、蝇科、德国蜚蠊。

线虫：盘环线虫属、细纹垫刃线虫属、锥线虫属、纽带线虫属、螺旋线虫属、肾形肾状线虫。

真菌：烟霉属。

杂草：马唐、苋科、田旋花、菊科、苣荬菜。

其他：非洲大蜗牛、野蛞蝓。

第二节　象牙树

分类地位：柿树科 Ebenaceae　柿树属 *Diospyros* L.

学　　名：*Diospyros ferrea* (Willd.) Bakh.

别　　名：象牙柿、乌皮石柃、琉球黑檀、象牙木。

原 产 地：中国台湾的恒春及兰屿海岸林、澳洲、印度、琉球、马来西亚。

形态特征：常绿小乔木；叶互生，倒卵形，全缘，厚革质；雌雄异株，花腋生，乳白色；果实椭圆形，熟果由橙黄色转紫红色。性强健，枝叶密生，果实玲珑可爱；于晚春至初夏时期开花。

货物特征：运输一般为带遮网的开顶柜；植株带介质，根部有包装。

引种国家或地区：中国台湾。

检疫要点：

1. 观察植株茎叶病症，是否有真菌、细菌、病毒等症状；检查枝叶有无带害虫，并取样进行实验室鉴定。

2. 观察箱体有无携带蚂蚁、蜗牛等。

3. 实验室检查植株根部有无地下害虫；取根部及介质进行线虫分离鉴定。

4. 注意观察盆栽带杂草情况。

截获的有害生物：

线虫：拟毛刺线虫属、根结线虫属、剑线虫属、滑刃线虫属、小盘旋线虫属、丝矛线虫属、真滑刃线虫属、茎线虫属。

象牙树植株

第三十三章　云 实 科

盾柱木

分类地位： 云实科 Caesalpiniaceae 盾柱木属 *Peltophorum*（Vog.）Benth.

学　　名： *Peltophorum pterocarpum* (DC.) Baker ex K. Heyne

别　　名： 双翼豆。

原 产 地： 中国海南、越南、泰国、印尼、菲律宾。

形态特征： 落叶乔木，无刺；叶为大型偶数羽状复叶，长15～40厘米，叶尖钝圆，有轻微凹缺或有一细小尖点，基部不相等，边全缘，没有叶柄；花美丽，组成顶生和腋生的圆锥花序；花萼5深裂；花瓣5，黄色，长椭圆形或近圆形，与萼片均覆瓦状排列；雄蕊10，分离，花丝基部有束毛；子房无柄，有胚珠3～6颗，花柱长，柱头大，盾状、盘状或头状；果实荚果，颜色由紫褐色至红褐色，有翅围绕，长6～14厘米，内藏2～6颗种子。

盾柱木植株

盾柱木花枝

货物特征： 运输一般为带遮网的开顶柜；植株包根带介质。

引种国家或地区： 泰国、马来西亚、中国台湾。

检疫要点：

1. 观察植株茎叶病症，是否有真菌、细菌等症状；检查枝叶有无带害虫，并取样进行实验室鉴定。
2. 观察箱体有无携带蚂蚁、蜗牛等。
3. 实验室检查植株根部有无地下害虫；取根部及介质进行线虫分离鉴定。
4. 注意观察盆栽带杂草情况。

截获的有害生物：

线虫：香蕉穿孔线虫、穿刺短体线虫、拟毛刺线虫属、毛刺线虫属、短体线虫属、突腔唇线虫属、矮化线虫属、茎线虫属、螺旋线虫属、小盘旋线虫属、滑刃线虫属、真滑刃线虫属。

烧毁携带香蕉穿孔线虫的入境盾柱木 1

烧毁携带香蕉穿孔线虫的入境盾柱木 2

第三十四章 苏铁科

苏 铁

分类地位：苏铁科 Cycadaceae 苏铁属 *Cycas* L.

学　　名：*Cycas revoluta* Thunb.

别　　名：铁树、凤尾松、避火蕉、凤尾蕉。

原 产 地：中国南部、琉球、日本。

形态特征：裸子植物，常绿乔木；不分枝，高可达20米，密被宿存的叶基和叶痕。羽状叶长0.5～2米，基部两侧有刺；羽片达100对以上，条形，质坚硬，长9～18厘米，宽4～6毫米；先端尖锐，边缘向下卷曲，深绿色，有光泽，下面有毛或无毛。雌雄异株，6～8月开花，雄球花圆柱形，黄色，密被黄褐色绒毛，直立于茎顶；雌球花扁球形，上部羽状分裂，其下方两侧着生有2～4个裸露的胚球。种子卵圆形，微扁，顶凹，长2～4厘米，熟时朱红色。

苏铁种子

苏铁果实

苏铁种苗

苏铁植株

货物特征：运输为部分开顶或开门顶柜，无需冷藏；种球一般裸根，不带介质。

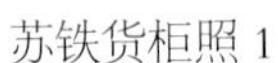

苏铁货柜照 1

苏铁货柜照 2

苏铁种子货柜照 1

苏铁种子货柜照 2

引种国家或地区：印度尼西亚、菲律宾、中国台湾。

检疫要点：

1. 观察植株茎叶病症，是否有真菌、细菌等症状；检查枝叶有无带害虫，并取样进行实验室鉴定。

2. 实验室检查植株根部有无地下害虫；取根部及介质进行线虫分离鉴定。

3. 注意观察根部带杂草情况。

截获的有害生物：

昆虫：小家蚁属、曲纹紫灰蝶、蚧科。

线虫：滑刃线虫属、真滑刃线虫属、茎线虫属、长尾线虫属、矛线线虫科、小杆线虫目、小盘旋线虫属。

真菌：胶孢炭疽菌、苏铁壳二孢、青霉菌属、曲霉菌属、根霉菌属、小球腔菌属。

杂草：豆科、蝶形花科。

其他：非洲大蜗牛、环口螺属。

销毁带疫苏铁

苏铁上的蚧壳虫

苏铁上的盾蚧为害状

盾蚧在苏铁种球上的为害状 1

盾蚧在苏铁种球上的为害状 2

截获或关注的部分有害生物介绍：

·曲纹紫灰蝶

分类地位：鳞翅目 Lepidoptera　灰蝶科 Lycaenidae

学　　名：*Chilades pandava*

寄　　主：苏铁。

分　　布：中国的四川、江西、福建、广西、广东、贵州、云南、台湾，泰国，印度尼西亚。

形态特征：成虫翅展22～25毫米。属小型蝶种。翅正面以灰、褐、黑等色为主，且两翅正反面的颜色及斑纹截然不同，反面的颜色丰富多彩，斑纹变化也很多样。雄蝶翅正面呈蓝灰色，外缘灰黑色；而雌蝶呈灰黑色。前翅外缘黑色，后翅外缘有细的黑白边，前翅亚外缘有2条黑白色带，后中横斑列也具白边，中室端纹棒状。后翅有2条带内侧有新月纹白边，翅基有3个黑斑，都有白圈，尾突细长，端部白色。老熟幼虫长约9毫米，身被短毛。

雄成虫体长约9毫米，翅展约24毫米。头部复眼后方及胸部均被灰黑色毛，触角棒状，各节基部白色。体表黑色，腹部背面黑灰色，腹面灰白至深灰色。翅面为蓝紫色，前翅反面后中横斑列黑褐色；后翅反面后中横斑列间断，上端两个内移。翅基有3个斑，这些斑点均特别明显。老熟幼虫长9毫米，宽3毫米，扁椭圆形，身被短毛，体色青绿或紫红色，背面色较浓，各节分界不明显。蛹短椭圆形，长8毫米，宽3毫米，背面呈褐色，被棕黑色短毛，胸部与腹部分界较明显，腹面淡黄色，翅芽淡绿色。

曲纹紫灰蝶成虫　背面观

曲纹紫灰蝶成虫　腹面观

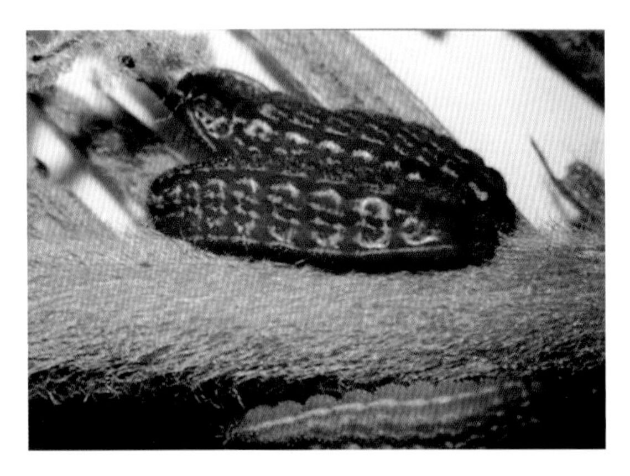

曲纹紫灰蝶幼虫

停歇在苏铁上的曲纹紫灰蝶

为害症状： 幼虫集中在新叶取食，啃食新芽，导致新叶扭曲变形，甚至光秃秃一片，失去观赏价值。

曲纹紫灰蝶在苏铁心叶上的为害状

截获信息： 1998年6月从中国台湾进境的苏铁上截获曲纹紫灰蝶。

·苏铁炭疽病

症状与为害： 该病引起苏铁小叶枯死。发病后期小叶上有灰白色枯死部分，呈长条斑，严重时全叶枯死。在潮湿条件下病部着生黑色小点粒。该病由胶孢炭疽菌*Colletotrichum glocosporioides*引起，病原菌特征见第三章变叶木胶孢炭疽病。

苏铁炭疽病症状 1

苏铁炭疽病症状 2

第三十五章　桫 椤 科

第一节　笔 筒 树

分类地位： 桫椤科 Cyatheaceae 白桫椤属 *Sphaeropteris* Bernh.

学　　名： *Sphaeropteris lepifera* (Hook.) Tryon

别　　名： 木羊齿、蛇木。

原 产 地： 中国、琉球、菲律宾。

形态特征： 树形蕨类植物；茎直立，高可达10米，胸径10～15厘米，基部密被交织的不定根，向上有清晰的叶痕，顶部残存少量宿存的叶柄。叶螺旋状排列于茎顶端；鳞片灰白色至淡棕色，线状披针形，渐尖头，先端和边缘具褐棕色刚毛；叶柄通常为棕色，连同叶轴、羽轴具小瘤状突起，被白霜；叶片大，长矩圆形，三回羽深裂；羽片互生，二回羽状深裂；小羽片互生，基部一对稍缩短，中部披针形；裂片20～26对，稍斜展；叶脉在裂片上羽状分叉，基部下侧一组出自小羽轴；叶片厚纸质；羽轴、小羽轴上面有沟，被淡黄色弯曲毛；下面密被卵状至卵状披针形小鳞片和针状硬毛。孢子囊群生侧脉分叉处，具隔丝，囊托突起，囊群盖特化为简单的鳞毛状。

笔筒树植株 1

笔筒树植株 2

货物特征： 运输一般为带遮网的开顶柜；植株裸根、不带介质、枝叶。

笔筒树货柜照 1

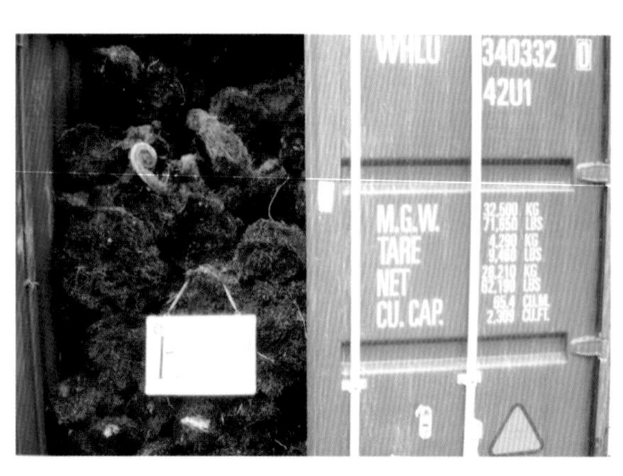

笔筒树货柜照 2

引种国家或地区：中国台湾。

检疫要点：

1. 观察植株茎叶病症，是否有真菌、细菌等症状；检查枝叶有无带害虫，并取样进行实验室鉴定。

2. 实验室检查植株根部有无地下害虫；取根部及介质进行线虫分离鉴定。

3. 注意观察盆栽带杂草情况。

截获的有害生物：

昆虫：象虫科、皮下甲科、多刺蚁属、跳蝽科、缘蝽科。

线虫：剑线虫属、拟长针线虫、针线虫属、长尾线虫属、剑囊线虫属、小环线虫属、头垫刃线虫属、滑刃线虫属、螺旋线虫属、肾状线虫属、矮化线虫属、茎线虫属、真滑刃线虫属、丝矛线虫属、矛线线虫科、小盘旋线虫属。

其他：蜈蚣属。

笔筒树除害处理

药物浸泡笔筒树

截获或关注的部分有害生物介绍：

·毛刺线虫属

分类地位：三矛目 Triplonchida Cobb，1920 毛刺科 Trichodoridae (Thorne，1935) Clark，1961

学　　名：*Trichodorus* Cobb，1913

形态特征：热杀死后，雌虫虫体腹弯，固定后角质层不强烈膨大。食道球状、缢缩，极少数食道腺背部或腹部覆盖肠。雌虫双生殖腺、对生、转折、有受精囊。阴道长约阴门处体宽的1/2，腹面的阴门孔状、横裂状或极少纵裂状。

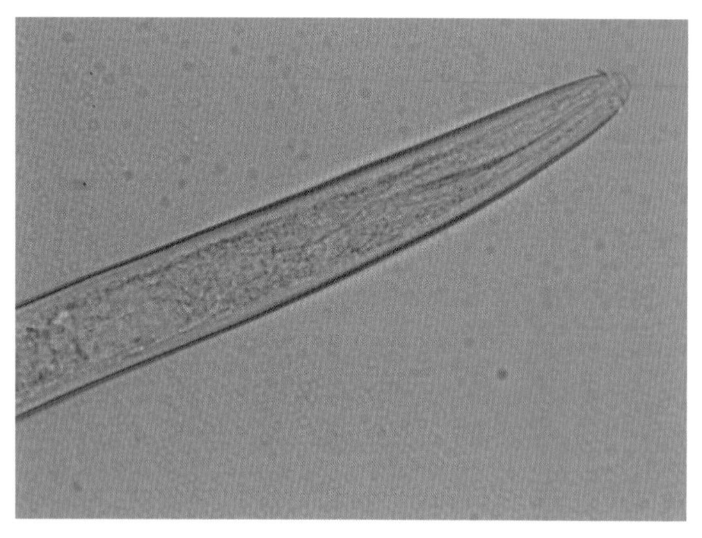

毛刺线虫属头部

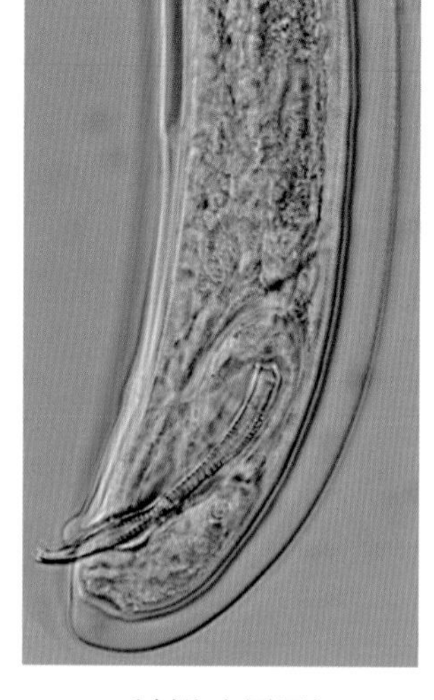

毛刺线虫属尾部

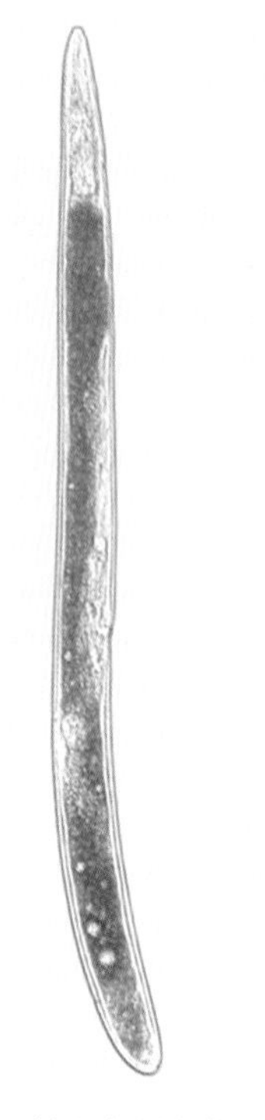

毛刺线虫属整体 1

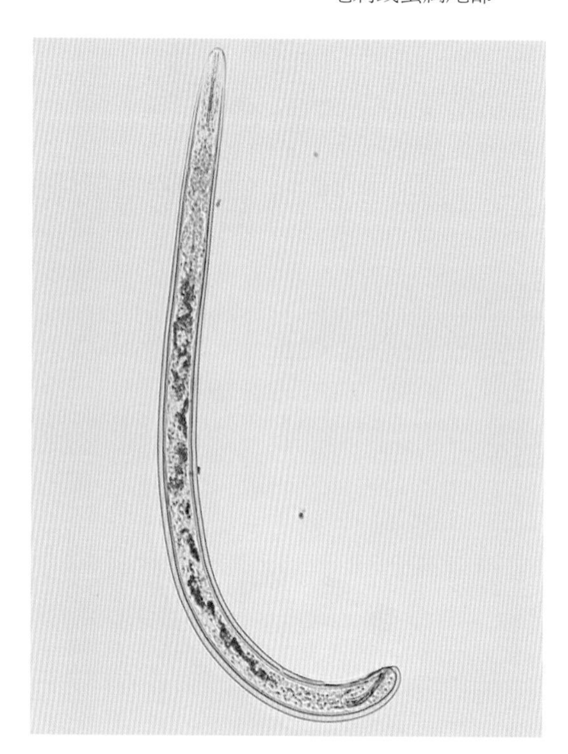

毛刺线虫属整体 2

第二节　桫 椤

分类地位： 桫椤科 Cyatheaceae 桫椤属 *Alsophila* R.Br.

学　　名： *Alsophila spinulosa* (Wall.ex Hovk.) R.M.Tryon

别　　名： 台湾桫椤、蛇木。

原 产 地： 印度、尼泊尔。

形态特征：树形蕨类植物；茎直立，高1～3米。叶顶生；叶柄和叶轴粗壮，深棕色，有密刺；叶片大，纸质，长达3米，三回羽裂，羽片矩圆形，长30～50厘米，中部宽13～20厘米，羽轴下面无毛（下部有梳刺），上面连同小羽轴疏生棕色卷曲有节的毛，小羽轴和主脉下面有略呈泡状的鳞片，沿叶脉下面有疏短毛；小羽片羽裂几达小羽轴；裂片披针形，短尖头，有疏锯齿。叶脉分叉。孢子囊群生于小脉分叉点上凸起的囊托上，囊群盖近圆球形，膜质，下位，初时向上包被囊群，成熟时裂开，压于囊群下或几消失。

桫椤植株 1

桫椤植株 2

货物特征：运输一般为带遮网的开顶柜；植株裸根、不带枝叶。

引种国家或地区：中国台湾。

检疫要点：

1. 观察植株茎叶病症，是否有真菌、细菌等症状；检查枝叶有无带害虫，并取样进行实验室鉴定。
2. 实验室检查植株根部有无地下害虫；取根部及介质进行线虫分离鉴定。
3. 注意观察盆栽带杂草情况。

截获的有害生物：

线虫：滑刃线虫属、茎线虫属、真滑刃线虫属。

截获或关注的部分害生物介绍：

·滑刃线虫属

分类地位：真滑刃目 Aphelenchida Siddiqi，1980 滑刃科 Aphelenchoididae Paramonov,1953

学　　名：*Aphelenchoides* Fischer,1894

形态特征：虫体细长，长度有变异，口针有基部球。中食道球发达，卵圆形或方圆形，后食道腺发达，覆盖肠的背面；卵母细胞单行或多行排列，后子宫囊通常很发达，长度有变异。交合刺一对，玫瑰刺形，喙突凸起。雄虫无抱片或引带。两性的尾非长丝形，但通常渐狭，圆锥形，尾端通常有一个或多个尾尖突。

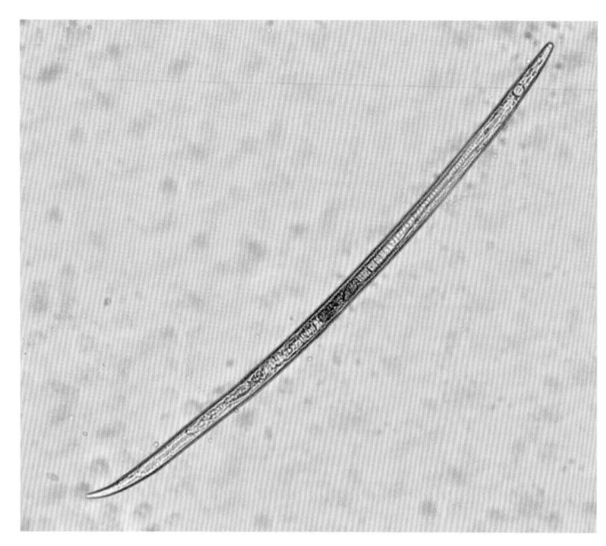

滑刃线虫整体

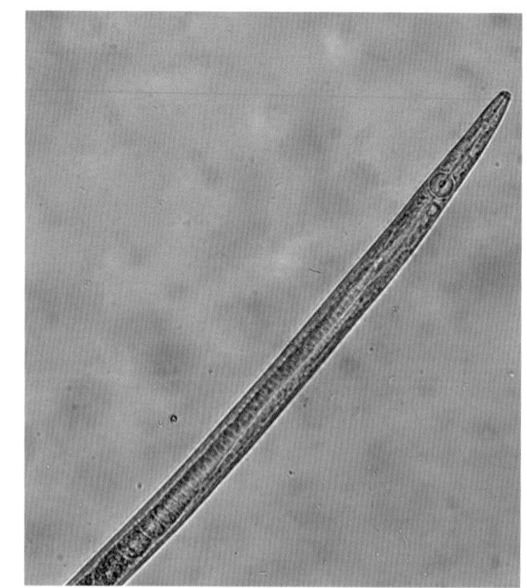

滑刃线虫体前部

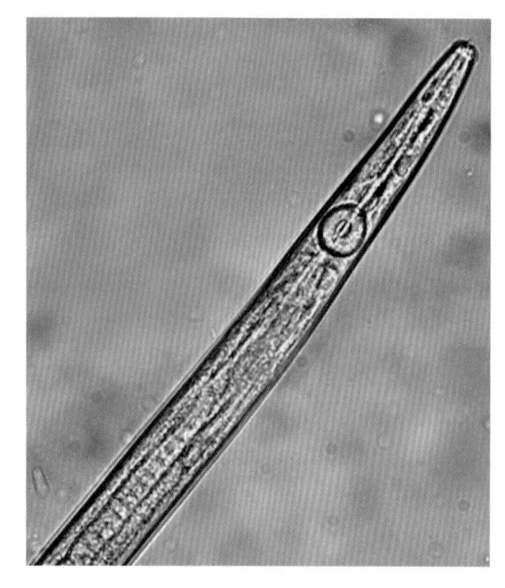

滑刃线虫头部

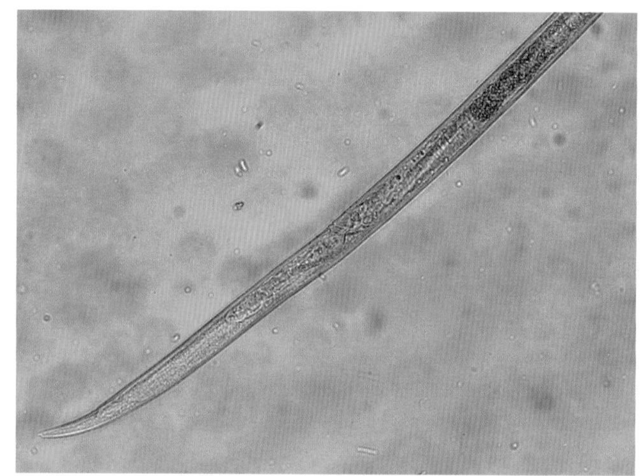

滑刃线虫尾部

第三十六章　桃金娘科

第一节　红千层

分类地位： 桃金娘科 Myrtaceae 红千层属 *Callistemon* R. Br.

学　　名： *Callistemon rigidus* R. Br.

别　　名： 瓶刷木、金宝树。

原 产 地： 澳大利亚。

形态特征： 乔木或灌木；叶互生，有油腺点，长圆形或披针形；花红色，无梗；萼筒钟形，裂片5，脱落；花瓣5，脱落；雄蕊多数，红色；子房下位，蒴果顶端开裂。新老叶片聚生，形成叶幕层次。穗状花序着生枝顶，长10厘米似瓶刷状，花无柄，苞片小，花瓣5枚，雄蕊多数，长2.5厘米，整朵花均呈红色，簇生于花序上，形成奇特美丽的形态。蒴果直径7毫米，半球形，顶部平。

红千层种苗 1

红千层种苗 2

货物特征： 运输一般为带遮网开顶柜；植株为包根带介质，或为盆栽小苗。

引种国家或地区： 澳大利亚。

检疫要点：

1. 观察植株茎叶病症、害虫等情况，并取样进行实验室鉴定。

2. 取根部及介质进行线虫分离鉴定。

3. 观察根部杂草情况。

截获的有害生物：

真菌：葡萄孢菌属、轮枝孢菌属、座枝孢属、青霉菌属、枝顶孢霉属、镰孢菌属。

截获或关注的部分有害生物介绍：

·草莓滑刃线虫

分类地位：滑刃科 Aphelenchoididae Paramonov,1925 滑刃属 *Aphelenchoides* Fuscher,1894

学　　名：*Aphelenchoides fragariae*（Ritzema Bos，1891）Christie，1932

形态特征：雌虫特征：虫体长度中等到长（450～800微米），雌虫体形较细，热杀死后虫体直至弯；头部高、光滑，前端平，连续或略缢缩，口针细，长10～11微米，基部球小但明显，中食道球很发达。卵巢伸展，卵母细胞单行，后子宫囊很长，通常含有精子。尾长圆锥形，末端钝尖，无尾尖突。雄虫单精巢、前伸，有3对腹亚中尾乳突；无交合伞，交合刺玫瑰刺形，有中度发达的基顶和基喙。

第二节　嘉宝果

分类地位：桃金娘科 Myrtaceae 拟香桃木属 *Myrciaria* Berg.

学　　名：*Myrciaria cauliflora* Berg.

别　　名：树葡萄、拟香桃木。

原 产 地：巴西。

形态特征：常绿灌木；米色薄树皮随着树干增大而脱落，很像巴乐，叶子深绿色长椭圆形。每年春、秋二季开花，果实直径约2.5厘米，多汁的果肉内含一至四颗小种子；果皮含单宁酸另有轻微的树脂味道。果实生长在树干及主枝上，在中国台湾春、秋季可结果两次。

嘉宝果幼苗

嘉宝果果实

货物特征： 运输一般为带遮网的开顶柜；植株包根带介质，小株或为盆栽。

嘉宝果货柜照 1

嘉宝果货柜照 2

引种国家或地区： 中国台湾。

检疫要点：

1. 观察植株茎叶病症，是否有真菌、细菌等症状；检查枝叶有无带害虫，并取样进行实验室鉴定。
2. 实验室检查植株根部有无地下害虫；取根部及介质进行线虫分离鉴定。
3. 注意观察盆栽带杂草情况。

嘉宝果隔离放置 1

嘉宝果隔离放置 2

截获的有害生物：

线虫：滑刃线虫属、真滑刃线虫属、小盘旋线虫属、螺旋线虫属、茎线虫属、头垫刃线虫属。

截获或关注的部分有害生物：

· 太平洋剑线虫

分类地位： 矛线目 Dorylaimida Pearse，1942 长针科 Longidoridae(Thome,1935) Meyl，1961 剑属 *Xiphinema* Cobb，1913

学　　名： *Xiphinema radicicola* Goodey,1936

形态特征： 雌虫：虫体长，约2.0毫米，热杀死后虫体腹弯呈“C”形。头部圆，略缢缩。齿尖针细长、针状，齿尖针基部呈叉状，齿托基呈凸缘状；齿针导环为双环，后环高度骨化，位于齿针中间附近。阴门靠近虫体的前部，阴道与虫体垂直；单生殖腺，前生殖腺完全退化，后生殖腺发达。雌虫尾短圆锥形，端有指状突起，幼虫的尾部略长。

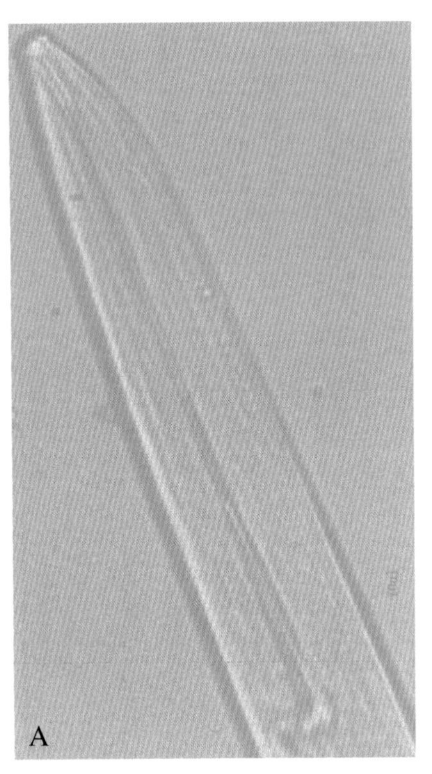

太平洋剑线虫显微形态特征图

A. 雌虫的齿针及导环　B. 雌虫阴门区

第三节　洋蒲桃

分类地位： 桃金娘科 Myrtaceae　蒲桃属 *Syzygium* Gaertn.

学　　名： *Syzygium samarangense*（Bl.）Merr. et Perry

别　　名： 紫蒲桃、爪哇蒲桃、金山蒲桃、莲雾。

原 产 地： 马来半岛。

形态特征： 乔木，高12米；嫩枝压扁；叶对生；叶柄极短，长不过4毫米；叶片薄革质，椭圆形至长圆形，长10～22厘米，宽6～8厘米；先端钝或稍尖，基部变狭，圆形或微心形，上面干后变黄褐色，下面多细小腺点；侧脉14～19对，离边缘5毫米处互相结合成边脉，另在靠近边脉1.5毫米处有1条附加边脉，有明显网脉。聚伞花序顶生或腋生，长5～6厘米，有花数朵；花白色；萼管倒圆锥形，萼齿4，半圆形；雄蕊极多，长约1.5厘米，花柱长2.5~3厘米。果实梨形或圆锥形，肉质，洋红色，发亮，长4～5厘米，先端凹陷，有宿存的肉质萼片。种子1枚。

洋蒲桃种苗

洋蒲桃果实

货物特征： 运输一般为带遮网的开顶柜；植株带介质，根部有包装或为小株盆栽。

引种国家或地区： 印度尼西亚。

检疫要点：

1. 观察植株茎叶病症，是否有真菌、细菌等症状；检查枝叶、果实有无带害虫，并取样进行实验室鉴定。

2. 实验室检查植株根部有无地下害虫；取根部及介质进行线虫分离鉴定。

3. 注意观察盆栽带杂草情况。

截获的有害生物：

昆虫：番石榴果实蝇、橘小实蝇、堆粉蚧属、螟蛾科。

真菌：青霉菌属、棕榈疫霉。

截获或关注的部分有害生物介绍：

・橘小实蝇

分类地位： 双翅目 Diptera 实蝇科 Tephritidae 寡鬃实蝇亚科 Dacinae

学　　名： *Bactrocera dorsalis*（Hendel）

寄　　主： 柑橘、芒果、番石榴、番荔枝、阳桃、枇杷等200余种果实。

分　　布： 美国、澳大利亚、印度、巴基斯坦、日本、菲律宾、印度尼西亚、泰国、越南等，中国广东、广西、福建、四川、湖南、台湾等省。

形态特征： 成虫体长一般7～8毫米，翅透明，翅脉黄褐色，有三角形翅痣。全体深黑色和黄色相间。胸部背面大部分黑色，黄色的“U”形斑纹十分明显。腹部黄色，第1、第2节背面各有一条黑色横带，从第3节开始中央有一条黑色的纵带直抵腹端，构成一个明显的“T”形斑纹。雌虫产卵管发达，由

3节组成。卵梭形，长约1毫米，宽约0.1毫米，乳白色。幼虫蛆型，老熟时体长约10毫米，黄白色。蛹为围蛹，长约5毫米，全身黄褐色。

橘小实蝇成虫 背面观

橘小实蝇雌虫产卵管

第四节　蒲　桃

分类地位：桃金娘科 Myrtaceae 蒲桃属 *Syzygium* Gaertn.

学　　名：*Syzygium jambos* (L.) Alston.

别　　名：水蒲桃、香果、响鼓、风鼓。

原 产 地：东南亚。

形态特征：常绿小乔木或乔木，高可达10米；主干短，分枝较多，树皮褐色且光滑，小枝圆形。叶多而长，披针形，长约12厘米，革质。聚伞花序顶生，小花为完全花，子房下位，柱头针状，与雄蕊等长，受精、结果率不高。核果状浆果，内有种子1～2枚。成熟果实水分较少，有特殊的玫瑰香味，故称之为“香果”。种子的种皮干化，呈中空状态，只有一肉质连丝与果肉相连接，可以在果腔内随意滚动，并能摇出声响，因此又称其为“响鼓”。当果实出现这种“响鼓”的现象，则说明其已经成熟。

蒲桃植株

蒲桃花

货物特征：运输一般为带遮网的开顶柜；植株包根带介质、带枝叶，小株或为盆栽。

引种国家或地区：泰国、马来西亚、中国台湾。

检疫要点：

1. 观察植株茎叶病症，是否有真菌、细菌等症状；检查枝叶、果实有无带害虫，并取样进行实验室鉴定。
2. 实验室检查植株根部有无地下害虫；取根部及介质进行线虫分离鉴定。
3. 注意观察盆栽带杂草情况。

烧毁携带香蕉穿孔线虫的蒲桃种苗 1　　烧毁携带香蕉穿孔线虫的蒲桃种苗 2

截获的有害生物：

线虫：香蕉穿孔线虫、短体线虫属、毛刺线虫属、穿刺短体线虫、根结线虫、拟毛刺线虫属、滑刃线虫属、真滑刃线虫属、丝矛线虫属、茎线虫属、矛线虫科、矮化线虫属、螺旋线虫属、突腔唇线虫属、长尾线虫科。

截获或关注的部分有害生物介绍：

· 南洋臀纹粉蚧

分类地位：同翅目 Homoptera 蚧总科 Coccoidea 粉蚧科 Pseudococcidae

学　　名：*Planococcus lilacius* Cockorell

寄　　主：番荔枝、番石榴、杜鹃花、变叶木、血桐、野梧桐、唐草蒲、台湾相思、合欢、落花生、羊蹄甲、刺桐、丁香、菠萝蜜、蒲桃、阳桃、刺葵、露兜树、石榴、枣人心果、臭椿、烟草、茄、柚木、葡萄。

分　　布：菲律宾、柬埔寨、日本、泰国、印度尼西亚、越南、中国（台湾）等。

形态特征：雌成虫卵形，长1.3～3.5毫米，宽0. 8～1.8毫米。触角8节，眼在其后。足粗大，后足基节和胫节上有许多透明孔。腹脐大且有节间褶横过。背孔2对，内缘硬化，孔瓣上有三格腺20～22个，附毛3～8根。肛环在近背末，有成列环孔和6根长环毛。尾瓣略突，腹面有硬化棒，端毛长于环毛。刺孔群18对，各有2根锥刺，末对有20个三格腺和3根附毛于浅硬化片上，其他对则具有7～12个三格腺。三格腺均匀分布背、腹面。多格腺仅分腹面，即在第4～7腹节中区排成横列，第8～9节成带，个别或在其他体面。体背无腺，腹面管腺较少，在体缘成群，在第4～7腹节中区、亚中区成单横列，少数在其他面，特别是足基附近。体毛细长，背毛较粗，腹部各刺孔群旁常有1根小刺。

南洋臀纹粉蚧的雌、雄成虫

第三十七章　藤黄科

菲岛福木

分类地位： 藤黄科 Guttiferae　藤黄属 *Garcinia* L.

学　　名： *Garcinia subelliptica* Merr.

别　　名： 福树、福木。

原 产 地： 菲律宾、印度、琉球、锡兰。

形态特征： 常绿乔木；叶片对生，椭圆形，全缘，厚革质，顶略钝、圆形或微凹。花单朵腋生，乳黄色，夏季开花。浆果宽长圆形，表面光滑，有臭味，几乎无柄，熟时金黄色。

菲岛福木植株

菲岛福木种苗

菲岛福木果实

菲岛福木种子

货物特征： 运输一般为带遮网的开顶柜或半开门柜；植株带介质，根部有包装；小株或为盆栽。

菲岛福木货柜照 1

菲岛福木货柜照 2

引种国家或地区： 中国台湾。

检疫要点：

1. 观察植株茎叶病症，是否有真菌、细菌等症状；检查枝叶有无带害虫，并取样进行实验室鉴定。
2. 实验室检查植株根部有无地下害虫；取根部及介质进行线虫分离鉴定。
3. 注意观察盆栽带杂草情况。

菲岛福木现场查验 1

菲岛福木现场查验 2

菲岛福木后续监管 1

菲岛福木后续监管 2

截获的有害生物：

昆虫：新菠萝灰粉蚧、七角星蜡蚧、黑褐圆盾蚧。

线虫：短体线虫属、根结线虫属、小盘旋线虫属、丝矛线虫属、真滑刃线虫属，滑刃线虫属、长尾线虫属、茎线虫属。

真菌：喀斯特炭疽菌、疫霉属。

其他：非洲大蜗牛。

菲岛福木上炭疽病致病症状 1

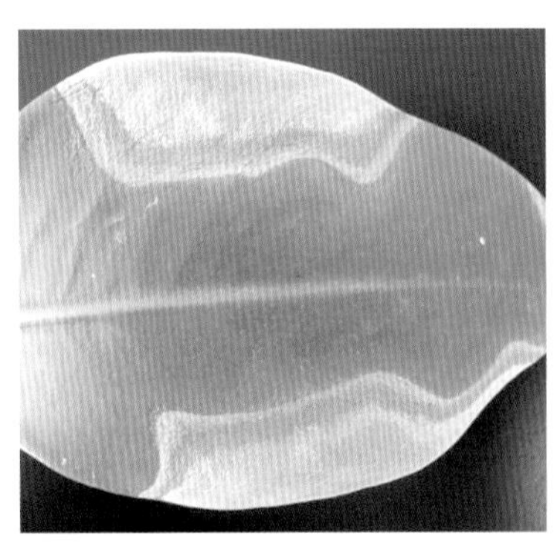

菲岛福木上炭疽病致病症状 2

菲岛福木疫病

菲岛福木褐斑病症状

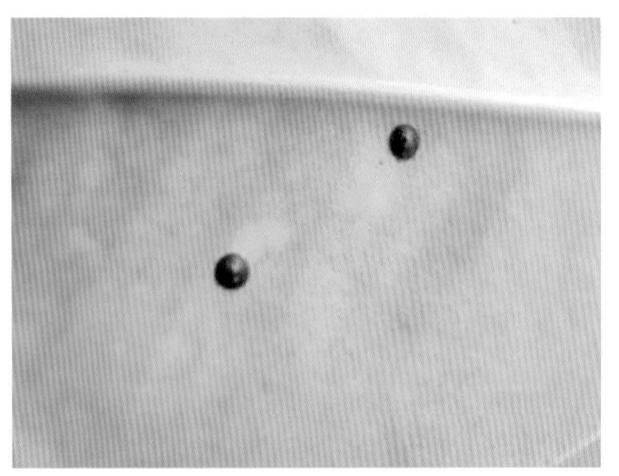

菲岛福木上褐圆盾蚧（*Chrysomphalus aonidum*）

截获或关注的部分有害生物介绍：

·七角星蜡蚧

分类地位： 同翅目 Homoptera 蚧科 Coccidae 星蜡蚧属 *Vinsonia* Signoret, 1872

学　　名： *Vinsonia stellifera*（Westwood）

寄　　主： 芒果、柑橘、香蕉、黑板树、台湾乌木、菲岛福木、樟树、印度榕树、蒲桃、玫瑰苹果、铁线蕨、栀子、旅人蕉。

分　　布： 婆罗洲、印度、日本、爪哇、马来西亚、密克罗尼西亚、巴基斯坦、菲律宾群岛、斯里兰卡、泰国、越南、荷兰、安哥拉、佛得角、科特迪瓦、肯尼亚、毛里求斯、普林西比岛、留尼旺岛、塞舌尔、坦桑尼亚、中国台湾。

形态特征： 雌成虫体椭圆形，头部与胸部之间有一条横沟分隔。触角细小，6节。足细小，胫节与跗节愈合，爪下侧无小齿。肛孔开口在硬化的管状突起的顶端。肛片1对。五孔腺在气沟分布。身体边缘有毛。气沟缘刺7根左右。在触角着生点之间有一列长刚毛。体被不透明的厚蜡层，并有7枝指形突出。体前端1枝，左右两侧各3枝，整个蜡层呈七角星状。

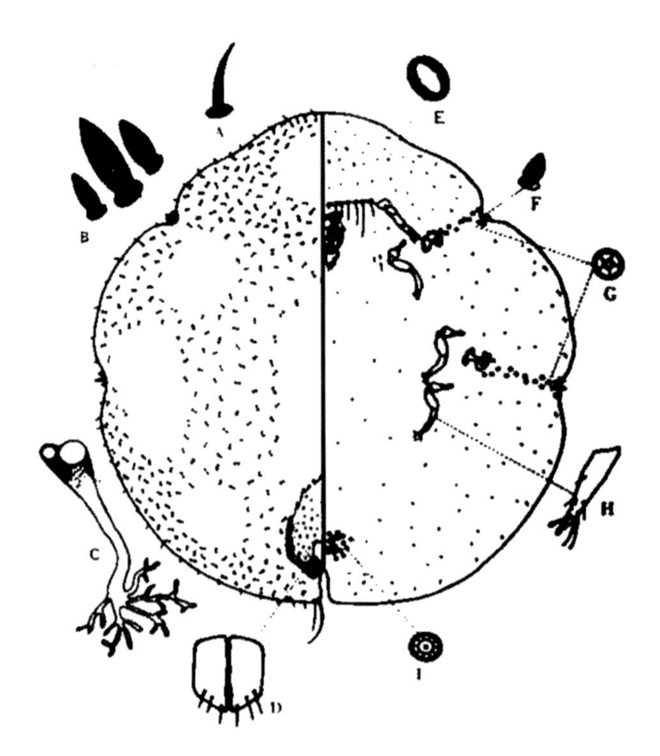

七角星蜡蚧［引自Hamon 1984（a）］

·新菠萝灰粉蚧

分类地位：同翅目 Homoptera 粉蚧科 Pseudococcidae 洁粉蚧属 *Dysmicoccus*

学　　名：*Dysmicoccus neobrevipes* Beardsley

寄　　主：凤梨、番荔枝、柑橘、椰子、香蕉、仙人掌、变叶木、合欢、番茄、石榴、茄、人心果、柚木等。

分　　布：菲律宾、泰国、越南、意大利（西西里岛）、北美洲、南美洲等。

形态特征：若虫：体呈淡黄色至淡红色，触角及足发达、活泼，一龄体长约0.18毫米，二龄体长1.11～1.13毫米，此龄便可产生白色蜡粉，三龄体长约2.10毫米。成虫：体呈淡红色，体长2～3毫米，体卵形而稍扁平，披白色蜡粉，触角退化，行走缓慢。

新菠萝灰粉蚧为害状

新菠萝灰粉蚧雌成虫

· 黑褐圆盾蚧

分类地位： 同翅目 Homoptera 蚧总科 Coccoidea 盾蚧科 Diaspididae 褐圆盾蚧属 *Chrysomphalus*

学　　名： *Chrysomphalus ficus*（Ashmead，1880）

寄　　主： 山茶花、叶兰、柑橘、无花果、椰子等多种植物。

形态特征： 雌成虫介壳色泽似有变化，但趋于暗褐色或黑色，圆形，略突；壳点在中央，色较之蜡蚧为淡；雄介壳色泽与质地同雌介壳，椭圆，壳点近一端。雌介壳长约2毫米，雄介壳长约1毫米。雌成虫老熟时体前部膜质或有时仅稍硬化。

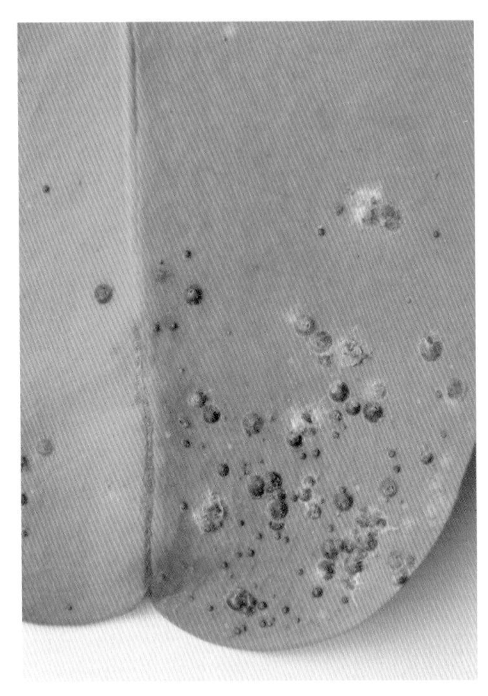

菲岛福木叶片正面的黑褐圆盾蚧成虫

黑褐圆盾蚧为害状

· 喀斯特炭疽菌

分类地位： 半知菌亚门 Deuteromycotina　腔孢纲 Coelomycetes　黑盘孢目 Melanconiales 黑盘孢科 Melanconiaceae　炭疽菌属 *Colletotrichum* sp. 其有性型为子囊菌小丛壳 *Glomerella* sp.

学　　名： *Colletotrichum karstii*

寄　　主： 毛叶番荔枝、辣椒、番木瓜、君子兰、巨桉、番茄、兰科、芸香科、芒果、鸡蛋果、观叶花烛、异株木犀榄、甜瓜、软枝黄蝉、木棉缕、发财树、观赏海棠、陆地棉、可可树、卷丹、巨大帕洛特、帝王花、芭蕉、菲岛福木。

分　　布： 全世界广泛分布。

形态特征： 寄主上，分生孢子盘圆形到椭圆形，不规则分散，表皮下着生，成熟时穿破寄主表皮，形成黄色分生孢子团，有刚毛。刚毛深褐色，向顶端渐细，4~8个隔，基部和顶端色浅，（46~104）微米×（5~7）微米。分生孢子，（11~42）微米×（4~7.5）微米，无色，通常1个细胞，有时2~3个细胞，不分枝，产孢细胞基部较宽，向顶渐细，呈锥状。分生孢子单孢，光滑，圆柱状，基部平截，顶端钝圆，基部较宽、向顶渐细，呈锥状。

为害症状： 为害植株后形成叶斑，果实和枝条枯死，造成果实腐烂，影响果蔬品质及园林植物观赏价值。

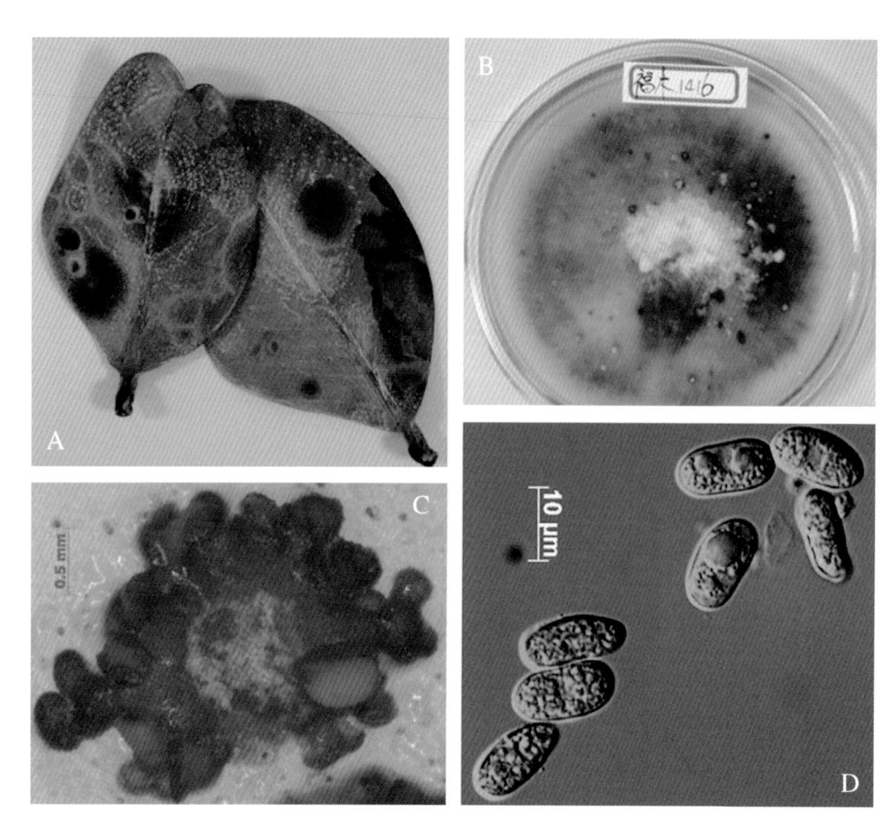

A. 截获的福木炭疽病叶片症状　B. 分离获得的纯菌落
C. 分生孢子团　D. 分生孢子症状及病菌
（拍摄：王卫芳）

截获信息：2013年广东口岸从我国台湾进境的菲岛福木上首次截获喀斯特炭疽菌。

福木除害处理

第三十八章　天南星科

学　　名： Araceae

形态特征： 单子叶植物，115属，2 000余种，广布于全世界，但92%以上产自热带。我国有35属，206种（其中有4属，20种系引种栽培的）。草本，具块茎或伸长的根茎，有时茎变厚而木质，直立、平卧或用小根攀附于他物上，少数浮水，常有乳状液汁；叶通常基生，如茎生则为互生，呈2行或螺旋状排列，形状各式，剑形而有平行脉至箭形而有网脉，全缘或分裂；花序为一肉穗花序，外有佛焰苞包围；花两性或单性，辐射对称；花被缺或为4～8个鳞片状体；雄蕊1至多数，分离或合生成雄蕊柱，退化雄蕊常存在；子房1，由一至数心皮合成，每室有胚珠1至数颗；果浆果状，密集于肉穗花序上。

龟背竹

火鹤花

货物特征： 运输一般为密闭货柜，大部分需冷藏；植株一般盆栽带介质，部分有纸箱包装。

检疫要点：

1. 检查植株枝叶有无带病虫等情况，注意检查细小的昆虫。
2. 观察植株茎叶病症，是否有真菌、细菌、病毒等症状，并取样进行实验室鉴定。
3. 取根部及介质进行线虫分离鉴定。
4. 观察盆栽杂草情况。
5. 实验室做病毒分离鉴定。

重要有害生物：

线虫：香蕉穿孔线虫、根结线虫（非中国种）、草莓滑刃线虫、长针线虫（传毒种类）、毛刺线虫（传毒种类）、短体线虫、剑线虫。

第一节　白　掌

分类地位： 天南星科 Araceae 白鹤芋属 *Spathiphyllum* Schott

学　　名： *Spathiphyllum floribundum* Clevelandii

别　　名：苞叶芋、一帆风顺、和平芋。

原 产 地：哥伦比亚。

形态特征：多年生常绿草本观叶植物。株高40～60厘米，具短根茎，多为丛生状。叶长圆形或近披针形，两端渐尖，基部楔形。花为佛苞，微香，呈叶状，无花瓣，只是由一块白色的苞片和一条黄白色的肉穗所组成，酷似手掌，故名白掌；花大而显著，花梗长而高出叶面，白色或绿色。

白掌植株 1

白掌植株 2

引种国家或地区：哥伦比亚。

检疫要点：

1. 观察植株茎叶病征，是否有真菌、细菌等症状；检查枝叶有无带害虫，并取样进行实验室鉴定。
2. 实验室检查植株根部有无地下害虫；取根部及介质进行线虫分离鉴定。
3. 注意观察盆栽带杂草情况。

截获的有害生物：

线虫：短体线虫属（非中国种）、穿刺短体线虫。

截获或关注的部分有害生物介绍：

· 穿刺短体线虫

分类地位：垫刃目 Tylenchida Thorne,1949　短体科 Pratylenchidae Thorne,1949　短体属 *Pratylenchus* Filipjev,1936

学　　名：*Pratylenchus penetrans* (Cobb,1917) Chitwood & Oteifa,1952

形态特征：雌虫体粗短（$L<1$毫米，$a=20\sim30$，偶尔$a=40$）（a：体长/虫体最宽处体宽），侧区通常有4条侧线。头部低平（高度通常小于头基环直径的1/2），头部连续到略缢缩，头架骨化显著。口针粗短，基部球发达，食道腺覆盖肠腹面。雌虫单生殖腺、前伸，有后阴子宫囊；尾长是肛门处体宽的2～3倍，尾端圆、钝（很少尖）。雄虫交合伞延伸到尾端，引带不伸出泄殖腔。

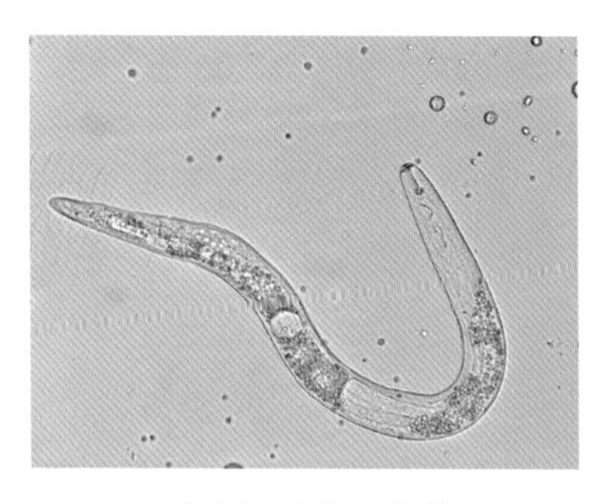

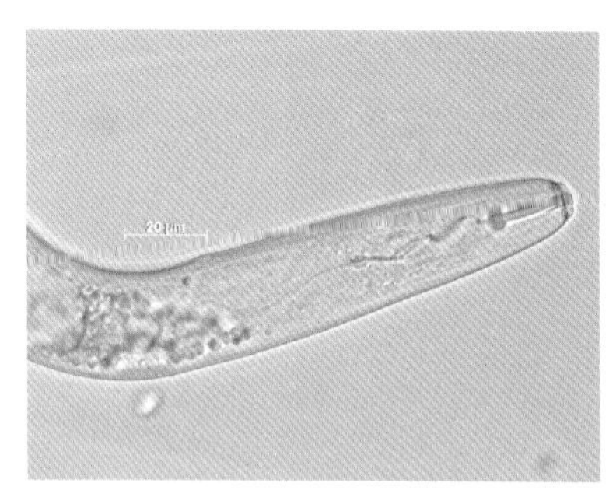

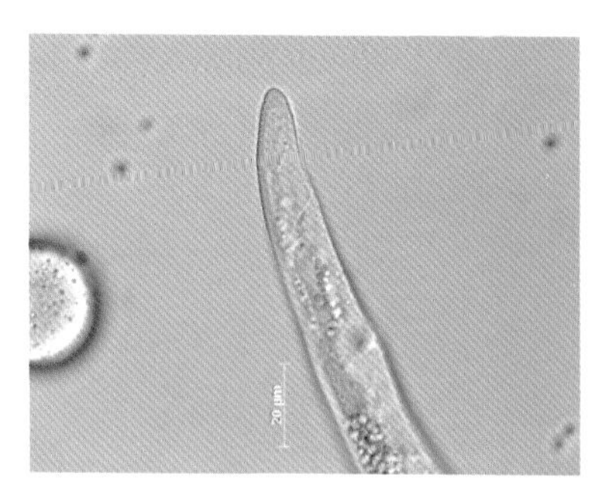

穿刺短体线虫整体　　穿刺短体线虫头部　　穿刺短体线虫尾部

第二节　菖 蒲

分类地位：天南星科 Araceae　菖蒲属 *Acorus* L.

学　　名：*Acorus calamus* L.

别　　名：臭菖蒲、水菖蒲、泥菖蒲、大叶菖蒲、白菖蒲。

原 产 地：中国及日本，前苏联至北美也有分布。

形态特征：水生植物；叶剑形，具明显突起的中脉，基部叶鞘套折，有膜质边缘；花葶基出，短于叶片，稍压扁；佛焰苞叶状；肉穗花序圆柱形；花两性，花被片6，顶平截而内弯，雄蕊6，花丝扁平，约等长于花被，花药淡黄色，稍伸出于花被；子房顶端圆锥状，花柱短，3室，每室具数个胚珠。果紧密靠合，红色。

菖蒲植株

菖蒲花蕊

引种国家或地区：比利时、南非。

检疫要点：

1. 观察植株茎叶病症，并取样进行实验室鉴定。

2. 取根部及介质进行线虫分离鉴定。

3. 观察盆栽杂草情况。

截获的有害生物：

线虫：长尾科、茎线虫属、矛线线虫科、真滑刃线虫属、滑刃线虫属。

第三节　龟背竹

分类地位：天南星科 Araceae 龟背竹属 *Monstera* Schott

学　　名：*Monstera deliciosa* Liebm.

别　　名：麒麟叶、麒麟尾。

原 产 地：墨西哥。

形态特征：攀援灌木；叶薄革质，幼叶披针状矩圆形而全缘，老叶轮廓为宽矩圆形，羽裂或羽状深裂达中脉，裂片宽条形；叶柄顶端膝状膨大，边有狭膜呈纤维状撕裂。总花梗基部具撕裂成纤维状的芽苞叶鞘的残迹；佛焰苞，外绿色内黄色；花两性，无花被；雄蕊4，花丝约等长于子房；子房顶平截，呈6角形，花柱近不存在，柱头顶面观直条形，胚珠1～3颗。果紧密靠合，种子肾形。

龟背竹 1

龟背竹 2

引种国家或地区：墨西哥、美国、中国台湾。

检疫要点：

1. 观察植株茎叶病征，是否有真菌、细菌、病毒等症状，并取样进行实验室鉴定。

2. 取根部及介质进行线虫分离鉴定。

3. 观察盆栽杂草情况。

截获的有害生物：

线虫：滑刃线虫属。

真菌：镰孢菌属、青霉菌属、轮枝孢菌属、枝孢菌

龟背竹种子

属、尖孢镰刀菌、胶孢炭疽病菌。

截获或关注的部分有害生物介绍：

·轮枝孢菌属

分类地位：半知菌亚门 Deuteromy cotina 丝孢纲 Hyphomycetes 丝孢目 Hyphomycetales

学　　名：*Verticillium*

形态特征：分生孢子梗轮状分枝，产孢细胞基部略膨大；分生孢子内生芽殖型，单细胞，卵圆形至椭圆形，单生或聚生。

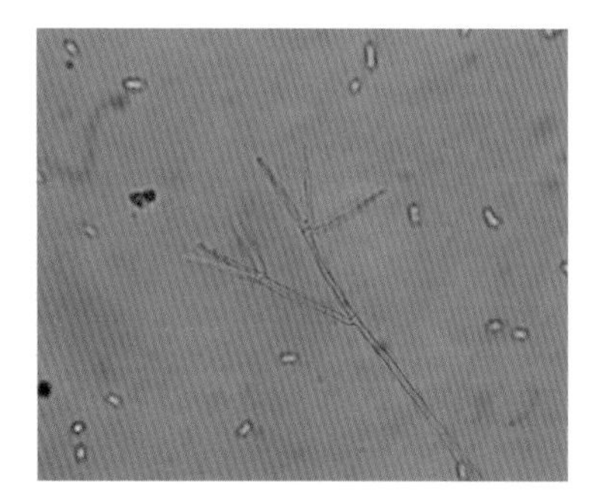

分生孢子梗 1

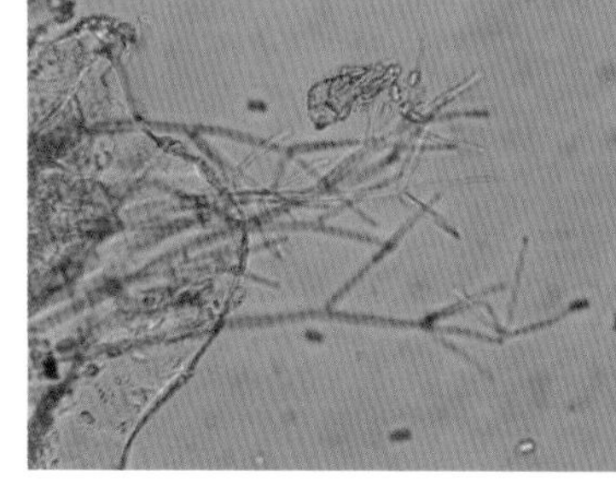

分生孢子梗 2

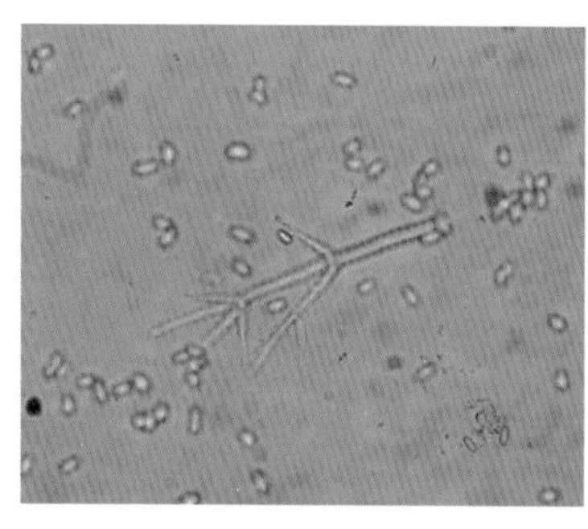

分生孢子

·龟背竹炭疽病

症状与为害：该病病斑多发于叶缘。病斑大，不规则形，浅褐色，斑缘褐色略隆起，斑外围有黄色晕圈。该病由胶孢炭疽菌 *Colletotrichum gloeosporioides* 引起，病原菌特征见第三章变叶木胶孢炭疽病。

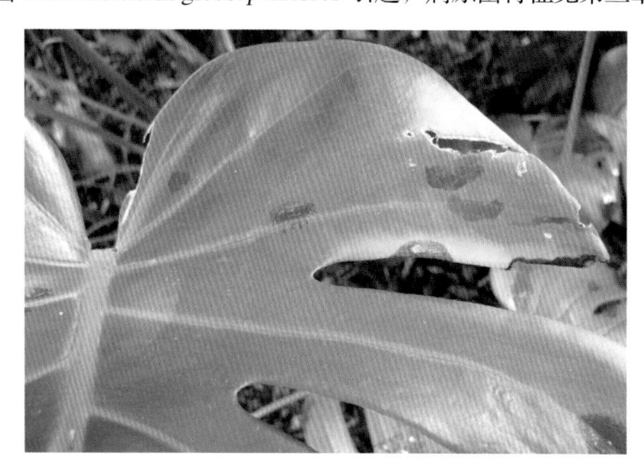

龟背竹炭疽病症状

第四节　海　芋

分类地位：天南星科 Araceae 海芋属 *Alocasia* Schott

学　　名：*Alocasia macrorrhiza* (Linn.) Schott

别　　名：广东狼毒、痕芋头、天芋、天荷、观音莲、羞天草、隔河仙、观音芋。

原 产 地：南美洲。

形态特征：茎粗壮，皮茶褐色，多黏液；叶聚生茎顶，盾状着生，卵状戟形，基部2裂片分离或稍合生；叶柄长达1米；总花梗长10～30厘米，佛焰苞全长10～20厘米，下部筒状，长4～5厘米，上部稍弯曲呈舟形；肉穗花序稍短于佛焰苞，下部雌花部分长约2厘米，上部雄花部分长约4厘米，二者之间有不孕部分，顶端附属体长5～7厘米；雌花仅具雌蕊，子房1室，具数个基生胚珠；雄花具4个聚药雄蕊；果直径约4毫米，具1颗种子。

海芋植株

海芋花

引种国家或地区：中国台湾。

检疫要点：

1. 观察植株茎叶病症，是否有真菌、细菌、病毒等症状；检查枝叶有无带害虫，并取样进行实验室鉴定。

2. 取根部及介质进行线虫分离鉴定。

3. 观察盆栽杂草情况。

截获的有害生物：

线虫：滑刃线虫属、矛线线虫科。

真菌：胶孢炭疽病菌。

细菌：海芋细菌性叶斑病菌。

病毒：黄瓜花叶病毒。

截获或关注的部分有害生物介绍：

·天蛾科

分类地位：鳞翅目 Lepidoptera

学　　名：Sphingidae

形态特征：体型较大，前翅大而窄长，翅顶角尖，具翅缰和翅缰钩，触角粗厚，端部呈钩。喙发达，非一般蛾类可比。飞翔力强，大多数种类夜间活动，少数日间活动。幼虫肥大，圆柱形，光滑，体面多颗粒。第8腹节背中部有一臀角。

分　　布：世界性分布。

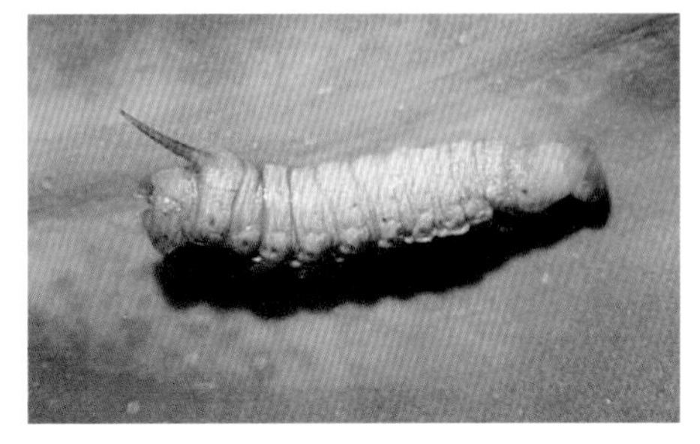

天蛾幼虫

野塘蒿（野外图）

・野塘蒿

分类地位：菊科 Compositae 白酒草属 *Conyza* Less.

学　　名：*Conyza bonariensis*（L.）Cronq.

形态特征：一年生或二年生草本，全体被柔毛，灰绿色。茎直立，基部有分枝，高20～60厘米。基部叶有柄，披针形，边缘具稀疏锯齿；上部叶无柄，条形，全缘，常扭曲。头状花序多数排列成圆锥状。瘦果长圆形，稍扁，略有毛；冠毛白色或淡黄色，刚毛状。

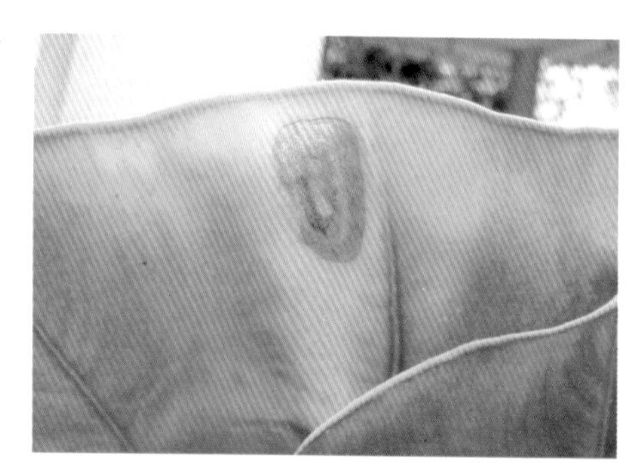
海芋炭疽病

・海芋炭疽病

症状与为害：该病发生在近叶缘处。发病初期叶面上出现黄色小斑点，扩展后病斑呈近圆形或不规则形，褐色；发病后期病斑中央组织为灰白色，斑缘为褐色，病斑周围有黄色晕圈。该病由胶孢炭疽菌*Colletotrichum gloeosporioides*引起，病原菌特征见第三章变叶木胶孢炭疽病。

第五节　火鹤花

分类地位：天南星科 Araceae 花烛属 *Anthurium* Schott

学　　名：*Anthurium andraeanum* Lind.

别　　名：花烛、安祖花、红掌、红鹅掌。

原 产 地：哥伦比亚。

形态特征：株高30～70厘米，叶自短茎中抽生，革质，长心形；全缘，叶脉凹陷，叶柄坚硬细长。花顶生，佛焰苞片具有明亮蜡质光泽，肉穗花序圆柱形，直立，四季开花。

火鹤花种苗 1

火鹤花种苗 2

引种国家或地区：荷兰。

检疫要点：

1. 观察植株茎叶病症，是否有真菌、细菌、病毒等症状；检查枝叶有无带害虫，并取样进行实验室鉴定。

2. 取根部及介质进行线虫分离鉴定。

3. 观察盆栽杂草情况。

截获的有害生物：

昆虫：七角星蜡蚧、史植鳃金龟、日本金龟子、柚叶并盾介壳虫。

线虫：南方根结线虫、香蕉穿孔线虫、根结线虫（非中国种）、草莓滑刃线虫、长针线虫（传毒种类）、毛刺线虫（传毒种类）、短体线虫属、剑线虫属、短体线虫（非中国种）。

真菌：胶孢炭疽菌。

其他：蛞蝓。

火鹤花后续监管

火鹤花叶斑病症状

火鹤花炭疽病症状

截获或关注的部分有害生物介绍：

·火鹤花炭疽病

症状与为害：该病症状较复杂。一种是沿叶脉发生近圆形或不规则形大病斑，褐色，外围有或无黄色晕圈，发病后期中央组织为灰褐色或灰白色。另一种的症状多发生在叶缘，发病初期为褐色小斑点，扩展后为圆形或半圆形病斑，褐色，发病后期病斑中央变为灰白色。该病由胶孢炭疽菌*Colletotrichum gloeosporioides*引起，病原菌特征见第三章变叶木胶孢炭疽病。

·南方根结线虫

分类地位：异皮科 Heteroderidae 根结属 *Meloidogyne*

学　　名：*Meloidogyne incognita*

形态特征：雌虫会阴花纹背弓高、似方形，侧线清晰，光滑到波状，或缺，或由于线纹断裂并且分叉形成刻痕；雄虫头平到凹陷，头部不缢缩，口针长23～25微米，DGO长2～4微米（背食道腺开口到口针基球的距离）；二龄幼虫头部前端平、宽，头部通常有1～3个不完整的环纹，口针基部球缢缩，向后倾斜，尾后部透明区长6～13.5微米。4种常见根结线虫雄虫的主要形态鉴别特征见表10。

表10　4种常见根结线虫雄虫的主要形态鉴别特征

	M.incognita	***M.javanica***	***M.arenaria***	***M.hapla***
头帽	平到凹陷，唇盘高出中唇	高圆，缢缩于头部	低到中等凸起，向后倾斜	高、窄
头部	不缢缩，通常有2～3 个不完整的环纹	缢缩，光滑或有2～3个不完整的环纹	不缢缩，光滑或有1～2个不完整的环纹	缢缩，直径大于第一体环
针锥体部	剑状，顶端钝	直，顶端尖	粗壮，顶端尖	细弱，顶端尖
针杆部	通常柱形，近基部球处常变窄	通常柱形	通常柱形，近基部球处常变宽	柱形，近基部较宽或较窄
针基部球	缢缩，圆到横向延伸，有时前缘呈齿状	缢缩，低，显著横向延伸而变宽	不缢缩，向后倾斜	缢缩，小、圆
针长（微米）	23～25	18～22	20～28	17～23
DEGO（微米）	2～4	2～4	4～8	4～5

雌虫为害植物根部

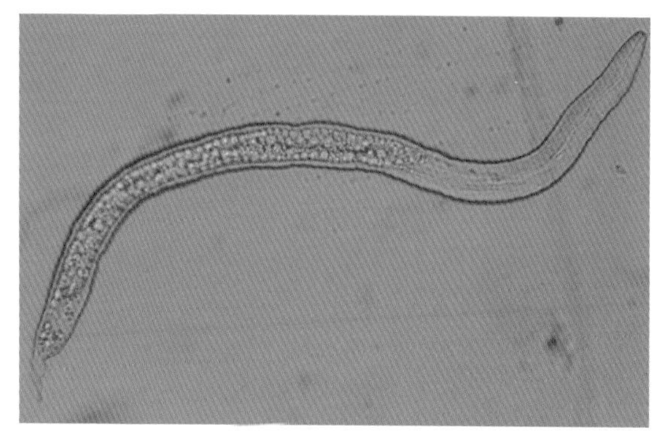

老熟幼虫

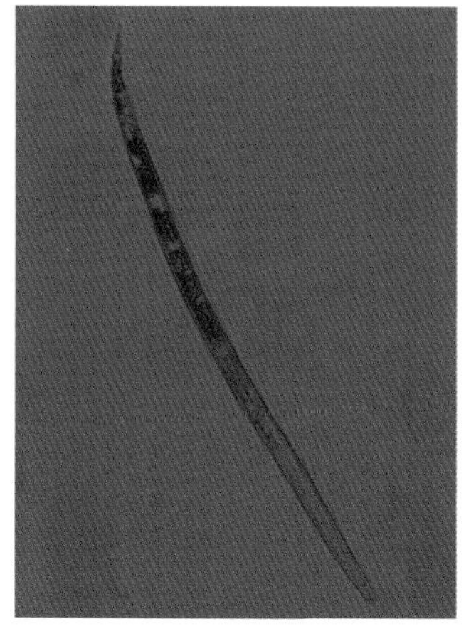

幼虫

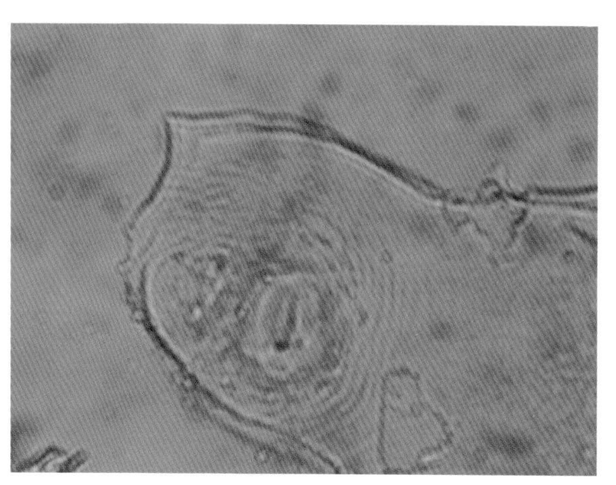

雌虫会阴花纹

第六节 金钱树

分类地位： 鼠李科 Rhamnaceae 马甲子属 *Paliurus* Tourn. ex Mill.

学　　名： *Paliurus hemsleyanus* Rehd，Schir & Olabi

别　　名： 金币树、金钱树、摇钱树。

原 产 地： 非洲。

形态特征： 株高25～50厘米，地下有块茎，地上部无主茎；羽状复叶自地下抽生，每枚复叶有小叶6～10对，小叶在叶轴上呈对生或近对生；卵形，先端锐，全缘，厚革质，明亮富光泽。具2～3年寿命，被新叶不断更新。

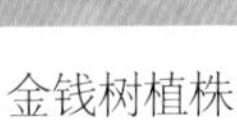

金钱树植株

金钱树种苗

引种国家或地区： 印度尼西亚、中国台湾。

检疫要点：

1. 观察植株茎叶病症，是否有真菌、细菌、病毒等症状；检查枝叶有无带害虫，并取样进行实验室鉴定。
2. 取根部及介质进行线虫分离鉴定。
3. 观察盆栽杂草情况。

药剂浸泡处理带疫金钱树

截获的有害生物：

昆虫：七角星蜡蚧、史植鳃金龟、日本金龟子、柚叶并盾介壳虫、热带火蚁、露尾甲科、铺道蚁属、小家蚁属。

线虫：香蕉穿孔线虫、根结线虫（非中国种）、草莓滑刃线虫、长针线虫（传毒种类）、毛刺线虫

（传毒种类）、剑线虫属、短体线虫属、滑刃线虫属、真滑刃线虫属、茎线虫属、长尾线虫科、丝尾垫刃线虫、针线虫属、肾状线虫属、矛线线虫科、单齿线虫属。

真菌：镰孢菌属。

螨类：根螨。

其他：蛞蝓。

金钱树叶斑病症状 1

金钱树叶斑病症状 2

截获或关注的部分有害生物介绍：

·茎线虫属

分类地位：垫刃目 Tylenchida Thorne,1949　粒科 Anguinidae Nicoll,1935 (1926)

学　　名：*Ditylenchus* Filipjev,1936

形态特征：雌虫一般不肥大，不弯成螺旋形，侧线4条或6条。口针细小，多数长度为7～11微米；中食道球有或无瓣，偶尔无明显的中食道球，峡部与后食道腺之间无缢缩，后食道腺短或长，不覆盖、短覆盖或长覆盖肠。雌虫单生殖腺、前伸；卵巢短或长，有时伸达食道区或转折，卵母细胞1～2行排列，子宫柱状部有4排细胞，后阴子宫囊有或无。雄虫精巢不转折，精细胞大（通常直径3～5微米），交合伞不伸到尾端。两性尾形相似，呈长圆锥形到近柱形，偶尔丝状。寄主不形成虫瘿。

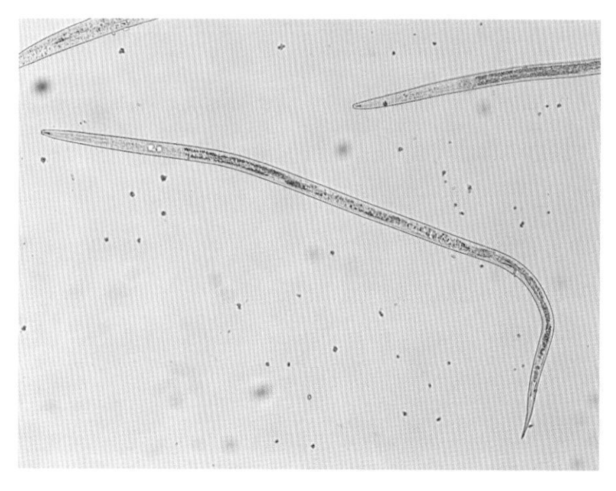

茎线虫整体

第三十九章　无患子科

栾 树

分类地位：无患子科 Sapindaceae 栾树属 *Koelreuteria* Laxm.

学　　名：*Koelreuteria paniculata* Laxm.

别　　名：木栾、栾华、木栾仔、五色栾华、四色树、乌拉。

原 产 地：原产于中国北部及中部。

形态特征：落叶乔木；小枝有柔毛，单数羽状复叶，有时二回或不完全的二回羽状复叶；小叶7～15，纸质，卵形或卵状披针形，边缘具锯齿或羽状分裂。圆锥花序顶生，广展，长25～40厘米，有柔毛。花淡黄色，中心紫色，萼片5，有睫毛；花瓣4，长8～9毫米，雄蕊8。蒴果肿胀长卵形，长4～5厘米，顶端尖锐，边缘有膜质薄翅3片。种子圆形，黑色。

栾树植株

栾树花枝

货物特征：运输一般为带遮网的开顶柜；植株包根带介质。

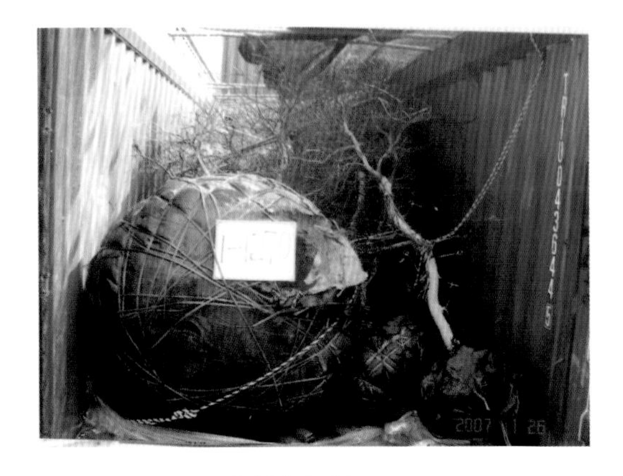

栾树货柜照 1

栾树货柜照 2

栾树货柜照 3

引种国家或地区：中国台湾。

检疫要点：

1. 观察植株茎叶病症，是否有真菌、细菌等症状；检查枝叶有无带害虫，并取样进行实验室鉴定。

2. 观察箱体有无携带蚂蚁、蜗牛等。

3. 实验室检查植株根部有无地下害虫；取根部及介质进行线虫分离鉴定。

4. 注意观察盆栽带杂草情况。

截获的有害生物：

昆虫：盾蚧科、星天牛。

线虫：穿刺根腐线虫、毛刺线虫属（传毒种类）、拟毛刺线虫属（传毒种类）、根结线虫属、短体线虫属、针线虫属、螺旋线虫属、矮化线虫属、滑刃线虫属、真滑刃线虫属、茎线虫属、头垫刃线虫属、小盘旋线虫属、矛线线虫科。

截获或关注的部分有害生物介绍：

・星天牛

分类地位：天牛科 Cerambycidae 星天牛属 *Anoplophora* Hope

学　　名：*Anoplophora chinensis*（Forster）

寄　　主：柏、杉、马尾松、泡桐、栾树、柳树等19科29属48种植物。

形态特征：头部额宽阔，几近方形；复眼小眼面稍粗，下叶大多高胜于宽；触角基瘤突出，头顶较深陷；触角第三节以后各节的基部和端部均有淡色绒毛，鞘翅上有多数白色绒毛斑点，鞘翅肩部无瘤状颗粒突起。

星天牛成虫 背面观

星天牛成虫 侧面观

第四十章　五加科

第一节　鹅掌藤

分类地位： 五加科 Araliaceae　鹅掌柴属 *Schefflera* J. R.et G. Forst.

学　　名： *Schefflera arboricola* Hay.

别　　名： 七叶莲、七叶藤、七加皮、汉桃叶、狗脚蹄。

原 产 地： 热带、亚热带。

形态特征： 灌木，叶互生；革质富光泽，掌状复叶，小叶5～9片；倒卵形或长椭圆形，也有不规则歪斜，叶色浓绿或散布深浅不一黄色斑纹。花淡黄绿色，秋冬开花，果实成熟呈球形，红黄色。

鹅掌藤植株

货物特征： 运输一般为密闭柜，无需冷藏；植株盆栽带介质。

引种国家或地区： 中国台湾。

检疫要点：

1. 观察植株茎叶病症，是否有真菌、细菌、病毒等症状；检查枝叶有无带害虫，并取样进行实验室鉴定。
2. 取根部及介质进行线虫分离鉴定。
3. 观察盆栽杂草情况。
4. 观察集装箱体是否带蜗牛、蚂蚁等有害生物。

截获的有害生物：

线虫：滑刃线虫属、真滑刃线虫属、螺旋线虫属、茎线虫属。

截获或关注的部分有害生物介绍：

· 黄鹌菜

分类地位： 菊科 Compositae　黄鹌菜属 *Youngia* Cass.

学　　名： *Youngia japonica*（L.）DC.

形态特征： 茎直立，高20～90厘米，不分枝，常呈暗紫色，光滑无毛。基生叶丛生，倒披针形，琴状或羽状半裂，顶裂片较侧裂片稍大，侧裂片向下渐小,有深波状齿，幼苗叶片边缘有不规则的疏齿，叶柄有叶翅或翅不明显。头状花序在茎或枝顶排列成聚伞状圆锥花序；总苞果期钟状；外总苞片5，三角形或卵形，内总苞片8，披针形；舌状花，花冠黄色。瘦果长圆状椭圆形，稍扁平，有粗细不等的纵肋；冠毛白色。

黄鹌菜（野外图）

第二节　南洋参属

分类地位：五加科 Araliaceae

学　　名：*Polyscias* J.R.ex G.Forst.

别　　名：福禄桐属。

原 产 地：太平洋群岛、热带美洲、亚洲。

形态特征：本属有多种栽培种，叶形因品种而异，枝干皮孔明显。1～3回羽状复叶，小叶有长椭圆形、披针形、圆肾形等变化；锯齿缘，叶色有全绿、斑纹或全叶金黄等。

细裂南洋参

圆叶南洋参

货物特征：运输一般为半开门柜，无需冷藏；植株一般为裸棍、不带枝叶，包根带介质。

圆叶南洋参货柜照 1

圆叶南洋参货柜照 2

圆叶南洋参样品 1

圆叶南洋参样品 2

引种国家或地区：印度尼西亚、哥斯达黎加、中国台湾。

检疫要点：

1. 检查植株有无虫孔、虫屑等为害状。

2. 取介质进行实验室线虫分离鉴定。

3. 隔离种植观察，重点观察小蠹等虫害。

截获的有害生物：

昆虫：毛小蠹属、梢小蠹属、圆盾蚧亚科、锦天牛属。

线虫：滑刃线虫属、真滑刃线虫属、单齿线虫属、长尾线虫属、螺旋线虫属、茎线虫属、矮化线虫属、丝矛线虫属、肾状线虫属、突腔唇线虫、盾状线虫、小杆线虫目、矛线线虫科。

真菌：镰孢菌属、可可球二孢、胶孢炭疽菌。

螨类：根螨。

其他：非洲大蜗牛。

圆叶南洋参隔离种植

在福禄桐上截获的象甲
（*Sinommatus interuptus*）

象甲　侧面观
（*Sinommatus interuptus*）

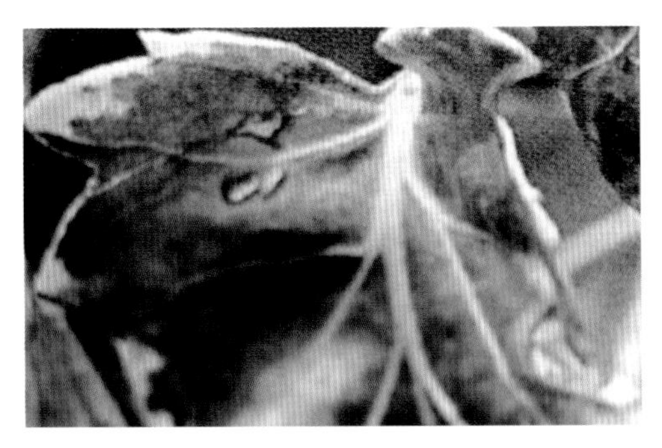
福禄桐炭疽病

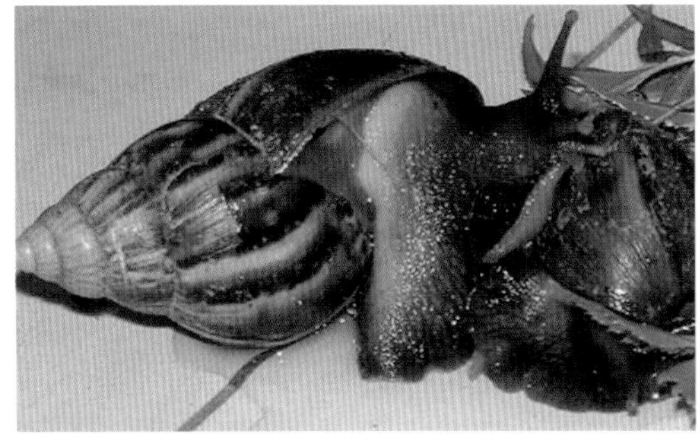
圆叶南洋参上截获非洲大蜗牛

截获或关注的部分有害生物介绍：

· 锦天牛属

分类地位： 鞘翅目 Coleoptera 天牛科 Cerambycidea

学　　名： *Acalolepta* Pascoe

寄　　主： 福禄桐。

产　　地： 中国台湾。

形态特征： 大多数种类被绒毛或闪光绒毛；头部触角一般远长于身体，柄节常向端部显著膨大，端疤内侧的边缘微弱，近于开放；第3节常显著长于柄节或第4节；复眼小，眼面粗粒，下叶通常狭长，长于其下颊部。

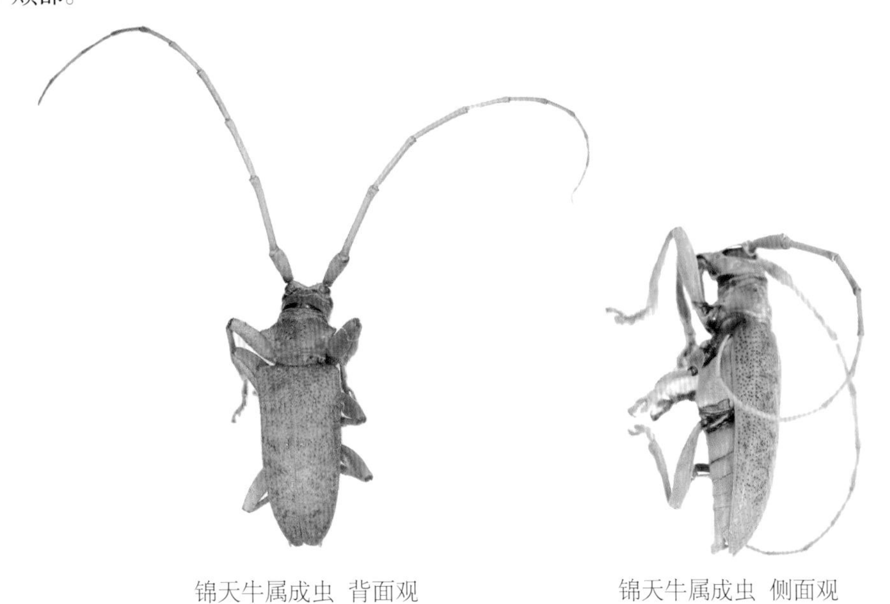
锦天牛属成虫 背面观　　锦天牛属成虫 侧面观

· 梢小蠹属

分类地位： 鞘翅目 Coleoptera 小蠹科 Scolyfidae 齿小蠹亚科 Ipinae

学　　名： *Cryphalus* Erichson

寄　　主： 福禄桐。

形态特征： 小型种类，短阔，稍有光泽。眼肾形。触角锤状部侧面扁平，正面椭圆形，共分4节。前胸背板前缘的颗瘤较小，背板后缘有缘边，背板刻点区中的刻点稠密，此处有绒毛鳞片。

梢小蠹属成虫 背面观

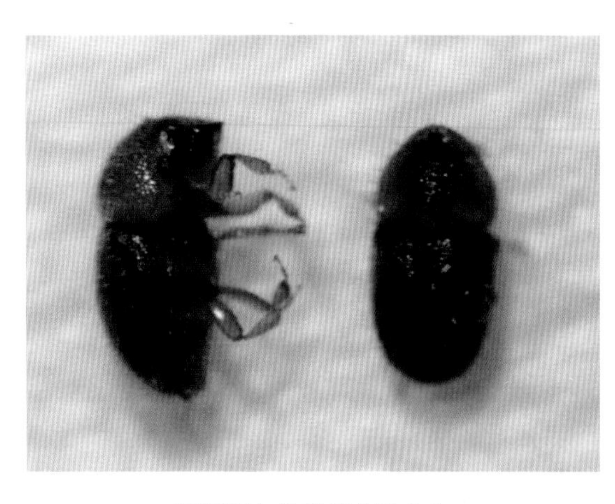

福禄桐上截获梢小蠹成虫

福禄桐上梢小蠹成虫为害状

截获信息：中国台湾。

·跗虎天牛属

分类地位：鞘翅目 Coleoptera 天牛科 Cerambycidea

学　　名：*Perissus* (Ceramb)

寄　　主：栎属、榕、合欢、福禄桐等植物。

形态特征：成虫头短，额较宽阔，呈长方形，额两侧具弱脊或无脊。触角着生彼此较远，触角常较细，长短不一，通常短于虫体，各节不具刺。前胸背板一般长略大于宽，胸面拱凸，具粗糙的颗粒或横行直立脊突。鞘翅长形，端缘斜切。后胸前侧片较宽，后腿节超过鞘翅末端，后足第1跗节较长，为第2、第3跗节长度之和的2倍。

跗虎天牛属成虫 背面观

跗虎天牛属成虫 侧面观

第四十一章　仙人掌科

第一节　金 琥

分类地位： 仙人掌科 Cactaceae　金琥属 *Echinocactus* Link et Otto

学　　名： *Echinocactus grusonii* Hildm.

别　　名： 象牙球。

原 产 地： 主要分布在亚洲东部、欧洲、北美洲等北半球温带地区。

形态特征： 茎圆球形，单生或成丛。球顶密被金黄色绵毛。有棱21～37条，显著。刺座很大，密生硬刺，刺金黄色，后变褐，有辐射刺8～10枚，3厘米长，中刺3～5枚，较粗，稍弯曲，5厘米长。6～10月开花，花生于球顶部绵毛丛中，钟形，4～6厘米，黄色，花筒被尖鳞片。

金琥 1

金琥 2

货物特征： 运输一般为冷藏货柜；种球为裸根不带介质，有纸箱包装。

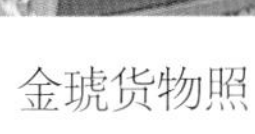

金琥货物照

金琥货柜照

引种国家或地区：美国、西班牙、中国台湾。

检疫要点：

1. 观察植株茎叶病症，是否有真菌、细菌、病毒等症状，并取样进行实验室鉴定。
2. 取根部进行线虫分离鉴定。
3. 观察球体杂草携带情况。

销毁带疫金琥 1

销毁带疫金琥 2

截获的有害生物：

昆虫：露尾甲科、小家蚁属、铺道蚁属、隆肩露尾甲。

线虫：滑刃线虫属、螺旋线虫属、真滑刃线虫属、丝矛线虫属、单齿线虫属、茎线虫属、小杆线虫目、矛线线虫科。

真菌：镰孢菌属。

螨类：罗氏根螨。

杂草：碎米荠、小藜、皱果苋、野塘蒿、苦苣菜、酢浆草、藿香蓟、狗尾草属、柳穿鱼、牵牛属、藜属、菊科、禾本科。

软体动物：攻击茶蜗牛。

金琥茎腐病

金琥干腐病

截获或关注的部分有害生物介绍：

·藿香蓟

分类地位： 菊科 Compositae 藿香蓟属 *Ageratum* L.

学　　名： *Ageratum conyzoides* L.

形态特征： 一年生草本；茎直立，有分枝，有白色长柔毛。叶对生，有柄；叶片卵形或菱状卵形，边缘有钝锯齿，两面均有毛。头状花序，在茎或分枝的顶端排列成伞房花序，花全部为管状花，淡紫色或浅蓝色。瘦果长圆柱状，有棱，冠毛鳞片状，上端渐尖成芒状，5枚。

藿香蓟（野外图）

·柳穿鱼

分类地位： 玄参科 Scrophulariaceae 柳穿鱼属 *Linaria* Mill.

学　　名： *Linaria vulgaris* Mill.

形态特征： 多年生草本；根有直根和匍匐根；茎直立，有分枝，无毛。叶互生，无柄；叶片条形至条状披针形，全缘，无毛。总状花序顶生。蒴果近球形。种子宽椭圆形，扁平，边缘有薄翅。根芽和种子繁殖。

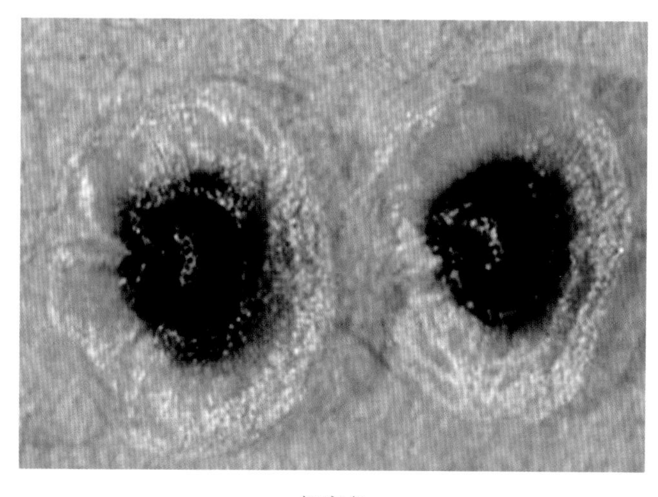

柳穿鱼

· 皱果苋（绿苋）

分类地位： 苋科 Amaranthaceae 苋属 *Amaranthus* L.

学　　名： *Amaranthus viridis* L.

形态特征： 一年生草本，全株无毛；茎直立，高40～80厘米，有分枝，条纹明显。叶互生，卵形至卵状矩圆形，先端微缺或圆钝，有时具小芒尖，基部近截形，全缘，叶面常有"V"形白斑。花簇排列成穗状花序或再合成大型顶生的圆锥花序；苞片和小苞片干膜质；花被片3，长圆形或倒披针形，膜质。胞果扁球形，不裂，有缩纹。种子圆形，略扁，黑褐色，有光泽。

皱果苋（野外图）

· 小藜

分类地位： 藜科 Chenopodiaceae 藜属 *Chenopodium* L.

学　　名： *Chenopodium serotinum* L.

形态特征： 一年生草本；茎直立；有分枝，具绿色条纹。叶互生，具柄；叶片长卵形或长圆形，叶两面疏生粉粒。花序穗状。胞果包于花被内，果皮上有明显的蜂窝状网纹。种子双凸镜状，黑色，有光泽。

金琥上截获的小藜种子 1

金琥上截获的小藜种子 2

金琥上的小藜植株（野外图）

·攻击茶蜗牛

分类地位： 柄眼目 Stylommatophora 大蜗牛科 Helicidae 茶蜗牛属 *Theba*

学　　名： *Theba impugneta* (Mousson, 1857)

形态特征： 贝壳中等大小，呈扁圆球形，壳质稍厚，不透明。脐孔被轴缘完全覆盖，或仅留一痕迹。壳基白色，皱褶的生长线与弱的螺纹相交叉，形成网格。壳面有无数连续的或被灰褐色或褐色线条、斑点阻断的色带。壳顶钝，褐色。缝合线浅，细线状。贝壳有5个螺层，体螺层不向下倾斜，周缘有略带细锯齿状的微弱龙骨。壳口简单，宽阔，椭圆形。口缘简单，不向外扩展，外唇内侧有一细薄的环唇肋。壳高7.5 ~ 12毫米，壳宽12 ~ 18毫米。

截获信息： 广东南海口岸在进口西班牙的金琥中首次截获攻击茶蜗牛。

攻击茶蜗牛成螺贝壳形态特征

攻击茶蜗牛形态特征图

第二节　麒麟树

分类地位： 仙人掌科 Cactaceae

原 产 地： 地中海、南非。

形态特征： 麒麟树是以长绿灌木为砧木与仙人掌科植物通过科技嫁接而成的新型花卉。小树上嫁接了红仙人球的鲜花像摆动的龙头，有些嫁接了黄瓜掌、葫芦掌，复叶羽状。

麒麟树植株 1

麒麟树植株 2

货物特征： 运输无需冷藏；植株一般为裸根不带介质，少部分为盆栽带介质。

引种国家或地区： 西班牙。

检疫要点：

1. 观察植株茎叶病症，是否有真菌、细菌、病毒等症状；检查枝叶有无带虫害，并取样进行实验室鉴定。

2. 取根部及介质进行线虫分离鉴定。

3. 观察盆栽杂草情况。

截获的有害生物：

线虫：滑刃线虫属、真滑刃线虫属、异滑刃线虫属、矛线线虫科。

杂草：欧洲菟丝子。

截获或关注的部分有害生物介绍：

·欧洲菟丝子（大菟丝子）

分类地位： 菟丝子科 Cuscutaceae 菟丝子属 *Cuscuta* L.

学　　名： *Cuscuta europaea* L.

寄　　主： 豆科、菊科、藜科、茄科、桑科、蔷薇科，对大豆、苜蓿、马铃薯等的为害很大。

形态特征： 一年生寄生草本；茎分枝，光滑，红色或淡红色或淡黄色，缠绕，无叶。花序球状，无梗或有短梗；苞片椭圆形，顶端尖；花淡红色，有梗；花萼碗状，基部肥厚，4裂或5裂，裂片广卵形，顶端尖；花冠壶形，超过花萼，4裂或5裂，裂片卵形，顶端微钝。蒴果球形，成熟时稍扁，被花冠全部包住，通常有4粒种子。种子近球形，鼻状突起不很明显，种皮黄褐色或黄棕色，光滑，种脐圆形，银白色，脐线短。

欧洲菟丝子（野外图 1）

欧洲菟丝子（野外图 2）

麒麟树上截获的欧洲菟丝子（干标本）

欧洲菟丝子种子

欧洲菟丝子花序

第四十二章　榆　科

朴 树

分类地位：榆科 Ulmaceae 朴属 *Celtis* L.

学　　名：*Celtis sinensis* Pers.

别　　名：沙朴。

原 产 地：中国台湾及淮河流域、秦岭以南，日本，韩国。

形态特征：落叶乔木；树皮平滑，灰色；一年枝被密毛。叶革质，宽卵形至狭卵形，长3~10厘米，中部以上边缘有浅锯齿，三出脉，下面无毛或有毛；叶柄长3~10毫米。花杂性（两性花和单性花同株），1~3朵生于当年枝的叶腋；花被片4，被毛；雄蕊4；柱头2。核果近球形，直径4~5毫米，红褐色；果柄较叶柄近等长；果核有穴和突肋。

朴树植株

朴树果实

货物特征：运输一般为带遮网的开顶柜；植株包根带介质，小株或为盆栽。

引种国家或地区：中国台湾。

检疫要点：

1. 观察植株茎叶病症，是否有真菌、细菌等症状；检查枝叶有无带害虫，并取样进行实验室鉴定。

2. 观察箱体有无携带蚂蚁、蜗牛等。

3. 实验室检查植株根部有无地下害虫；取根部及介质进行线虫分离鉴定。

4. 注意观察盆栽带杂草情况。

截获的有害生物：

线虫：根结线虫属、真滑刃线虫属、滑刃线虫属、小盘旋线虫属、螺旋线虫属、长尾线虫属。

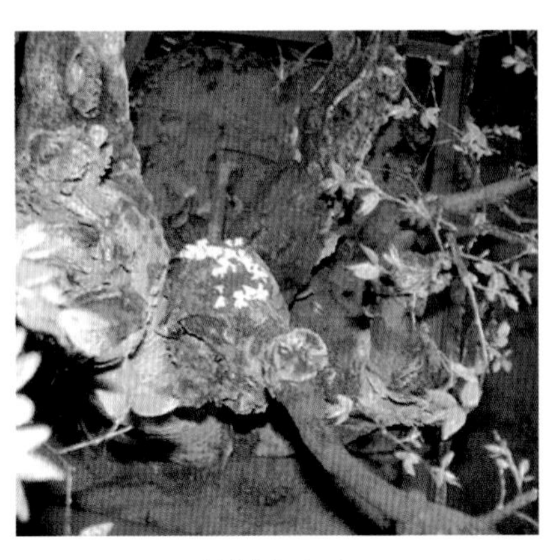

朴树木腐病

截获或关注的部分有害生物介绍：

· 楝星天牛

分类地位： 鞘翅目 Coleoptera 天牛科 Cerambycidae

学　　名： *Anoplophora horsfieldi* (Hope)

寄　　主： 楝树、榆树、朴树。

形态特征： 成虫体长31～41毫米；光亮黑色，触角自第3节起，各节基部被白色绒毛；后头两侧各有一黄色绒毛斑；前胸背板两侧各有一黄色绒毛纵纹；鞘翅有4个大型黄色绒毛斑，翅端圆形。

楝星天牛　背面观

楝星天牛　腹面观

楝星天牛　侧面观

第四十三章　芸 香 科

第一节　胡 椒 木

分类地位：芸香科 Rutaceae　花椒属 *Zanthoxylum* L.

学　　名：*Zanthoxylum* Odorum

别　　名：一摸香、清香木。

原 产 地：日本。

形态特征：常绿灌木；株高30～90厘米，奇数羽状复叶，叶基有短刺2枚，叶轴有狭翼。小叶对生，倒卵形，长0.7～1厘米；革质，叶面浓绿富光泽，全叶密生腺体。雌雄异株，雄花黄色，雌花橙红色，子房3～4个。果实椭圆形，绿褐色。全株具浓烈胡椒香味。

胡椒木种苗

货物特征：运输无需冷藏；植株盆栽带介质，带枝叶。

引种国家或地区：中国台湾。

检疫要点：

1. 观察植株茎叶病症，是否有真菌、细菌等症状；检查枝叶有无带害虫，并取样进行实验室鉴定。
2. 实验室检查植株根部有无地下害虫；取根部及介质进行线虫分离鉴定。
3. 注意观察盆栽带杂草情况。

截获的有害生物：

昆虫：德国小蠊、铜绿丽金龟、拟步甲科、隐翅甲科、毒蛾科、蚁科、瓢虫科。

线虫：盘环线虫属、剑囊线虫属、小杆线虫目。

其他：同型巴蜗牛。

截获或关注的部分有害生物介绍：

·铜绿丽金龟

分类地位：鞘翅目 Coleoptera 金龟科 Scarabaeidae

学　　名：*Anomala corpulenta* Motschulsky

寄　　主：杨树、柳树、榆树、松树、杉树、栎树等多种林木和果树。

形态特征：头长15～18毫米，宽8～10毫米。背面铜绿色，有光泽。头部较大，深铜绿色，唇基褐黑色，前缘向上卷。复眼黑色大而圆。触角9节，黄褐色。前胸背板前缘呈弧状内弯，侧缘和后缘呈弧形外弯，前角锐，后角钝，背板为闪光绿色，密布刻点，两侧有1毫米宽的黄边，前缘有膜状缘。

铜绿丽金龟成虫　背面观

铜绿丽金龟成虫　侧面观

第二节　九里香

分类地位：芸香科 Rutaceae 九里香属 *Murraya* Koenig ex L.

学　　名：*Murraya exotica* L.

别　　名：千里香、九秋香、九树香、木万年青。

原 产 地：中国以及亚洲其他一些热带及亚热带地区。

形态特征：灌木或小乔木；分枝多，小枝圆柱形，无毛。单数羽状复叶，叶轴不具翅；小叶3～9片，互生，变异大，由卵形、倒卵形至近菱形，长2～8厘米，宽1～3厘米，全缘，上面深绿色有光泽。聚伞花序，腋生同时有顶生，花轴近于无毛；花大而少，极芳香，直径常达4厘米，花梗细瘦；萼片5片，三角形，长约2毫米，宿存；花瓣5，倒披针形或狭矩圆形，长2～2.5厘米，有透明腺点；雄蕊10，长短相间；花柱棒状，柱头极增广，常较子房宽。果朱红色，纺锤形或卵形，大小变化很大。

盆栽九里香

九里香植株

货物特征：运输一般为带遮网的开顶柜，无需冷藏；植株包根带介质，或为小株盆栽。

进境九里香 1

进境九里香 2

引种国家或地区：泰国、印度尼西亚、中国台湾。

检疫要点：

1. 检查植株枝叶有无带病虫等情况，注意检查细小的昆虫，观察基杆有无虫蛀。
2. 观察根部带杂草的情况。
3. 观察箱体有无携带蚂蚁、蜗牛等。
4. 抽取根部介质做实验室线虫分离鉴定。

对进境九里香进行后续监管

截获的有害生物：

线虫：根结线虫属、拟长针线虫属、剑线虫属、毛刺线虫属（传毒种类）、拟毛刺线虫属（传毒种类）、长尾线虫属、矮化线虫属、滑刃线虫属、真滑刃线虫属、茎线虫属、螺旋线虫属、小盘旋线虫属、丝矛线虫属、针线虫（传毒种类）、肾状线虫（传毒种类）、小环线虫属、杆垫刃线虫属、突腔唇线虫属、环线虫属。

截获或关注的部分有害生物介绍：

· 剑线虫属

分类地位：长针科 Longidoridae (Thorne 1935) Meyl,1961 剑亚科 Xiphinematinae

学　　名：*Xiphinema* sp.

形态特征：虫体粗、长（1.5～6毫米），热杀死后虫体直或腹弯或呈“C”形、开螺旋形。头部圆、连续或缢缩，侧器口宽，裂缝状，侧器囊倒马镫形或漏斗形；齿尖针细长、针状、高度硬化，齿尖针基部呈叉状，齿托基部呈显著的凸缘状；齿针导环为双环，后环　度硬化，导环位于齿尖针和齿托相连接处附近。雌虫生殖腺有4种类型。尾部形态多样，短、半球形、有或无1个指状尾突，圆锥形，前部圆锥形后部渐变细成丝状等。雄虫双生殖腺、对生，交合刺矛线形、粗壮、有侧附导片，斜纹交配肌发达，尾形与雌虫相似。

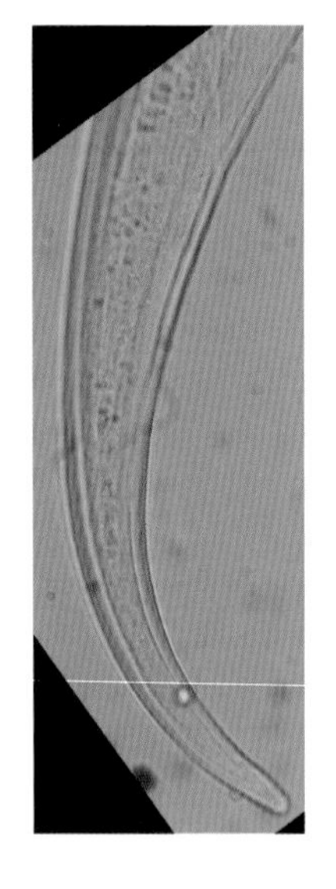

尾部

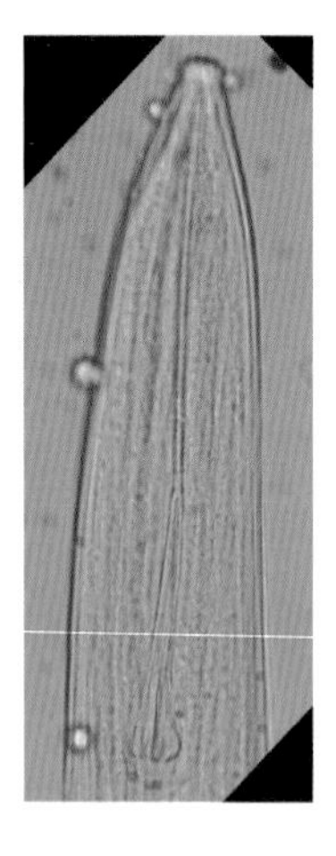

口针

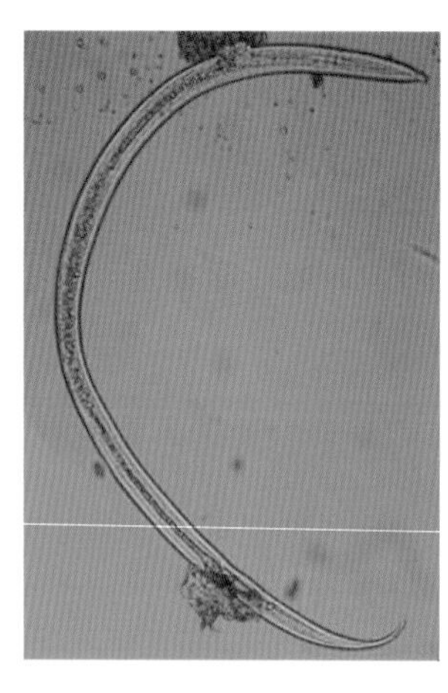

整体

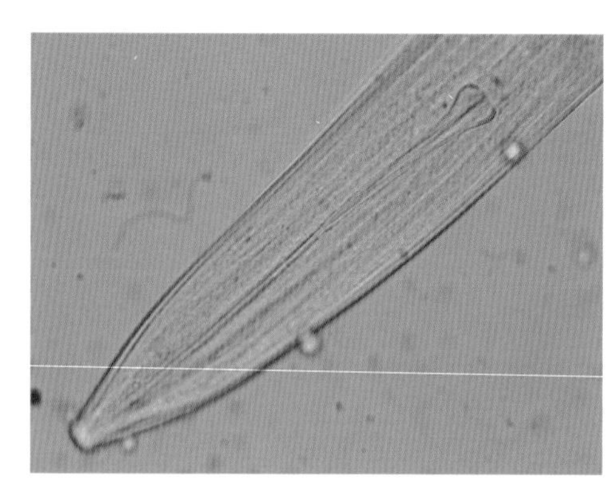

头部

·橘光绿天牛

分类地位：鞘翅目 Coleoptera 天牛科 Cerambycidae

学　　名：*Chelidonium argentatum* (Dalman)

寄　　主：九里香、柑橘类、柠檬、菠萝蜜等。

分　　布：中国安徽、江西、福建、广东、海南、广西、湖南、云南、四川等地，印度、缅甸、越南。

形态特征：成虫中型，体长24～27毫米，体宽5.8～8毫米。墨绿色，具光泽，腹面绿色，被银灰色绒毛。触角和足深蓝或墨紫色，跗节黑褐色。触角第5～10节外端有尖刺。前胸背板侧刺突短钝，胸面具细密皱纹和刻点，两侧刻点粗大，皱纹较稀。小盾片光滑，几无刻点。鞘翅密布细刻点，微显皱纹，雄足后足腿节略超过鞘翅末端。

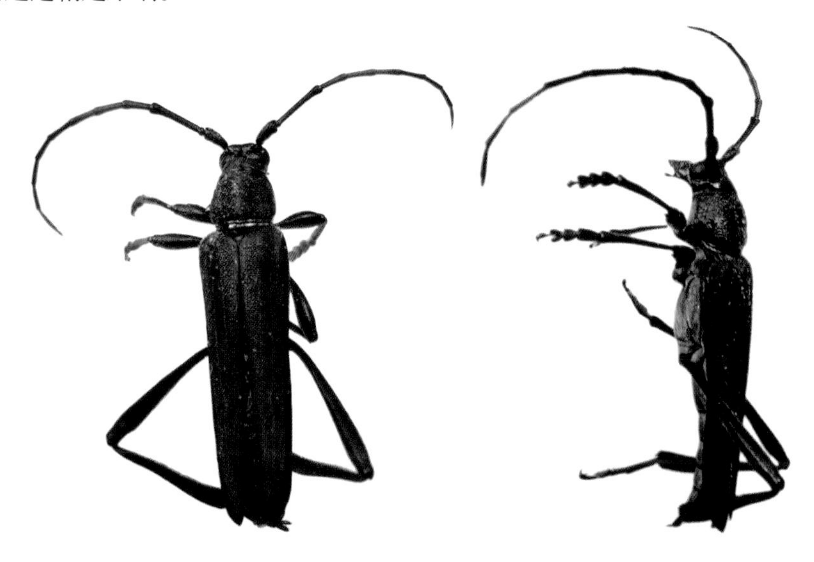

橘光绿天牛成虫　背面观　　橘光绿天牛成虫　侧面观

第四十四章　樟　科

肉　桂

分类地位： 樟科 Lauraceae 樟属 *Cinnamomum* Trew

学　　名： *Cinnamomum cassia* Presl

别　　名： 玉桂、牡桂、菌桂、筒桂、大桂、辣桂。

原 产 地： 云南、广西、广东、福建。

形态特征： 乔木，树皮灰褐色，老树树皮厚约1.3厘米；幼枝多有四棱，被褐色绒毛。叶互生或近对生，革质，矩圆形至近披针形，长8～20厘米，宽4～5.5厘米，上面绿色，无毛，有光泽，中脉及侧脉明显凹下，下面有疏柔毛，离基三出脉；叶柄长1.5～2厘米。圆锥花序腋生或近顶生，长8～16厘米；花小，白色，花被片6，与花被管均长2毫米；能育雄蕊9，花药4室，第三轮雄蕊花药外向瓣裂。果实椭圆形，长1厘米，直径9毫米，黑紫色；花被片脱落，边缘截平或略齿裂；果托浅杯状。

肉桂植株

肉桂枝叶

货物特征： 运输一般为开顶柜或开门柜；植株一般为盆栽带介质或包根带介质。

引种国家或地区： 中国台湾。

检疫要点：

1. 观察植株茎叶病征，是否有真菌、细菌等症状；检查植株枝叶有无带虫等情况，并取样进行实验室鉴定。

2. 取根部及介质进行线虫分离鉴定。

3. 观察根部杂草情况。

截获的有害生物：

昆虫：黑刺粉虱、介壳虫。

肉桂种子

线虫：滑刃线虫属、真滑刃线虫属、茎线虫属。

真菌：胶孢炭疽菌、帚梗柱孢、轮枝菌、镰刀菌。

在肉桂叶片上的矢尖介壳虫 1

在肉桂叶片上的矢尖介壳虫 2

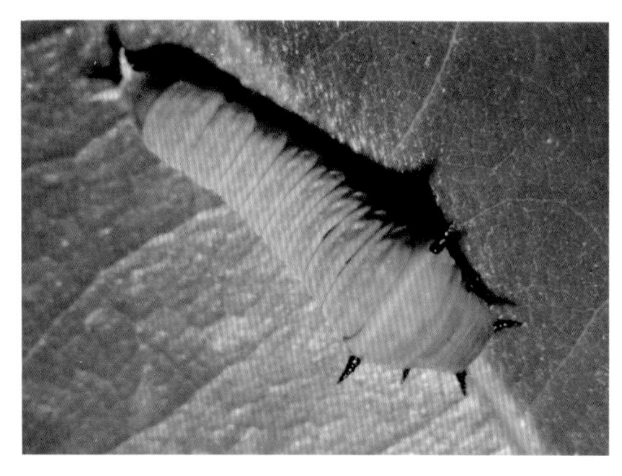

肉桂上截获的凤蝶（Papilionidae）幼虫背面观

肉桂褐斑病症状

截获或关注的部分有害生物介绍：

·肉桂炭疽病

症状与为害：病斑常发生在叶面、叶缘、叶尖处。叶上先出现不规则形的褐色病斑；发病后期病斑中央灰褐色，斑缘褐色。该病由胶孢炭疽菌*Colletotrichum gloeosporioides*引起，病原菌特征见第三章变叶木胶孢炭疽病。

肉桂炭疽病叶部病斑

肉桂炭疽病症状

第四十五章　竹 芋 科

竹 芋

分类地位： 竹芋科 Marantaceae 竹芋属 *Maranta* L.

学　　名： *Maranta arundinacea* L.

别　　名： 粉薯。

原 产 地： 南美洲。

形态特征： 直立草本；根状茎肉质，白色，末端纺锤形，长5～7厘米，具宽三角状鳞片。叶片卵状矩圆形或卵状披针形，叶子上有美丽的斑纹，长10～20厘米，宽4～10厘米；叶柄顶端的叶枕圆柱形，长5～10毫米。总状花序顶生，长达10厘米；花白色，长1～2厘米；萼片卵状披针形；花冠筒约与萼片等长，裂片3；外轮的2枚花瓣退化，雄蕊倒卵形，长8～10毫米，宽而顶端凹入。果褐色，长约7毫米。

竹芋

竹芋叶

货物特征： 运输一般为冷藏货柜；植株盆栽带介质，或有纸箱包装。

引种国家或地区： 荷兰、中国台湾。

检疫要点：

1. 观察植株茎叶病症，是否有真菌、细菌、病毒等症状，并取样进行实验室鉴定。

2. 取根部及介质进行线虫分离鉴定。

3. 观察盆栽杂草情况。

截获的有害生物：

线虫：北方根结线虫、长尾科线虫、滑刃线虫属、茎线虫属。

截获或关注的部分有害生物介绍：

·北方根结线虫

分类地位：异皮科 Heteroderidae Filipjev & Schuurmans Stekhoven，1941 根结属 *Meloidogyne* Goeldi，1892

学　　名：*M. hapla*

形态特征：雌虫会阴花纹背弓低，稍圆，侧线一般不明显；在肛门上方有清晰刻点，腹部线纹常向侧面延伸，在一侧或两侧形成翼，使得会阴花纹不对称。两侧线纹平滑，稍有些波浪状。雄虫头高，头帽明显比头区窄；头区不环化，很大，与第一个体环明显分开；靠近头区的体环窄。口针短、薄，DGO[①]长4～6微米。

① DGO：背食道腺开口到口针基球的距离。

第四十六章　紫金牛科

朱砂根

分类地位：紫金牛科 Myrsinaceae 紫金牛属 *Ardisia* Sw.

学　　名：*Ardisia crenata* Sims

别　　名：红铜盘、大罗伞、八爪金龙。

原 产 地：日本经琉球至中国东南部、中部和西部。

形态特征：灌木；叶坚纸质至革质，狭椭圆形或倒披针形，急尖或渐尖，边缘皱波状或波状，两面有突起腺点，侧脉10～20对；花序伞形或聚伞状，顶生，长2～4厘米；花长6毫米；萼片卵形或矩圆形，钝，有黑腺点；花冠裂片披针状卵形，急尖，有黑腺点；雄蕊短于花冠裂片，花药披针形，背面有黑腺点；雌蕊与花冠裂片几等长。核果圆球形，果直径7～8毫米，如豌豆大小，有稀疏的腺点。

朱砂根植株 1

朱砂根植株 2

货物特征：运输一般无需冷藏；植株盆栽带介质。

引种国家或地区：中国台湾。

检疫要点：

1. 观察植株茎叶病症，是否有真菌、细菌等症状；检查枝叶有无带害虫，并取样进行实验室鉴定。
2. 实验室检查植株根部有无地下害虫；取根部及介质进行线虫分离鉴定。
3. 注意观察盆栽带杂草情况。

截获的有害生物：

线虫：根结线虫、滑刃线虫属、长尾线虫科、矛线线虫科。

第四十七章 紫葳科

菜豆树

分类地位： 紫葳科 Bignoniaceae 菜豆树属 *Radermachera* Zoll. et More.

学　　名： *Radermachera sinica* (Hance) Hemsl.

别　　名： 蛇树、豆角树。

原 产 地： 中国台湾、广东、海南、广西、贵州、云南等地。

形态特征： 落叶乔木；叶对生，二回单数羽状，小叶椭圆形或卵形，顶端长尾状，基部楔形，革质，全缘；圆锥花序，顶生；花萼卵形，5齿裂；花冠黄白色，筒状，一边膨大，裂片5枚；雄蕊4枚；花盘杯状；蒴果圆柱形，二纵裂；隔膜扁平，宽约5毫米，厚1.5～2毫米；种子多列，近矩形，连翅共长约1.5厘米，宽约4毫米。

货物特征： 运输一般为密闭或半开门柜，无需冷藏；植株包根带介质，小株或为盆栽。

引种国家或地区： 荷兰。

检疫要点：

1. 观察植株茎叶病症，是否有真菌、细菌等症状，检查枝叶有无带害虫，并取样进行实验室鉴定。

2. 实验室检查植株根部有无地下害虫；取根部及介质进行线虫分离鉴定。

3. 注意观察盆栽带杂草情况。

截获的有害生物：

线虫：滑刃线虫属、茎线虫属、垫刃线虫属。

菜豆树植株

菜豆树果实

截获或关注的部分有害生物介绍：

·花生根结线虫

分类地位： 垫刃目 Tylenchida Thome,1949 异皮科 Heteroderidae Filipjev & Schuurmans Stekhoven，1941 根结属 *Meloidogyne* Goeldi，1892

学　　名： *M. arenaria* (Neal,1899) Chitwood,1949

形态特征： 雌虫会阴花纹上在背线和腹线交会的侧线附近有许多短而混乱的线纹存在，背弓低、圆，总体形状与北方根结线虫相似，但缺少肛门上方的刻点。雄虫头帽低，向后下陷；口针针锥指状，针锥后部比针杆前部宽得多，针杆常圆柱形，口针基部球大，融入针杆中。DGO长4～8微米。

第四十八章 棕榈科

学　　名： Palmae

形态特征： 单子叶植物，约217属，2 500种，分布于热带和亚热带地区。我国东南至西南部有约22属，72种，主产我国云南、广西、广东和台湾，此外引入栽培的也有多种。灌木或乔木，有时藤本，有刺或无刺，叶束聚生于不分枝的干顶或在攀援种类中散生于茎上；叶大，掌状或羽状分裂，很少全缘或近全缘的，裂片或小叶在芽时内折（即向叶面折叠）或背折（即向叶背折叠），叶柄基部常扩大而成一纤维状的鞘；花小，通常淡绿色，两性或单性，排列于分枝或不分枝的佛焰花序上，此花序或生于叶丛中或生于叶鞘束之下；佛焰苞一至多数，将花序柄和花序的分枝包围着，革质或膜质；花被片2～6列，离生或合生；雄蕊3～6或极多数；子房上位，1～3室，很少4～7室，或心皮3个而分离或于基部合生；胚珠单生于每一个心皮或每一子房室的内角上；果为一浆果或核果，1～2室，或成果的心皮分离，外果皮常纤维状或覆以下弯的鳞片；种子离生或与内果皮粘合，胚乳均匀或嚼烂状。

加拿利海枣植株

货物特征： 运输一般为带遮网的开顶柜；大型植株包根带介质，小株或为盆栽。

进境棕榈科植物货物照 1

进境棕榈科植物货物照 2

检疫要点：

1. 注意检查植株心叶有无叶甲类为害状，打开心叶观察有无成虫、幼虫、蛹和卵。
2. 检查植株主干有无虫孔、虫屑等线虫的为害状。
3. 观察根部带杂草的情况。
4. 观察箱体有无携带蚂蚁、蜗牛等。
5. 抽取根部介质做实验室线虫分离鉴定。
6. 注意检查棕榈果实是否有虫孔及钻蛀性害虫为害状。

截获的有害生物：

椰心叶甲、水椰八角铁甲、棕榈核小蠹、红棕象甲。

第一节　霸 王 棕

分类地位：棕榈科 Palmae 比斯马棕属 *Bismarckia* Hildebr. et H. Wendl.

学　　名：*Bismarckia nobilis* Hildebr. et H. Wendl

别　　名：比斯马棕。

原 产 地：马达加斯加。

形态特征：植物高大，可达30米或更高，在原产地可高达70～80米。茎干光滑，结实，灰绿色。叶片巨大，长有3米左右，扇形，多掌状深裂，银灰色，裂片间有丝状纤维。雌雄异株，穗状花序；雌花序较短粗；雄花序较长，上有分枝。种子较大，近球形，深褐色。

霸王棕植株

霸王棕种子

引种国家或地区：泰国、韩国、中国台湾。

截获的有害生物：

昆虫：椰心叶甲、红棕象甲、二点象甲属、椰蛀犀金龟、花金龟科。

线虫：短体线虫属、根结线虫属、螺旋线虫属、茎线虫属、真滑刃线虫属、滑刃线虫属、丝矛线虫属、小盘旋线虫属、矮化线虫属。

在霸王棕上截获的花金龟科（Cetoniidae）

花金龟科（Cetoniidae）侧面观

霸工棕后续监管 1

霸王棕后续监管 2

截获或关注的部分有害生物介绍：

· 褐纹甘蔗象

分类地位：鞘翅目 Coleoptera 象虫科 Curculionidae

学　　名：*Rhabdoscelus lineaticollis* Heller

寄　　主：椰子、西谷椰子、华盛顿椰子、大王椰子、国王椰子、假槟榔、海枣、刺葵、散尾葵、蒲葵、鱼尾葵、甘蔗等。

形态特征：成虫体长15毫米、宽5毫米。身体赭红色，具黑褐色和黄褐色纵纹。前胸背板基部略呈圆形，背面略平，具1条明显的黑色中央纵纹，该纵纹在基部1/2扩宽，中间具有一明显的黄褐色纵纹。小盾片黑色，长舌状。鞘翅赭红色，臀板外露，具明显深刻点，端部中间刚毛组成脊状。足细长，跗分节4退化，隐藏于跗分节3中，跗分节3二叶状，显著宽于其他各节。

褐纹甘蔗象成虫 背面观　　褐纹甘蔗象成虫 侧面观

为害症状：老熟幼虫宿存在叶鞘与茎干间，以为害后的纤维包裹作茧化蛹；成虫怕光，有假死现象；成虫产卵于椰子或甘蔗茎干、叶鞘内或叶脉间，幼虫孵化后在叶鞘及茎组织内部钻蛀为害，造成流胶，引起组织腐烂，初期受害叶片变黄，随后茎干部位受害，导致植株枯萎、死亡。

截获信息：2008年4月28日从印度进境的华盛顿棕榈中截获。

第二节　国王椰子

分类地位：棕榈科 Palmae 溪棕属 *Ravenea*

学　　名：*Ravenea rivularis* Jum.et Perrier

别　　名：佛竹、密节竹。

原 产 地：马达加斯加东部。

形态特征：植株高大，单茎通直，成株高9～12米，最高可达25米，直径可达80厘米；表面光滑，密布叶鞘脱落后留下的轮纹。羽状复叶，挺直，小叶线形，先端尖或截头。

国王椰子种苗 1

国王椰子种苗 2

国王椰子种子

引种国家或地区：毛里求斯。

截获的有害生物：

昆虫：二点象甲属、隐颏象。

真菌：壳二孢菌属、青霉菌属、曲霉菌属、镰孢菌属、根霉菌属。

在国王椰子上截获的象甲（*Odioprus* sp.）

象甲（*Odioprus* sp.）侧面观

在国王椰子上截获的隐颏象亚科（Cryptorhynchinae）

隐颏象亚科 侧面观

在国王椰子上截获的二点象甲属（*Diocalandra* sp.）

关注的部分有害生物介绍：

·椰蛀犀金龟

分类地位：鞘翅目 Coleoptera 犀金龟科 Dynastidae

学　　名：*Oryctes rhinoceros* L.

寄　　主：椰子、蒲葵、桄榔、油棕、王棕、鱼尾葵属、散尾葵属、凤梨、甘蔗、芋属、海芋属、桑科、露兜树科、漆树科及山竹子科等多种植物。

分　　布：中国（海南、台湾、广东、广西、云南）、越南、老挝、柬埔寨、泰国、缅甸、印度、斯里兰卡、马来西亚、新加坡、印度尼西亚、巴布亚新几内亚、斐济群岛、夏威夷群岛。

形态特征：成虫体型粗壮，体长达5厘米；体表成亮黑色至棕色，表面被红色细毛；雌雄异型，雄成虫头顶长一发达的角突，雌成虫头上的角突呈短矮的锥状；前胸背板隆凸顶端具2个小疣突；前足胫节外侧具4个齿，后足胫节端缘具2齿。

椰蛀犀金龟成虫 背面观

椰蛀犀金龟成虫 腹面观

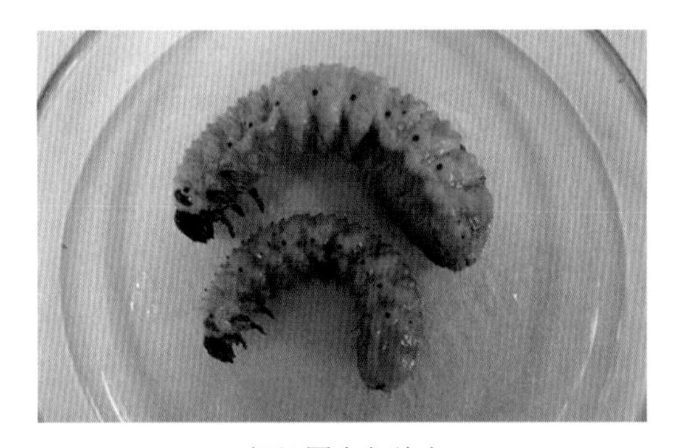

椰蛀犀金龟幼虫

椰蛀犀金龟在国王椰子上的为害状

截获信息：2004年11月3日从泰国进境的霸王棕、2005年9月24日从泰国进境的华盛顿椰子上分别截获。

第三节　菜　棕

分类地位：棕榈科 Palmae 菜棕属 *Sabl* Adanson

学　　名：*Sabal palmetto*（Walter）Lodd. ex Roem. et Schult.

别　　名： 龙鳞榈、巴尔麦棕榈。

原 产 地： 美国东南部佛罗里达州和西印度群岛，巴哈马，古巴。

形态特征： 单干直立，圆柱形，有环纹，成熟株高24米。叶掌状，圆形或半圆形，深裂，先端下垂，裂片间有丝状纤维。肉穗花序自叶腋抽出。花小，黄绿色。果实细小，直径12毫米，成熟时黑色。

菜棕幼苗

菜棕种苗

引种国家或地区： 巴西、洪都拉斯、哥斯达黎加。

截获的有害生物：

真菌：尖孢镰刀菌、可可毛色二孢菌、轮枝孢菌属、青霉菌属、镰孢菌属、德氏霉属。

截获或关注的部分有害生物介绍：

·紫棕榈象

分类地位： 鞘翅目 Coleoptera 象甲科 Curculionidae 棕榈象属 *Rhynchophorus*

学　　名： *Rhynchophorus phoenicis*（Fabricius）

寄　　主： 棕榈科植物，包括海枣属、油棕属、糖棕属、椰子、油棕、枣椰等。

分　　布： 塞拉利昂、贝宁、喀麦隆、埃塞俄比亚、肯尼亚、莫桑比克、塞内加尔、索马里、南非、坦桑尼亚、乌干达、加纳、尼日利亚、刚果、安哥拉、东非等。

形态特征： 成虫个体较大，黑色。额向前延伸成喙，触角膝状，端部成棒状，前胸背板上有2条纵向暗褐色窄带。鞘翅有大约12条纵沟。前足胫节内缘近端部不密布长而直的毛。腹部浅褐色，带有疏散的黑色斑点。

紫棕榈象成虫　背面及侧面观

第四节　华盛顿椰子

分类地位： 棕榈科 Palmae　丝葵属 *Washingtonia* H. Wendl.

学　　名： *Washingtonia filifera* (Lind. ex Andre) H. Wendl.

别　　名： 老人葵、丝葵、老公仔椰子。

原 产 地： 美国加州、亚利桑那州。

形态特征： 常绿椰子树；主干通直，叶稍不易脱落。高10～20米，叶掌状中裂，圆扇形，灰绿色，裂片边缘具多数白色丝状纤维，先端下垂；叶柄淡绿色，略具锐刺；核果椭圆形，黑色。

华盛顿椰子植株

华盛顿椰子种苗

引种国家或地区： 泰国、韩国。

截获的有害生物：

昆虫：椰心叶甲、二色椰子潜叶甲、嗜糖椰子潜叶甲、扁潜甲属、隐喙象属、红棕象甲、椰蛀犀金龟、象甲科、步甲科、露尾甲科、蜚蠊目。

线虫：真滑刃线虫属、滑刃线虫属、针线虫属、小环线虫属、拟毛刺线虫、螺旋线虫属、肾状线虫、茎线虫属、根结线虫属、小盘旋线虫属、矮化线虫属、长尾线虫属、头垫刃线虫属、丝矛线虫属、小杆线虫目。

华盛顿椰子种子

华盛顿椰子现场检疫

华盛顿椰子后续监管 1

华盛顿椰子后续监管 2

华盛顿椰子后续监管 3

华盛顿椰了疫情调查 1

华盛顿椰子疫情调查 2

后续监管剪心叶防治椰心叶甲

截获或关注的部分有害生物介绍：

·椰心叶甲

分类地位：鞘翅目 Coleoptera 铁甲科 Hispidae

学　　名：*Brontispa longissima* (Gestro)

寄　　主：椰子、槟榔、圣诞椰子、华盛顿椰子、狐尾椰子、霸王棕、散尾葵、酒瓶椰子、斐济榈、红棕榈等棕榈科植物。

分　　布：中国（南部各省及台湾）、越南、老挝、泰国、柬埔寨、菲律宾、马来西亚、印度尼西亚、巴布亚新几内亚、澳大利亚、所罗门群岛等。

形态特征：体扁平狭长，具光泽。体长8.9毫米（8.1～10毫米），宽1.9～2.1毫米。头部红黑色，前胸背板黄褐色；鞘翅黑色，有时基部1/4红褐色，后部黑色。头顶背面平伸出近方形板块，两侧略平行，宽稍大于长。中纵沟两侧具粗刻点和皱纹，前方具锥形角间突，长稍超过触角柄节的1/2，基部略宽，向端渐尖，不平截；触角粗线状，1～6节红黑色，7～11节黑色。前胸背板略呈方形，长宽相当。前缘向前稍突出，两侧缘中部略内凹，后缘平直。前侧角圆，向外扩展，后侧角具一小齿。刻点不规则，中前部刻点大，两侧较小且与鞘翅刻点大小相当，中后部、前缘中部及前侧角斜向内具无刻点区。小盾片略呈三角形，侧圆，下尖。鞘翅基部平，不前弓。翅两侧基部平行，后渐宽，中后部最宽，往端部收窄，末端稍平截。有小盾片行，具2～4个浅刻点，鞘翅中前部具8列刻点，中后部10列，刻点整齐。刻点相对较疏，大多数刻点小于横间距。行距宽度大于刻点纵间距。翅面平坦，两侧和末梢行距隆起，端部偶数行距呈弱脊，尤第2行、4行距为甚，且第2行距达边缘。足粗短。第1～3跗分节扁平，向两侧膨大，第3跗分节几乎包住第4跗分节，第4跗分节端部稍突出于第3跗分节。2爪长约为第4跗分节的1/2，不伸出第3跗分节之外。胫节端部均有小齿。

椰心叶甲成虫 背面观

椰心叶甲成虫头部和胸部 背面观

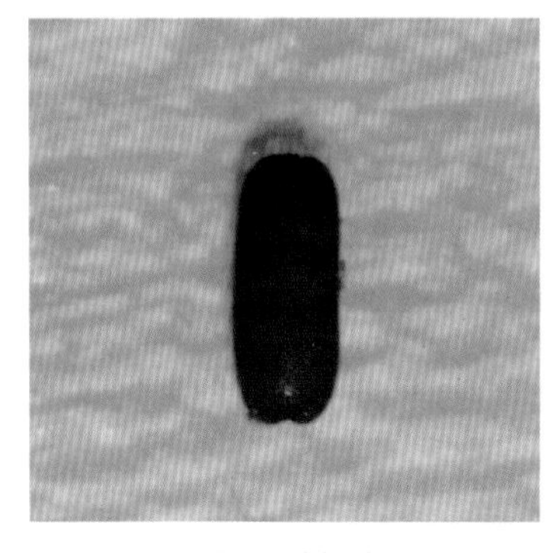

椰心叶甲卵

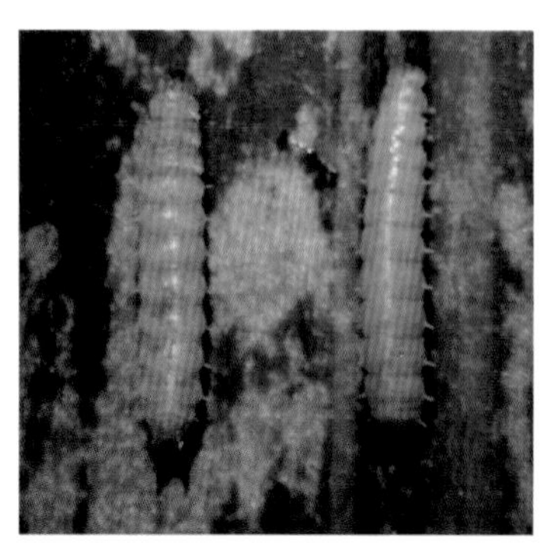

椰心叶甲幼虫

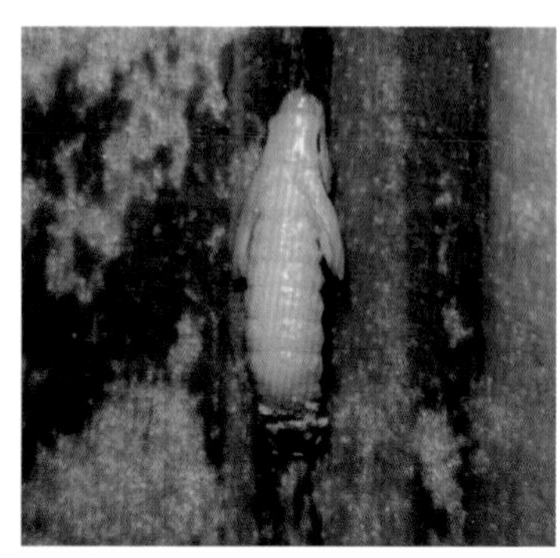

椰心叶甲蛹

为害症状： 幼虫取食植株的嫩梢、幼茎和未展开的幼叶，使叶片呈现褐色或灰褐色条纹，叶片皱缩、卷曲，受害嫩梢逐渐枯萎，严重时整株枯死。

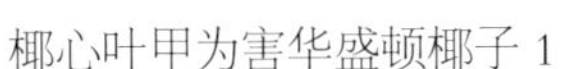
椰心叶甲为害华盛顿椰子 1

椰心叶甲为害华盛顿椰子 2

椰心叶甲为害华盛顿椰子 3

截获信息： 1999年8月27日中国广东南海口岸首次从我国台湾进境的华盛顿椰子上截获椰心叶甲。

· 二色椰子潜叶甲

分类地位： 鞘翅目 Coleoptera 铁甲科 Hispidae 潜叶甲属 *Plesispa*

学　　名： *Plesispa reichei*

寄　　主： 酒瓶椰子、大王椰子、槟榔、华盛顿椰子、狐尾椰子、霸王榈、散尾葵、斐济榈、红棕榈、等棕榈科植物。

分　　布： 马来西亚、印度尼西亚、巴布亚新几内亚、澳大利亚、所罗门群岛等。

形态特征： 体扁平狭长，具光泽。体长约7.1毫米,宽1.6～1.8毫米。头部红黑色，前胸背板黄褐色，鞘翅黑色,腹面大部分浅褐色，末三节中部深褐色。

头部前方具有锥形角间突，长为触角柄节的1/2，基部略宽，向端部渐尖，不平截；触角粗线状，1～6节红黑色，7～11节暗褐色到黑色。

二色椰子潜叶甲成虫 背面观

前胸背板前缘中部向前显著突出，前侧角向下倾，使前胸略显狭长，长大于宽；前侧角具一小突起；在两侧缘中部靠前处有一钝角突起；后侧角有一小齿突；后缘中部向后弓。两侧由基部至钝角状突起平行，由钝角状突起到前侧角呈一缓缓的斜坡，前胸在此缓慢收窄。刻点密而深，不规则，中部大部分刻点稍小于刻点间距，略小于鞘翅刻点。有的个体中间及端部有无刻点区。

小盾片略呈三角形，上圆下尖，中部最宽。鞘翅基部阔于前胸，两侧基部2/5平行，后渐宽，最宽处在中后部，往端部收窄，至末端略钝。鞘翅有小盾片行，上有刻点3～5个。翅中前部具8列刻点，中后部有10列刻点，刻点列整齐。刻点粗而深，大多数刻点小于刻点横间距。行距较窄，其宽度与刻点纵间距约相等。行距仅微隆起，两侧及末端较明显，端部偶数行距呈弱脊，第2、4行距至斜面处脊线明显，沿斜面向下，第4行距几达边缘。

二色椰子潜叶甲成虫头部和胸部 背面观

足粗短。第1～3跗分节扁平，两侧叶大，第3跗分节全包住细小的第4跗分节，且第3、第4跗分节在端部持平。胫节末端具小齿，后足腿节末端略超出第一腹节。

为害症状： 以幼虫取食植株的新叶，使叶片呈现褐色条纹，叶片皱缩、卷曲。

截获信息： 2000年9月从印度尼西亚进境的酒瓶椰子、华盛顿椰子、狐尾椰子上截获二色椰子潜叶甲。

·嗜糖椰子潜叶甲

分类地位： 鞘翅目 Coleoptera 铁甲科Hispidae 潜叶甲属 *Plesispa*

学　　名： *Plesispa saccharivora*

寄　　主： 大王椰子、加拿利海枣、华盛顿椰子、狐尾椰子、酒瓶椰子等棕榈科植物。

分　　布： 印度尼西亚、巴布亚新几内亚、所罗门群岛等。

形态特征： 成虫在形态上与二色椰子潜叶甲相似。体长6.5 ~ 7.1毫米，宽1.6 ~ 1.8毫米。显著差别在于：角间突长约为触角柄节的3/4，基部两侧略平行，中沟明显，近端部微加宽，平截,端钝。前胸背板中部大部分刻点略大于刻点间距，与鞘翅刻点大小相当。行距始终隆起，两侧及末端较明显。

嗜糖椰子潜叶甲成虫 背面观　　嗜糖椰子潜叶甲成虫头部和胸部 背面观

为害症状： 以幼虫取食植株的嫩梢、幼茎和未展开的幼叶，使叶片呈现褐色或灰褐色条纹。

截获信息： 2000年9月从印度尼西亚进境的酒瓶椰子、华盛顿椰子、狐尾椰子上截获嗜糖椰子潜叶甲。

·扁潜甲属

分类地位： 鞘翅目 Coleoptera 铁甲科Hispidae

学　　名： *Pistosia* sp.

寄　　主： 马氏射叶椰子、酒瓶椰子、狐尾椰子、大王椰子、华盛顿椰子、加拿利海枣等。

分　　布： 中国（南部省、台湾）、越南、老挝、泰国、柬埔寨、马来西亚、印度尼西亚等。

形态特征： 体扁平长卵形,体长约5.3毫米，宽1.6 ~ 1.8毫米。具光泽，棕色到褐色，个别鞘翅末端2/5黑色。触角基部紧靠，粗线状，第1 ~ 4节红褐色，第5 ~ 11节黑色。

前胸远阔于头部，背板宽大于长，基部较窄，端部较宽，中区平坦至微隆，前缘向前突出，前侧角钝，无突起。两侧具缘边，略呈波浪状，两侧中后部具浅凹洼。后缘有缘边, 平直，中间前方有一小浅凹。后侧角锐，有一小齿突。刻点深，不规则，大多数刻点小于间距。具有无刻点的中纵部，基部和端部以及前侧角斜向内有几个无刻点区。

小盾片狭长舌形，端部圆。鞘翅基部平，不前弓。翅基阔于前胸，肩部以后渐阔，至3/5处最宽，往端部稍收窄，翅端钝圆。无小盾片行，翅中前部刻点粗而密，长卵形，大多数刻点大于横间距。行距大于刻点纵间距。翅平坦，但两侧及端部行距微隆起，2、4行距在斜面处隆起具弱脊，仅达斜面下部，远不达边缘。

足短。1～3跗分节扁平，第3跗分节仅包住第4跗分节基部，2爪长约为第4跗分节的一半，伸出第3跗分节之外。

扁潜甲属成虫 背面观 1

扁潜甲属成虫 背面观 2

为害症状：以幼虫取食植株的嫩叶，使叶片呈现褐色或灰褐色条纹。

截获信息：2000年10月从印度尼西亚进境的酒瓶椰子、狐尾椰子、大王椰子、华盛顿椰子、加拿利海枣上截获扁潜甲属，2004年9月30日从泰国进境的马氏射叶椰子上截获扁潜甲属。

·大毛唇潜甲

分类地位：鞘翅目 Coleoptera 铁甲科Hispidae 毛唇潜甲属 *Lasiochila*

学　　名：*Lasiochila gestroi* (Baly)

寄　　主：霸王榈、散尾葵、酒瓶椰子等棕榈科植物。

分　　布：泰国、柬埔寨、菲律宾、马来西亚、印度尼西亚、巴布亚新几内亚、澳大利亚、所罗门群岛等。

形态特征：体长而阔略扁，体长约14.2毫米、宽4.2毫米。背、腹面均为棕红色，触角黑色。头刻点密，中间有小纵沟；复眼长肾形，近触角内沿有微凹；触角粗线状，第1节粗壮，第2节最短，第3节最长，超过前者的2倍。

前胸大于头部，背板近方形，端部略大于基部，宽大于长。前缘向前突出呈弧形，前侧角微下倾。两侧缘略向外展，并在中部以后渐窄，两侧中后部有明显凹洼。后缘不平直，中部略向后弓曲，中部有一小浅凹；刻点不规则，多集中在两侧及凹洼处，端部及中部有无刻点区。

小盾片舌形，稍长，末端钝圆。鞘翅基部不前弓，两侧略平行，中部以后稍加宽，离端部约2/5处最宽，而后渐窄，端部钝圆；具小盾片行，上有5～7个刻点。刻点列整齐，中后部无增加的刻点列。中部刻点大而疏，稍深，端部刻点稍小而密，大多数刻点小于刻点横间距。行距大于刻点纵间距。鞘翅拱凸，行距在端部隆起，第2、第4、第6、第8行距在端部稍具弱脊。

足粗短，腿节有皱纹，跗节扁平，2爪伸出于第3跗分节之外。前、中胸腹面刻点粗，后胸光滑，仅两侧有小刻点。腹部腹面刻点细，末三节较密。雌虫末节中部呈半圆形，有凹缺刻，后缘被棕黄色长毛。

大毛唇潜甲成虫 背面观　　大毛唇潜甲成虫 侧面观

截获信息： 2000年10月12日从印度尼西亚进境的酒瓶椰子截获大毛唇潜甲。6种铁甲成虫形态比较见表11。

表11　6种铁甲成虫形态比较

种　类	头　部	前胸背板	鞘　翅
二色椰子潜叶甲 *Plesispa*	头顶具倒梯形板块；角间突锥形，端尖，长约为触角柄节的1/2	基部两侧平行，端部两侧渐窄；前、后侧角具一小齿突；后缘中部向后弓	具小盾片行。行距微隆起，端部偶数行距呈弱脊，尤第2、4行距为甚。大多数刻点小于横间距
嗜糖椰子潜叶甲 *P.saccharivora*	具倒梯形板块；角间突基部两侧略平行，端部微宽，端钝，长约为触角柄节的3/4	基部两侧平行，端部两侧渐窄；前、后侧角具一小齿突；后缘中部略后弓	具小盾片行。行距始终隆起，端部偶数行距呈弱脊，尤第2、第4行距明显。大多数刻点小于横间距
椰心叶甲 *Brontispa longissima*	头顶具近正方形板块；角间突锥形，端尖，长稍超过触角柄节的1/2	近方形，长宽相当，侧缘中部略内凹。前侧角圆且略向外伸展，无小齿突；后侧角具一小齿，后缘平直不后弓	具小盾片行。翅中部平坦，两侧及末端行距隆起，端部偶数行距具弱脊，第2行距达边缘。大多数刻点小于横间距
水椰八角铁甲 *Octodonta nipae*	有长方形隆起；角间突长度超过柄节的1/2，由基部向端部渐尖，不上弯，不平截	前胸背板呈方形，前侧角和后侧角各有一缺刻，均具2齿；前侧角第一齿小而钝，第二齿圆；后侧角圆，下部着生一小齿	具小盾片行。翅面平坦，仅在中后部第2、第4、第6、第8沟间部隆起弱脊状，且第2沟间部直达翅端缘。大多数刻点大于横间距
扁潜甲属 *Pistosia* sp.	头顶隆起，不成板块；无角间突	宽大于长，端部稍宽于基部。前侧角无突起，后侧角具一小齿；两侧具缘边,呈波浪状，后缘平直具缘边	无小盾片行。翅面较平坦，两侧和端部行距隆起，偶数行距在端部具弱脊。大多数刻点大于横间距
大毛唇潜甲 *Lasiochila gestroi*	头顶隆起，不具板块；无角间突	近方形，宽略大于长，端部略大于基部。两侧缘略外展，后缘略后弓。前、后侧角无齿	具小盾片行。鞘翅拱凸，行距在端部隆起，偶数行距稍具弱脊。大多数刻点小于横间距

· 隐喙象属

分类地位： 鞘翅目 Coleoptera 象甲科 Curculionidae 隐喙象亚科 Cryptorhynchinae

学　　名： *Cryptorhynchus* Illiger

寄　　主： 华盛顿椰子。

形态特征：背面观，额不窄于或略窄于喙的最窄处；鞘翅形纹10，完整，在后足基节之后可能由细的凹线和带有特殊鳞片的小刻点组成；后足胫节鬃毛2列或更多。

隐喙象属 背面观　　　　隐喙象属 腹面观

第五节　加拿利海枣

分类地位：棕榈科 Palmae 刺葵属 *Phoenix* L.

学　　名：*Phoenix canariensis* Hort ex Chab

别　　名：长叶刺葵、加拿利刺葵、槟榔竹。

原 产 地：非洲西岸的加拿利岛。

形态特征：常绿乔木，高可达10~15米，粗直径可达60~80厘米。干单生，粗壮而具波状叶痕。叶大型，长可达4~6米，呈弓状弯曲，集生于茎端。羽状复叶，树形张开呈半圆形，浆果卵状球形。种子椭圆形，中央具深沟，灰褐色。

加拿利海枣植株 1

加拿利海枣植株 2

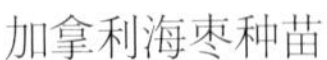

加拿利海枣种苗

加拿利海枣种子

引种国家或地区：泰国、韩国、美国。

加拿利海枣幼苗

加拿利海枣现场检疫照

截获的有害生物：

昆虫：棕榈核小蠹、扁潜甲属、黄斑花金龟、花金龟科、象甲科、*Coraliomela quadrimaculata*。

线虫：根结线虫属、长尾线虫属、滑刃线虫属、小盘旋线虫属、矛线线虫科、茎线虫属、丝矛线虫属。

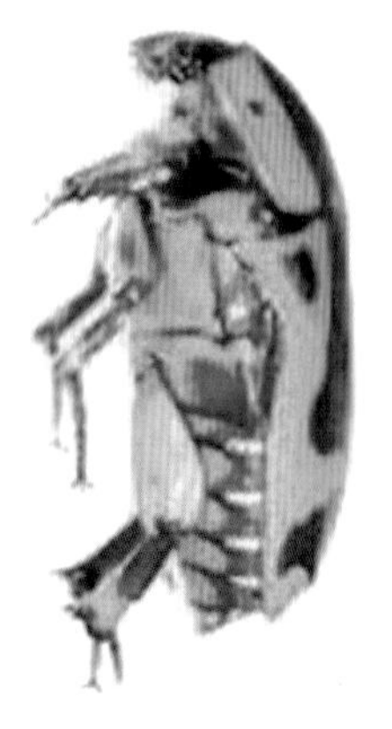

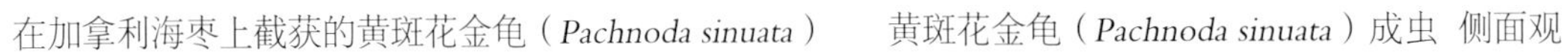

在加拿利海枣上截获的黄斑花金龟（*Pachnoda sinuata*）　黄斑花金龟（*Pachnoda sinuata*）成虫 侧面观

在加拿利海枣上截获的蜉金龟科（Aphodiidae）

蜉金龟科（Aphodiidae）侧面观

截获或关注的部分有害生物介绍：

·*Coraliomela quadrimaculata*

Coraliomela quadrimaculata
成虫 背面观

分类地位： 鞘翅目 Coleoptera 铁甲科 Hispidae

学　　名： *Coraliomela quadrimaculata*

寄　　主： 加拿利海枣、椰子等。

形态特征： 成虫体长33毫米，宽14毫米。触角11节，着生处十分接近，体锈红色，小盾片黑色，中部有一横向的短线状凹陷。鞘翅前端和末端各具2个黑斑；鞘翅前端的黑斑约占鞘翅肩部的1/3~1/2，末端的黑斑几乎占鞘翅末端的大部分区域，但是黑斑边缘与鞘翅缝及侧缘并未接触。

为害症状： 以幼虫蛀食茎干内部幼嫩组织，穿孔为害，致受害组织坏死腐烂，并产生特殊气味，严重时造成茎干中空，遇风很容易折断。

截获信息： 2012年3月从乌拉圭进境的加拿利海枣上截获 *Coraliomela quadrimaculata*。

·棕榈核小蠹

分类地位： 小蠹科 Scolytidae 齿小蠹亚科 Ipinae 椰小蠹属 *Coccotrypes* Eichhoff

学　　名： *Coccotrypes dactyliperda* Fabricius

寄　　主： 棕榈植物上的果实。

分　　布： 美洲、亚洲、非洲、欧洲、太平洋群岛的热带和亚热带地区。

形态特征： 体圆柱形，赤褐色，有光泽，绒毛细短，遍覆体表。体长2.0～2.2毫米，宽0.6～0.8毫米。背面观不见头部，眼肾形，前缘中部的角形凹刻甚浅。触角鞭节5节，锤状部侧面扁平，正面圆形，平截面约占整个锤状部的一半，具2列几乎垂直的毛缝，将锤状部分成3节，基节最长，占锤状部的一半，中节甚短，呈一横条节片，端节较长，通常由于微毛的分布形似两节。

前胸背板长略小于宽，背面观基缘横直，侧缘略向外侧弓突，前缘狭窄圆钝，背板的最大宽度在后1/3处；侧面观背板表面突起较高，前2/3弯曲上升，达到背顶，后1/3平缓下降。背板表面全为颗瘤所占据，没有刻点和背中线；前缘排列着一列颗瘤，约10枚，大小与排列均匀规整，以后颗瘤大小混合散布，背板前1/3的颗瘤尖利疏散，后2/3的颗瘤横长顶钝，连成同心圆弧，以背板的最高点为中心，层层环绕铺散。

鞘翅长度为前胸背板长度的1.6倍，为两翅合宽1.4倍。两翅基缘横直，有平滑不突的边缘，基缘的宽度稍大于背板基缘，两侧缘向后弓突伸展，在翅长后1/3外开始收缩，尾端尖圆。刻点沟不凹陷，由一列刻点组成，圆小清晰，排列整齐，沟间部平坦，有一列刻点，沟中与沟间的刻点形状、大小、疏密完全相同。鞘翅的绒毛整齐细柔，沟中的绒毛较短，贴在翅面上，沟间的柔毛较长，直向竖立。

前足胫节呈大刀状，上外缘具4齿，下外缘有小颗瘤5粒。

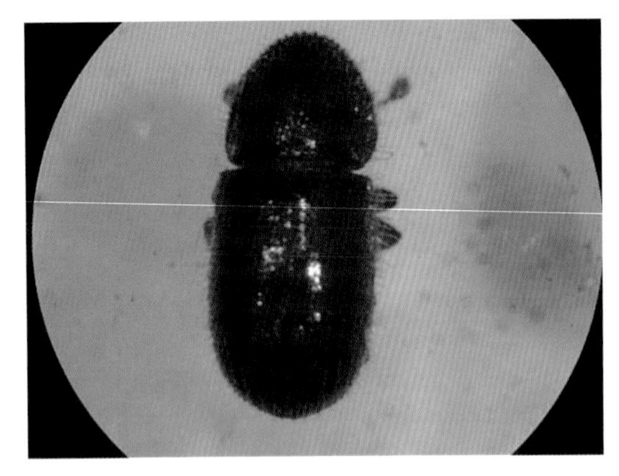
棕榈核小蠹成虫 背面观 1

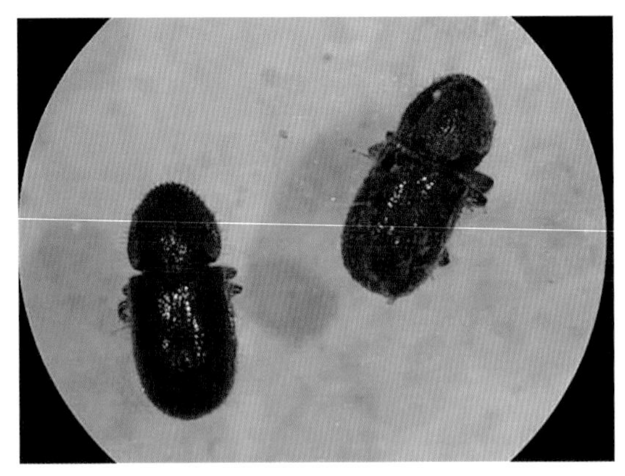
棕榈核小蠹成虫 背面观 2

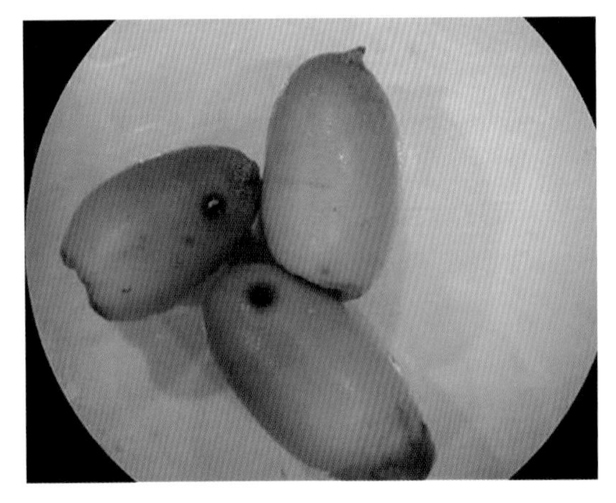
棕榈核小蠹在中国台湾海枣果实上的为害状 1

棕榈核小蠹在中国台湾海枣果实上的为害状 2

为害症状：受害果实表面出现黑褐色小晕圈，果肉被取食后软化变色，种子被蛀空。

截获信息：2000年5月6日、2002年6月10日、2003年5月8日、2003年5月17日从美国、巴西、韩国、泰国进境的散尾葵，加拿利海枣种子；中国台湾进境的海枣树上截获棕榈核小蠹。

棕榈核小蠹在加拿利海枣种子上的为害状

第六节 酒瓶椰子

分类地位： 棕榈科 Palmae 亥佛棕属 *Hyophorbe* Gaertn

学　　名： *Hyophorbe lagenicaulis* H. E. Moore

别　　名： 匏茎亥佛棕。

原 产 地： 马斯克林群岛。

形态特征： 单干，茎干短矮圆肥似酒瓶，高1～2.5米。羽状复叶，叶数较少，常不超过5片；小叶线状披针形，淡绿色。肉穗花序多分枝，油绿色。浆果椭圆，熟时黑褐色。

酒瓶椰子植株

酒瓶椰子种子

引种国家或地区： 泰国、毛里求斯、中国台湾。

截获的有害生物：

昆虫：嗜糖椰子潜叶甲、二色椰子潜叶甲、扁潜甲属、二点象甲属、大毛唇潜甲。

线虫：根结线虫属、滑刃线虫属、真滑刃线虫属、小环线虫属、长尾线虫属、丝矛线虫属、茎线虫属、螺旋线虫属。

在酒瓶椰子上截获的象甲（*Cosmpolites sordidus*）

象甲（*Cosmpolites sordidus*）侧面观

酒瓶椰子后续监管

象甲为害酒瓶椰子叶片状

第七节　青 棕

分类地位： 棕榈科 Palmae 皱子棕属 *Ptychosperma* Labill.

学　　名： *Ptychosperma macarthurii* (H.Wendl.ex H.J.Veitch) H.Wendl ex Hook.f.

别　　名： 马氏射叶椰子、麦克皱子棕。

原 产 地： 新几内亚至大洋洲东北部。

形态特征： 常绿大灌木；茎干细长丛生，高可达3～8米，具竹节环痕，羽状复叶，每叶有10～12对小叶，小叶阔线形，长25～30厘米，宽2～4厘米，先端宽钝截状有缺刻，排列整齐，

穗状花序腋生，雌雄同株，果实椭圆形，长1.5厘米，熟时鲜红色。

青棕植株

青棕种子

来源国家及地区： 泰国。

截获的有害生物：

昆虫：水椰八角铁甲、扁潜甲。

截获或关注的部分有害生物介绍：

·水椰八角铁甲

分类地位： 鞘翅目 Coleoptera 铁甲科 Hispidae

学　　名： *Octodonta nipae*（Maulik）

寄　　主： 华盛顿椰子、马氏射叶椰子等棕榈科植物。

分　　布： 越南、老挝、泰国、柬埔寨、菲律宾、马来西亚、印度尼西亚、巴布亚新几内亚、澳大利亚、所罗门群岛等。

形态特征： 虫体扁平，狭长，5.7～7.1毫米，宽约2毫米。头、前胸背板、触角基部1～7节及小盾片红棕色至褐色，触角末端8～11节黑色，具绒毛；鞘翅黑色，腹部褐色。

头横宽，复眼间有长方形隆起，宽大于长。角间突长度超过柄节的1/2，由基部向端部渐尖，不上弯，不平截，上具浅纵沟。触角粗线状，11节，约为体长的1/3。

前胸背板略呈方形，宽稍大于长，前缘强烈凸出呈弧形，后缘中部后弓，两侧缘中部内凹。前胸背板前部比基部窄。前侧角和后侧角各有一缺刻，均具2齿，共有8个齿；前侧角第一齿小而钝，第二齿圆；后侧角圆，下部着生一小齿，齿稍离后侧角。盘区具光滑无刻点的“V”形区，前端两侧具弱脊。背板基部两侧刻点密集，直径大于间距；中部至前缘处刻点稀疏，直径小于间距。

小盾片略呈三角形，侧圆，上宽下尖。鞘翅基部中间微前突，翅基部2/5平行，后渐宽，至中后部最宽，端部平。小盾片行具6～8个刻点。翅中部刻点密而深，大多数刻点大于横间距。翅面平坦，仅在中后部第2、第4、第6、第8沟间部隆起弱脊状，且第2沟间部直达翅端缘，第6沟间部几乎达端缘。

腹部中央布满平滑而细小刻点，两侧刻点粗。足腿节、胫节外侧多粗糙刻点。后足腿节末端达第一腹节末端。雌虫末节完整，雄虫末节中间凹陷。

水椰八角铁甲幼虫、蛹、成虫（从左到右）

水椰八角铁甲成虫头部和胸部 背面观

水椰八角铁甲为害状 1

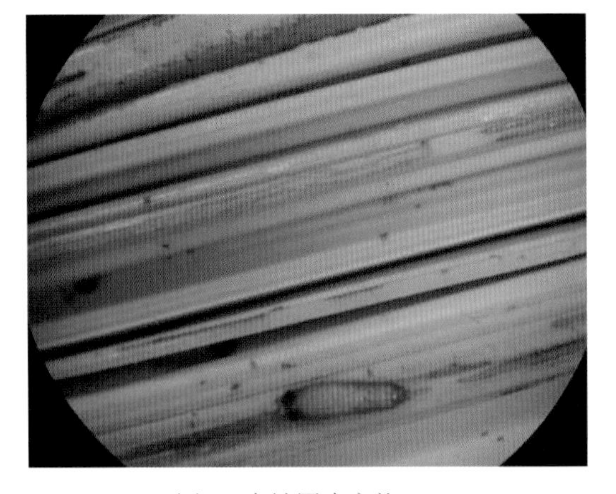

水椰八角铁甲为害状 2

为害症状：以幼虫取食幼茎和未展开的幼叶，使叶片呈现褐色或灰褐色条纹，受害叶片卷屈变形。

水椰八角铁甲为害青棕

烧毁携带疫情的青棕

截获信息：2004年9月30日中国广东南海口岸首次从泰国进境的马氏射叶椰子上截获水椰八角铁甲。

第八节 散尾葵

分类地位：棕榈科 Palmae 散尾葵属 *Chrysalidocarpus* Wendland.

学　　名：*Chrysalidocarpus lutescens* Wendland.

别　　名：黄椰子、紫葵。

原 产 地：非洲的马达加斯加岛。

形态特征：丛生常绿灌木或小乔木，高3～8米。茎基部略膨大，茎干光滑，黄绿色，无毛刺，嫩时披蜡粉，上有明显叶痕，呈环纹状。叶面滑细长，羽状复叶，全裂，裂片40～60对，长40～60厘米，2列排列，较坚硬，叶柄稍弯曲，先端柔软；裂片条状披针形，左右两侧不对称，中部裂片长约50厘米，顶部裂片仅10厘米，端长渐尖，常为2短裂，背面主脉隆起柄叶轴、叶鞘均淡黄绿色；叶鞘圆筒形，包茎。肉穗花序圆锥状，生于叶鞘下，多分枝，长约40厘米，宽50厘米；花雌雄同株，小而呈金黄色，雄花萼片和花瓣各3片，雄蕊6枚；雌花花被与雄花同，子房3室，有短的花柱和阔的柱头。果稍成陀螺形，长约1.5厘米，直径约5毫米，紫黑色，无内果皮。种子1～3枚，卵形至椭圆形。

散尾葵种苗 1

散尾葵种子

散尾葵种苗 2

散尾葵种苗 3

引种国家或地区：巴西、洪都拉斯、哥斯达黎加。

散尾葵隔离种植

截获的有害生物：

昆虫：紫斑蛱蝶。

真菌：盘多毛孢菌、尖孢镰刀菌、可可毛色二孢菌、轮枝孢菌属、青霉菌属、镰孢菌属、德氏霉属。

紫斑蛱蝶在散尾葵上的为害状

紫斑蛱蝶成虫 背面观

销毁携带疫情的散尾葵植株

截获或关注的部分有害生物介绍：

·棕榈象甲

分类地位： 鞘翅目 Coleoptera 象甲科 Curculionidae 隐颏象亚科 Rhynchophorinae 棕榈象属 *Rhynchophorus*

学　　名： *Rhynchophorus palmarum* (L.)

寄　　主： 棕榈及其他棕榈科植物。

分　　布： 美国、墨西哥、巴巴多斯、贝里斯、哥斯达黎加、古巴、多米尼克、洪都拉斯、海地、波多黎各、巴伊亚、哥伦比亚、玻利维亚、阿根廷、巴拉圭、乌拉圭等。

形态特征： 体形大，黑色，雌雄异型现象明显。雄虫体长29.0 ~ 44.0毫米、宽11.5 ~ 18.0毫米。身体卵长形，背面较平。喙粗壮，短于前胸背板，从背面看，基部宽，端部逐渐变细，在喙背面端部的一半有粗大直立的黄褐色长毛，触角沟间狭窄、刻点深。触角柄节延长，长于索节和棒节之和。头部球根状。各胫节有长而反曲的爪形突和一个小的亚爪形突，跗节3膨大，腹面后半部覆盖浓密褐色海绵状绒毛，爪简单，细长。

棕榈象甲成虫 背面观

棕榈象甲成虫 侧面观

·散尾葵叶斑病

分类地位：腔孢纲 Coelomy cetes 黑盘孢目 Melanconiales 盘多毛孢属 *Pestalotia*

学　　名：*Pestalotia palmarum*

形态特征：病原菌分生孢子盘先埋生，后外露，分生孢子多细胞，基部有柄，两端细胞无色，中间细胞褐色，顶端细胞附着有2～5根刺毛。

为害症状：该病发病初期叶缘及叶面上出现褐色小斑点，扩展后呈半椭圆形或不规则形斑，黑褐色，大小不一，斑外有黄色晕圈。发病后期病斑汇合成大斑，使叶1/4～1/2枯黄。

散尾葵叶斑病症状 1

散尾葵叶斑病症状 2

第九节　袖珍椰子

分类地位：棕榈科 Palmae 竹棕属 *Chamaedorea* Willdenow

学　　名：*Chamaedorea elegans* Martius

别　　名：矮生椰子、袖珍棕、矮棕。

原 产 地：墨西哥和委内瑞拉。

形态特征：单干，高30～200厘米，常绿小灌木；茎干直立，不分枝，深绿色，上具不规则花纹。叶一般着生于枝干顶，羽状全裂，裂片披针形，互生，深绿色，有光泽。长14～22厘米，宽2～3厘米，顶端两片羽叶的基部常合生为鱼尾状，嫩叶绿色，老叶墨绿色，表面有光泽。肉穗花序腋生，花黄色，呈小球状，雌雄异株，雄花序稍直立，雌花序营养条件好时稍下垂，浆果橙黄色。

袖珍椰子种苗

袖珍椰子花枝

引种国家或地区：墨西哥。

截获的有害生物：

线虫：滑刃线虫属

真菌：镰孢菌属

截获或关注的部分有害生物介绍：

·新几内亚甘蔗象

分类地位：鞘翅目 Coleoptera 象甲科 Curculionidae

学　　名：*Rhabdoscelus obscurus* (Boisduval)

寄　　主：甘蔗属、椰子、西米椰子、槟榔、车前草、番木瓜、散尾葵、鹤望兰、槟榔竹及其他棕榈树。

分　　布：中国台湾、圣诞岛（印度洋）、印度尼西亚、日本、马来西亚、菲律宾、夏威夷、澳大利亚、贝劳、库克群岛、新西兰、纽埃、巴布亚新几内亚、所罗门群岛、汤加、瓦努阿图、斐济等。

袖珍椰子种子

形态特征：成虫咖啡色，体长12～15毫米（体长与体色差异很大）。喙长而弯曲，雄虫喙腹面粗糙而雌虫表面光滑。中足基节之间的距离超过中足基节的宽度。鞘翅有明显的暗红色斑纹，行纹刻点较大。臀板明显外露。

新几内亚甘蔗象成虫 侧面观

第十节 银海枣

分类地位：棕榈科 Palmae 刺葵属 *Phoenix* L.

学　　名：*Phoenix sylvestris* (L.) Roxburgh

别　　名：林刺葵、野海枣、中东海枣。

原 产 地：印度、缅甸。

形态特征：树干粗壮，单干；高10～16米；茎具宿存的叶柄基部。叶长3～5米，羽状全裂，灰绿色。叶轴无毛，羽片剑形，下部羽片针刺状。叶柄较短，叶鞘具纤维，叶顶从生，羽片密而伸展。雄花白色，雌花橙黄色，浆果成熟时橙黄色。

银海枣幼苗　　银海枣植株

银海枣花序

银海枣种子

引种国家或地区：泰国、韩国、中国台湾。

截获的有害生物：

昆虫：花金龟科、红棕象甲、肖吉丁天牛。

线虫：根结线虫属、毛刺线虫属、矮化线虫、滑刃线虫属、丝尾垫刃线虫、矛线线虫科、肾状线虫、真滑刃线虫属、小杆线虫目、穿刺短体线虫、剑线虫属、短体线虫属、拟毛刺线虫属、长尾线虫属、小盘旋线虫属、螺旋线虫属、小环线虫属、丝矛线虫属、茎线虫属。

真菌：镰孢菌属。

在银海枣上截获的肖吉丁天牛（*Abryna cocnosa*）

肖吉丁天牛（*Abryna cocnosa*）侧面观

销毁带疫银海枣

银海枣后续监管

截获或关注的部分有害生物介绍：

·红棕象甲

分类地位：鞘翅目 Coleoptera　象甲科 Curculionidae

学　　名：*Rhynchophorus ferrugineus* (Olivier)

寄　　主：华盛顿椰子、银海枣、霸王棕、椰子、三角椰子等棕榈科植物。

分　　布：亚洲南部及太平洋的美拉尼西亚，非洲的阿尔及利亚、埃及，大洋洲的澳大利亚等。

形态特征：体壁坚硬，体长27～35毫米，锈色。喙长8～9毫米，雌成虫喙较细长，而雄虫喙近末端正上方有簇毛，状如鸡冠。触角膝状，鞭节7节，末端膨大成靴状，柄节、索节黑褐色，棒节红褐色。两复眼之间有一小黑点。前胸背板隆起呈圆球形，并具4～8个不定型的黑色斑点或条纹。有些个体前胸背板具4枚液滴状斑，背板前、后半部各有2个斑呈直线排列；有的个体有液滴状斑5枚，前半部有3～4个斑呈直线（梯形）排列，后半部有1～2 个斑呈直线排列；有的个体有液滴状斑6枚，其中前半部有3～4个斑呈直线（梯形）排列，后半部有2～3个斑呈直线排列；有的具7个斑，其中前半部有3个斑，后半部有4个斑，均呈直线排列；有的具8个斑，其中前半部有5个斑呈弧形排列，后半部有3个斑呈直线排列。鞘翅锈色或暗褐色，边缘、基缘及接缝处黑色，鞘翅上各有纵纹5～8条，内侧5条色较深，外侧3条色较浅，但也有外侧3条与翅边黑色难区分。腹部腹面黑、红色相间。各足基节和转节黑色，腿节末端和胫节末端褐色，跗节黑色。

为害症状：以幼虫蛀食茎干内部幼嫩组织，穿孔为害，致受害组织坏死腐烂，并产生特殊气味，严重时造成茎干中空，遇风很容易折断。

红棕象甲成虫 背面观

红棕象甲幼虫

红棕象甲为害霸王棕

在棕榈科植物上截获的红棕象甲

截获信息：1999年10月14日从中国台湾进境的华盛顿椰子、2002年4月24日从中国台湾进境的银海枣、2004年11月3日从泰国进境的霸王棕、2003年9月10日从中国台湾进境的银海枣上分别截获红棕象甲。

附　录

附录1　我国口岸进境林木种苗截获有害生物一览表

序号	科	种苗名称	来源国家或地区	有害生物名称
1	柏科	真柏	泰国、中国台湾	毛蚁属、柏大蚜、日本蜡蚧、步甲科、肾圆盾蚧属、滑刃线虫属、真滑刃线虫属、茎线虫属、矛线线虫科、小杆线虫目、刺盘孢菌属、拟盘多孢属、枝孢菌属、链铬孢菌属、非洲大蜗牛、同型巴蜗牛、盖罩大蜗牛
2	百合科	百合	荷兰、新西兰、智利	短体线虫（非中国种）、穿刺根腐线虫、刻痕短体线虫、伪短体线虫、长尾线虫属、滑刃线虫属、真滑刃线虫属、茎线虫属、丝尾垫刃线虫属、拟滑刃线虫属、蘑菇滑刃线虫、垫刃线虫属、矛线线虫科、镰孢菌属、青霉菌属、恶疫霉属、疫霉菌属、刺盘孢菌属、百合无症病毒、根螨
		风信子	荷兰	鳞球茎茎线虫、滑刃线虫属、真滑刃线虫属、小垫刃线虫属、矛线线虫科、曲霉菌属、葡萄孢菌属、壳二孢菌属、指状青霉菌、链格孢菌属、根霉菌属 病毒：烟草脆裂病毒 螨类：根螨
		郁金香	荷兰、英国、马来西亚、美国	蚁科、瘿蚊科、蚜科、短体线虫（非中国种）、鳞球茎茎线虫、食菌伞滑刃线虫、马铃薯茎线虫、滑刃线虫属、茎线虫属、长尾科线虫、矛线线虫科、指状青霉菌、曲霉菌属、青霉菌属、枝孢菌属、葡萄孢菌属、郁金香灰霉菌、南芥菜花叶病毒、百合无症病毒、烟草环斑病毒、根螨属、蜱螨目、蛇尾草、牵牛属、车前
3	大戟科	变叶木	泰国、中国台湾	咖啡黑盔蚧、猛水蚤目、矮化线虫属、茎线虫属、滑刃线虫属、真滑刃线虫属、矛线线虫科、小杆线虫目、胶孢炭疽菌属、茎点霉菌属
		滨海核果木	中国台湾	真滑刃线虫属、头垫刃线虫属、茎线虫属、矛线线虫科、滑刃线虫属、小盘旋线虫属
		佛肚树	泰国、澳大利亚、中国台湾	夜蛾科、毒蛾科、蚊科、大头蚁属、德国小蠊、小盘旋线虫属、滑刃线虫属、针线虫属、茎线虫属、矛线线虫科、野蛞蝓
		日日樱	中国台湾	短体线虫属、茎线虫属、滑刃线虫属、真滑刃线虫属、矛线线虫科
		一品红	意大利、荷兰、美国	小杆线虫目、滑刃线虫属、垫刃线虫属
4	蝶形花科	刺桐	泰国、印度尼西亚、中国台湾	刺桐姬小蜂、毒蛾科、夜蛾科、蝠蛾属、蚁属、褐圆盾蚧属、隐翅甲科、露尾甲科、叶甲科、螺旋线虫属、异皮亚线虫科、突腔唇线虫属、丝矛线虫属、真滑刃线虫属、小环线虫属、滑刃线虫属、牛筋草、小藜
		鸡冠刺桐	中国台湾	刺桐姬小蜂、露尾甲科、猎蝽科、枯叶蛾科、德国小蠊、毛刺线虫属、根结线虫属、咖啡根腐线虫、滑刃线虫属、长尾线虫属、小盘旋线虫属、茎线虫属、螺旋线虫属、矮化线虫属、曲霉菌属
5	冬青科	冬青	泰国、日本	根结线虫属、突腔唇线虫属、肾状线虫属、盾状线虫属、茎线虫属、滑刃线虫属、短体线虫属、剑线虫属、矛线线虫科

（续）

序号	科	种苗名称	来源国家或地区	有害生物名称
6	豆科	羊蹄甲	泰国、中国香港	罗望子果象、竹长蠹、仓潜、步甲科、郭公虫科、垫刃线虫属、滑刃线虫属、茎线虫属、长尾线虫属、肾状线虫属、矛线线虫科、小杆线虫目、拟茎点霉菌属、拟盘多孢属、镰孢菌属
7	杜鹃花科	杜鹃花	印度尼西亚、比利时、日本、德国、中国台湾	冠网蝽、金龟甲科、家蝇、根结线虫属、拟毛刺线虫属、毛刺线虫属、肾形拟毛刺线虫、头垫刃线虫属、滑刃线虫属、茎线虫属、长尾线虫属、突腔唇线虫属、肾状线虫属、矛线线虫科、小杆线虫目、栎树猝死病菌、链格孢菌属、根螨、蛞蝓属、蜗牛属、鼠妇科
		比利时杜鹃	荷兰、比利时、中国台湾	沙潜、长管蚜亚科、拟步甲科、拟毛刺线虫属、滑刃线虫属、茎线虫属、头垫刃线虫属、刺盘孢菌属
		大花杜娟	比利时	热带火蚁、长管蚜亚科、肾形拟毛刺线虫、突腔唇线虫属、丝尾垫刃线虫属、滑刃线虫属、头垫刃线虫属、长尾线虫属、杜鹃壳色多隔孢菌、壳二孢菌属
8	杜英科	杜英	泰国、澳大利亚	滑刃线虫属、茎线虫属、小杆线虫科
9	凤梨科	果子蔓	荷兰、中国台湾、韩国、洪都拉斯、哥斯达黎加、马来西亚、菲律宾	铺道蚁属、小家蚁属、粉蚧科、步甲科、香蕉穿孔线虫、短体线虫属、拟毛刺线虫属、螺旋线虫属、头垫刃线虫属、长尾科线虫、茎线虫属、矛线科线虫、突腔唇线虫属、滑刃线虫属、单齿线虫属、丝尾垫刃线虫属、长尾滑刃线虫属、盾线虫属、肾状线虫属、真滑刃线虫属、小盘旋线虫属、针线虫属、根结线虫属、镰刀菌、灰葡萄孢、盘长孢状刺盘孢菌、叶点霉菌属、碎米荠、菊科、弯曲碎米荠
10	含羞草科	雨豆树	泰国、中国台湾	滑刃线虫属、茎线虫属、丝矛线虫属、长尾线虫科、肾状线虫属、矛线线虫科
11	禾本科	唐竹	中国台湾	竹绿虎天牛、根结线虫属、毛刺线虫属、剑线虫属、短体线虫属、拟毛刺线虫属、头垫刃线虫属、螺旋线虫属、长尾线虫属、滑刃线虫属、茎线虫属、矮化线虫属、真滑刃线虫属、丝矛线虫属、刺盘孢菌属
12	黄杨科	黄杨	中国台湾	日本龟蜡蚧、蓟马科、蚧科、叶甲科、瓢虫科、隐翅甲亚科、食蚜蝇科、刺蛾科、毒蛾科、小家蚁、红火蚁、茎线虫属、滑刃线虫属、真滑刃线虫属、针线虫属、肾形肾状线虫、细纹垫刃线虫属、螺旋线虫属、细小线虫属、垫刃线虫属、剑囊线虫属、刺盘孢菌属、青霉菌属、田旋花、马唐、蒿草属、非洲大蜗牛、同型巴蜗牛、野蛞蝓、鼠妇
13	夹竹桃科	糖胶树	泰国、中国台湾	拟粉虫属、截头堆砂白蚁、小家蚁、隐翅虫属、美洲大蠊、日本螻蝗、小点拟粉虫、铜绿丽金龟、德国小蠊、竹竿粉长蠹、热带火蚁、新白蚁属、短体线虫属、剑线虫属、针线虫属、滑刃线虫属、真滑刃线虫属、茎线虫属、小杆目线虫、丝矛线虫属、矮化线虫属、矛线线虫科、长尾线虫属、根结线虫、剑线虫属、螺旋线虫属、烟霉属、旋花科、苣荬菜、田旋花、非洲大蜗牛、同型巴蜗牛、鼠妇
13	夹竹桃科	鸡蛋花	印度尼西亚、泰国、中国台湾	弧纹坡天牛、剑线虫属、根结线虫属、短体线虫属、小盘旋线虫属、滑刃线虫属、真滑刃线虫属、针线虫属、螺旋线虫属、小环线虫属、丝矛线虫属、茎线虫属、头垫刃线虫属、肾状线虫属、矛线线虫科、拟茎点霉属

（续）

序号	科	种苗名称	来源国家或地区	有害生物名称
13	夹竹桃科	沙漠蔷薇	泰国、中国台湾	滑刃线虫属、茎线虫属、小盘旋线虫属、针线虫属、真滑刃线虫属、镰刀菌属
14	锦葵科	黄槿	泰国、中国台湾	滑刃线虫属、茎线虫属、小环线虫属、长尾线虫属、矛线线虫科、镰刀菌属、茎点霉菌属、刺盘孢菌属
15	兰科	蕙兰	韩国、中国台湾、日本	铺道蚁属、小家蚁属、露尾甲科、黑褐圆盾蚧、蠼螋科、粉蚧科。线虫：草莓滑刃线虫、小盘旋线虫属、长尾线虫属、突腔唇线虫属、垫刃线虫属、滑刃线虫属、茎线虫属、螺旋线虫属、肾状线虫属、丝矛线虫属、头垫刃线虫属、真滑刃线虫属、小杆线虫目、矛线线虫科、单齿线虫属、刺盘孢菌属、兰叶短刺盘孢菌、盘长孢状刺盘孢菌、葡萄孢菌属、叶点霉菌属、柱盘孢属、尖孢镰刀菌、胶孢炭疽菌、镰孢菌属、链格孢菌属、木霉菌属、芽枝霉属。原核生物：唐菖蒲伯克氏菌、齿兰环斑病毒、建兰花叶病毒。螨类：根螨、鲜甲螨、白花菜、苍耳、刺苍耳、酢浆草、大戟科、繁缕、豆科、碎米荠、黄鹌菜、弯曲碎米荠、蜈蚣科、蜗牛科、蜘蛛目
		蝴蝶兰	韩国、中国台湾	剑线虫属、草莓滑刃线虫、茎线虫属、滑刃线虫属、针线虫属、螺旋线虫属、丝矛线虫属、突腔唇线虫属、真滑刃线虫属、长尾线虫属、拟滑刃线虫属、矛线线虫科、小杆目线虫、刺盘孢菌属、镰刀菌属、兰花细菌性褐腐病菌、黄瓜花叶病毒、建兰花叶病毒、根螨、鲜甲螨、酢浆草
		卡特兰	中国台湾	长尾线虫属、滑刃线虫属、茎线虫属、小杆线虫目、单齿线虫属、突腔唇线虫属、丝矛线虫属、矛线线虫科、兰叶短刺盘孢菌、炭疽菌属
		石斛兰	泰国、日本、中国台湾	茎线虫属、丝矛线虫属、长尾线虫属、真滑刃线虫属、滑刃线虫属、螺旋线虫属、矛线线虫科、小杆线虫目、单齿线虫属、突腔唇线虫属、茎线虫属、盘长孢状刺盘孢菌、枝孢属、镰刀菌属、枝孢菌属、炭疽菌属、马唐
		兜兰	中国台湾	滑刃线虫属、茎线虫属、长尾线虫科、矛线线虫科
		文心兰	中国台湾	丝尾垫刃线虫属、滑刃线虫属、茎线虫属、突腔唇线虫属、长尾线虫科、矛线线虫科、酢浆草
16	龙舌兰科	香龙血树	哥斯达黎加、斯里兰卡、洪都拉斯、西班牙、中国台湾	蔗扁蛾、长角象科、赤足郭公虫、小家蚁属、铺道蚁属、隐翅甲科、蚁属、毛棒象属、长尾线虫属、单齿线虫属、突腔唇线虫属、滑刃线虫属、真滑刃线虫属、茎线虫属、矛线线虫科、丝矛线虫属、小杆线虫目、镰孢菌属、青霉菌属、可可球二孢菌、色二孢菌属、胶孢炭疽菌、罗氏根螨、根螨、鲜甲螨、粉螨科
		百合竹	印度尼西亚、中国台湾	滑刃线虫属、丝矛线虫属、肾状线虫属、真滑刃线虫属、茎线虫属、矮化线虫属、长尾线虫属、单齿线虫属、杆垫刃线虫属、小杆线虫目、小盘旋线虫属、突腔唇线虫属、炭疽菌属
		虎尾兰	泰国、马来西亚、中国台湾	根结线虫属、滑刃线虫属、茎线虫属、头垫刃线虫属、真滑刃线虫属、长尾线虫科
		酒瓶兰	泰国、马来西亚、中国台湾	根结线虫属、滑刃线虫属、茎线虫属、头垫刃线虫属、真滑刃线虫属、长尾线虫科
		万年麻	中国台湾	根结线虫属、滑刃线虫属、茎线虫属、突唇腔线虫属

（续）

序号	科	种苗名称	来源国家或地区	有害生物名称
16	龙舌兰科	象脚王兰	哥斯达黎加、洪都拉斯、印度尼西亚、中国台湾	蔗扁蛾、叶甲科、铺道蚁属、小家蚁属、露尾甲属、长尾线虫属、单齿线虫属、茎线虫属、真滑刃线虫属、滑刃线虫属、丝矛线虫属、矛线线虫科、镰刀菌属、拟茎点霉菌属、盘长孢状刺盘孢菌、可可球二孢菌、刺足根螨、根螨、鲜甲螨、粉螨科、罗氏根螨
		朱蕉	荷兰、印度尼西亚、哥斯达黎加、中国台湾	象甲、蔗扁蛾、真滑刃线虫属、盾线虫属、滑刃线虫属、茎线虫属、长尾线虫属、矛线线虫科、细菌性叶斑病、单齿线虫属、丝矛线虫属
17	露兜树科	红刺露兜树	中国台湾	象甲、蔗扁蛾、盾线虫属、长尾线虫属、单齿线虫属、茎线虫属、真滑刃线虫属、滑刃线虫属、丝矛线虫属、矛线线虫科、细菌性叶斑病菌。
18	旅人蕉科	鹤望兰	中国香港和台湾	刺盘孢菌属、青霉菌属、拟盘多孢属
		旅人蕉	马达加斯加岛、中国台湾	三锥象甲、根结线虫属、滑刃线虫属
19	罗汉松科	罗汉松	泰国、印度尼西亚、日本、中国台湾	罗汉松新叶蚜、七星瓢虫、异色瓢虫、红点唇瓢虫、谷象、毛蚁属、丽金龟科、角蜡蚧、肾圆盾蚧属、盔唇瓢虫属、盾蚧科、潜蛾科、长蝽科、螽斯科、金龟甲科、毒蛾科、菜蛾科、透翅蛾科、枯叶蛾科、灯蛾科、蝽科、荔蝽科、热带火蚁、东方肾盾蚧、黑刺粉虱 穿刺短体线虫、根结线虫属、短体线虫属、剑线虫属（传毒种类）、毛刺线虫属、拟毛刺线虫属、马铃薯茎线虫、长针线虫属、滑刃线虫属、真滑刃线虫属、丝矛线虫属、茎线虫属、肾状线虫属、剑囊线虫属、盾线虫属、长尾线虫属、突腔唇线虫属、矮化线虫属、小盘旋线虫属、螺旋线虫属、头垫刃线虫属、小环线虫属、针线虫属、单齿线虫属、矛线线虫科、可可花瘿病菌、镰孢菌属、罗汉松盘多毛孢菌、鲜甲螨、根螨、真螨目、非洲大蜗牛
20	木兰科	含笑	中国台湾	穿刺短体线虫、滑刃线虫属、真滑刃线虫属、丝矛线虫属、长尾线虫属、针线虫属、矮化线虫、小盘旋线虫、茎线虫
21	木麻黄科	木麻黄	中国台湾	德国小蠊、铜绿丽金龟、拟步甲科、隐翅甲科、毒蛾科、蚁科、瓢虫科盘环线虫属、剑囊线虫属、小杆线虫科、同型巴蜗牛
22	木棉科	美丽异木棉	中国台湾	穿刺短体线虫、滑刃线虫属、真滑刃线虫属、丝矛线虫属、长尾线虫属、针线虫属、矮化线虫、小盘旋线虫、茎线虫
		马拉巴栗	印度尼西亚、哥斯达黎加、荷兰、马来西亚、中国香港和台湾	小家蚁、铺道蚁属、毛蚁属、多刺蚁属、露尾甲科、蔗扁蛾、隐翅甲科、皮蠹属、瘤小蠹属、毛皮蠹属、毛蚁属、对粒材小蠹、蔗扁蛾、短体线虫属、根结线虫属、滑刃线虫、真滑刃线虫、矛线线虫、茎线虫、丝矛线虫属、长尾线虫属、肾状线虫属、单齿线虫属、小盘旋线虫属、针线虫属、小杆线虫、螺旋线虫属、突腔唇线虫、镰刀菌属、刺盘孢菌属、可可球二孢、链格孢属、青霉菌属、弯孢菌、尖孢镰刀菌、拟茎点霉菌属、盘长孢状刺盘孢菌、兰氏罗甲螨、粉螨、普通肉食螨、根螨、新奥甲螨、鲜甲螨、光滑菌甲螨、棒耳头甲螨、真螨目、雀麦属
23	木犀科	日本女贞	日本、美国、法国、中国台湾	短体线虫属（非中国种）、滑刃线虫属、茎线虫属、单齿线虫属、真滑刃线虫属、链格孢菌属、镰刀菌属

（续）

序号	科	种苗名称	来源国家或地区	有害生物名称
24	槭树科	鸡爪槭	中国台湾	角蜡蚧、猎蝽科、螳螂目、举腹蚁属、天牛科、刺蛾科、蚁科、蝽科、细蛾科、毒蛾科、夜蛾科、德国小蠊、胼胝拟毛刺线虫、长针线虫属（传毒种类）、毛刺线虫科（传毒种类）、细纹垫刃线虫属、螺旋线虫属、纽带线虫属、剑囊线虫属、突腔唇线虫属、垫刃线虫属、丝矛线虫属、盘环线虫属、具毒毛刺线虫、马丁长针线虫、蒿草属、节节草、蕨属
25	千屈菜科	大花紫薇	印度尼西亚、泰国、中国台湾	滑刃线虫属、根结线虫非中国种、剑线虫属、真滑刃线虫属、茎线虫属、小环线虫属、矮化线虫属、长尾线虫属、头垫刃线虫属、杆垫刃线虫属、螺旋线虫属、丝矛线虫属
26	蔷薇科	红果树	印度尼西亚、中国台湾	香蕉穿孔线虫、长尾线虫属、头垫刃线虫属、螺旋线虫属
		火棘	印度尼西亚、中国台湾	长尾线虫属、头垫刃线虫属、螺旋线虫属
		玫瑰	中国台湾	滑刃线虫属、茎线虫属、真滑刃线虫属
27	桑科	面包树	中国台湾	滑刃线虫属、小盘旋线虫属、茎线虫属、矮化线虫属、真滑刃线虫属、丝矛线虫属
		榕树	澳大利亚、印度尼西亚、泰国、马来西亚、中国台湾	榕管蓟马、大腿榕管蓟马、矛线科线虫、剑线虫属、咖啡短体线虫、茎线虫、小环线虫属、长尾线虫属、根结线虫非中国种、短体线虫属、穿刺短体线虫、咖啡根腐线虫、螺旋线虫属、矮化线虫属、滑刃线虫属、真滑刃线虫属
28	山茶科	山茶	中国台湾	凤蝶、茶花蝽、褐圆蚧、穿刺根腐线虫、小环线虫属、滑刃线虫属、螺旋线虫属、丝矛线虫属、茶花叶黄斑病、茶花斑点病、茶花灰斑病
		厚皮香	中国台湾	毛蚁属、滑刃线虫属、矛线线虫科
29	山榄科	神秘果	中国台湾	丝矛线虫属、茎线虫属、滑刃线虫属、矛线线虫科、真滑刃线虫属
30	石竹科	康乃馨	荷兰、意大利、西班牙、以色列、法国	滑刃线虫属、长尾线虫属、畸形茎线虫、链格孢菌属、镰刀菌属、枝孢菌属
31	使君子科	小叶榄仁	泰国、中国台湾	土白蚁、螺旋粉虱、螺旋线虫属、长尾线虫属、茎线虫属、肾状线虫属、矛线线虫科、真滑刃线虫属、丝矛线虫属
32	柿树科	枫港柿	中国台湾	步甲科、日本蠼螋、角蜡蚧、瓢虫科、刺蛾科、角蜡蚧、叶蝉科、梅氏刺蚁、棕色金龟、蝼蛄科、蓑蛾科、隐翅虫属、蝇科、德国蜚蠊、盘环线虫属、细纹垫刃线虫属、锥线虫属、纽带线虫属、螺旋线虫属、肾形肾状线虫、烟霉属、马唐、苋科、田旋花、菊科、苣荬菜、非洲大蜗牛、野蛞蝓
		象牙树	中国台湾	拟毛刺线虫属、剑线虫属、根结线虫属、滑刃线虫、小盘旋线虫、丝矛线虫属、真滑刃线虫属、茎线虫属
33	苏木科	盾柱木	泰国、马来西亚、中国台湾	香蕉穿孔线虫、穿刺短体线虫、突腔唇线虫属、矮化线虫属、茎线虫属、拟毛刺线虫属、毛刺线虫属、短体线虫属、螺旋线虫属、小盘旋线虫属、滑刃线虫属、真滑刃线虫属

（续）

序号	科	种苗名称	来源国家或地区	有害生物名称
34	苏铁科	苏铁	中国台湾、印度尼西亚及菲律宾	小家蚁属、曲纹紫灰蝶、蚧科、滑刃线虫属、真滑刃线虫属，茎线虫属、长尾线虫属、矛线科线虫、小盘旋线虫属、苏铁壳二孢、青霉菌属、曲霉菌属、根霉菌属、小球腔菌属、豆科、蝶形花科、环口螺属、非洲大蜗牛
35	桫椤科	笔筒树	中国台湾	象虫科、皮下甲科、多刺蚁属、跳蠖科、缘蝽科、剑线虫属、拟长针线虫、针线虫属、长尾线虫属、剑囊线虫属、小环线虫属、头垫刃线虫属、滑刃线虫属、螺旋线虫属、肾状线虫属、矮化线虫、茎线虫属、真滑刃线虫属、丝矛线虫属、矛线虫科、小盘旋线虫属、蜈蚣属
		桫椤	中国台湾	滑刃线虫、茎线虫属、真滑刃线虫属
36	桃金娘科	红千层	澳大利亚	葡萄孢菌属、轮枝孢菌属、座枝孢属、青霉菌属、枝顶孢霉属、镰刀菌属
		嘉宝果	中国台湾	滑刃线虫属、真滑刃线虫属、小盘旋线虫属、螺旋线虫属、茎线虫属、头垫刃线虫属
		洋蒲桃	印度尼西亚	螟蛾科、番石榴果实蝇、桔小实蝇、堆粉蚧属、青霉菌属、棕榈疫霉菌
		蒲桃	泰国、马来西亚、中国台湾	短体线虫属、毛刺线虫属、滑刃线虫属、真滑刃线虫属、丝矛线虫属、茎线虫属、矛线线虫科、香蕉穿孔线虫、穿刺短体线虫、根结线虫、短体线虫属、矮化线虫属、拟毛刺线虫属、螺旋线虫蒲桃、突腔唇线虫属、滑刃线虫、长尾线虫科
37	藤黄科	菲岛福木	中国台湾	新菠萝灰粉蚧、七角星蜡蚧、黑褐圆盾蚧、线虫：短体线虫属、根结线虫属、小盘旋线虫属、丝矛线虫属、真滑刃线虫属，滑刃线虫属、长尾线虫属、茎线虫属、喀斯特炭疽菌、非洲大蜗牛、疫霉属
38	天南星科	白掌	哥伦比亚	短体线虫属非中国种
		菖蒲	比利时、南非	长尾线虫科、茎线虫属、矛线线虫科、真滑刃线虫属、滑刃线虫属
		龟背竹	墨西哥、美国、中国台湾	滑刃线虫属、镰刀菌、青霉菌属、轮枝孢菌属、枝孢菌属、尖孢镰刀菌
		尖尾芋	中国台湾	滑刃线虫属、矛线线虫科、胶孢炭疽病菌、海芋细菌性叶斑病菌、黄瓜花叶病毒
		火鹤花	荷兰	七角星蜡蚧、史植鳃金龟、日本金龟子、柚叶并盾介壳虫、香蕉穿孔线虫、草莓滑刃线虫、根结线虫（非中国种）、长针线虫（传毒种类）、毛刺线虫（传毒种类）、短体线虫属、剑线虫属、短体线虫（非中国种）、蛞蝓
		铜钱树	印度尼西亚、中国台湾	七角星蜡蚧、史植鳃金龟、日本金龟子、柚叶并盾介壳虫、热带火蚁、露尾甲科、铺道蚁属、小家蚁属、香蕉穿孔线虫、草莓滑刃线虫、根结线虫（非中国种）、长针线虫（传毒种类）、毛刺线虫（传毒种类）、短体线虫属、剑线虫属、滑刃线虫属、真滑刃线虫属、茎线虫属、长尾科线虫、矛线科线虫、丝尾垫刃线虫、单齿线虫属、针线虫属、肾状线虫属镰刀菌、根螨、蛞蝓
39	无患子科	栾树	中国台湾	盾蚧科、毛刺线虫属（传毒种）、拟毛刺线虫属（传毒种）、根结线虫属、短体线虫属、针线虫属、螺旋线虫属、穿刺根腐线虫、矮化线虫属、滑刃线虫属、真滑刃线虫属、茎线虫属、矛线线虫科、头垫刃线虫属、小盘旋线虫属

（续）

序号	科	种苗名称	来源国家或地区	有害生物名称
40	五加科	鹅掌藤	中国台湾	滑刃线虫属、真滑刃线虫属、螺旋线虫属、茎线虫属
		南洋参属	印度尼西亚、哥斯达黎加、中国台湾	毛小蠹属、梢小蠹属、圆盾蚧亚科、锦天牛属、滑刃线虫属、真滑刃线虫属、单齿线虫属、长尾线虫属、螺旋线虫属、茎线虫属、矮化线虫属、丝矛线虫属、肾状线虫属、突腔唇线虫、盾状线虫、小杆线虫目、矛线虫科、镰孢菌属、可可球二孢、胶孢炭疽菌、根螨、非洲大蜗牛
41	仙人掌科	金琥	美国、西班牙、中国台湾	露尾甲科、小家蚁属、铺道蚁属、隆肩露尾甲、滑刃线虫、螺旋线虫、真滑刃线虫、丝矛线虫属、单齿线虫属、茎线虫属、小杆线虫目，矛线目线虫、镰刀菌属、罗氏根螨、碎米荠、狗尾草属、柳穿鱼属、小藜、皱果苋、野塘蒿、苦苣菜、酢浆草 菊科、藿香蓟、牵牛属、禾本科、藜属
		麒麟树	西班牙	滑刃线虫属，真滑刃线虫属，拟滑刃线虫属，矛线目线虫、欧洲菟丝子
42	榆科	朴树	中国台湾	根结线虫属、真滑刃线虫属、滑刃线虫属、小盘旋线虫属、螺旋线虫属、长尾线虫属
43	芸香科	胡椒木	中国台湾	德国小蠊、铜绿丽金龟、拟步甲科、隐翅甲科、毒蛾科、蚁科、瓢虫科、盘环线虫属、剑囊线虫属、小杆线虫科、同型巴蜗牛
		九里香	泰国、印度尼西亚、中国台湾	根结线虫属、拟长针线虫属、拟毛刺线虫属（传毒种）、南方根结线虫、毛刺线虫属（传毒种）、长尾线虫属、矮化线虫属、滑刃线虫属、真滑刃线虫属、茎线虫属、螺旋线虫属、小盘旋线虫属、丝矛线虫属、剑线虫属、针线虫（传毒种）、小杆线虫目、肾状线虫（传毒种）、小环线虫属、杆垫刃线虫属、突腔唇线虫属、环线虫属
44	樟科	肉桂	中国台湾	黑刺粉虱、蚧壳虫、滑刃线虫、真滑刃线虫、茎线虫、帚梗孢、轮枝菌、镰刀菌
45	竹芋科	竹芋	荷兰、中国台湾	根结线虫属、长尾科线虫、滑刃线虫属、矛线科线虫、茎线虫属
46	紫金牛科	朱砂根	中国台湾	根结线虫
47	紫葳科	菜豆树	荷兰	滑刃线虫属、茎线虫属、垫刃线虫属
48	棕榈科	霸王棕	泰国、韩国、中国台湾	椰心叶甲、红棕象甲、二点象甲属、椰蛀犀金龟、短体线虫属、根结线虫属、螺旋线虫属、茎线虫属、真滑刃线虫属、滑刃线虫属、丝矛线虫属、小盘旋线虫属、矮化线虫属
		国王椰子	毛里求斯	二点象甲属、隐颏象、壳二孢菌属、青霉菌属、曲霉菌属、镰孢菌属、根霉菌属
		菜棕	美国东南部佛罗里达州和西印度群岛，巴哈马，古巴	尖孢镰刀菌、可可毛色二孢菌、轮枝孢菌属、青霉菌属、镰孢菌属、德氏霉属
		华盛顿椰子	泰国、韩国	椰心叶甲、二色椰子潜叶甲、嗜糖椰子潜叶甲、扁潜甲属、隐喙象属、红棕象甲、椰蛀犀金龟、象甲科、步甲科、露尾甲科、蜚蠊目、真滑刃线虫属、滑刃线虫属、针线虫属、小环线虫属、拟毛刺线虫、螺旋线虫属、肾状线虫、茎线虫属、根结线虫属、小盘旋线虫属、矮化线虫属、长尾线虫属、头垫刃线虫属、丝矛线虫属、小杆线虫目

（续）

序号	科	种苗名称	来源国家或地区	有害生物名称
48	棕榈科	加拿利海枣	泰国、韩国、美国	棕榈核小蠹、扁潜甲属、黄斑花金龟、花金龟科、象甲科、Coraliomela quadrimaculata、根结线虫属、长尾线虫属、滑刃线虫属、小盘旋线虫属、矛线线虫科、茎线虫属、丝矛线虫属
		酒瓶椰子	泰国、毛里求斯、中国台湾	二点象属、嗜糖椰子潜叶甲、二色椰子潜叶甲、扁潜甲属、根结线虫属、滑刃线虫属、真滑刃线虫属、小环线虫属、长尾线虫属、丝矛线虫属、茎线虫属、螺旋线虫属
		青棕	泰国	水椰八角铁甲、扁潜甲
		散尾葵	巴西、洪都拉斯、哥斯达黎加	紫斑蛱蝶、尖孢镰刀菌、可可毛色二孢、轮枝孢菌属、青霉菌属、镰刀菌属、德氏霉属
		袖珍椰子	墨西哥	滑刃线虫属、镰刀菌属
		银海枣	泰国、韩国、中国台湾	花金龟科、红棕象甲、根结线虫属、毛刺线虫属、矮化线虫、滑刃线虫属、丝尾垫刃线虫、矛线线虫科、肾状线虫、真滑刃线虫属、小杆线虫目、穿刺短体线虫、剑线虫属、短体线虫属、拟毛刺线虫属、长尾线虫属、小盘旋线虫属、螺旋线虫属、小环线虫属、丝矛线虫属、茎线虫属、镰孢菌属

附录2　林木种苗名录

（以汉语拼音为序）

B

百合 *Lilium brownii* var. *viridulum* Baker

变叶木 *Codiaeum variegatum* (L.) Bl.

滨海核果木 *Drypetes littoralis*（C. B. Rob. ）Merr.

比利时杜鹃 *Rhododendron hybrida* Belgium

百合竹 *Dracaena reflexa* Lam

笔筒树 *Sphaeropteris lepifera* (Hook.) Tryon

白掌 *Spathiphyllum floribundum* Clevelandii

霸王棕 *Bismarckia nobillis* Hildebr. et H. Wendl

C

刺桐 *Erythrina variegata* L.

菖蒲 *Acorus calamus* L.

菜豆树 *Radermachera sinica* (Hance) Hemsl.

菜棕 *Sabal palmetto* (Walter)Lodd. ex Roem. et Schult.

D

冬青 *Ilex chinensis* Sims（*Ilex purpurea* Hassk）

杜鹃花 *Rhododendron simsii* Planch

大花杜鹃 *Rhododendron megalanthum* Fang f.

杜英 *Elaeocarpus decipiens* Hemsl.

兜兰 *Paphiopedilum hybrida*

大花紫薇 *Lagerstroemia speciosa* (L.) Pers.

盾柱木 *Peltophorum pterocarpum* (DC.) Baker ex K. Heyne

E

鹅掌藤 *Schefflera arboricola* Hay.

F

风信子 *Hyacinthus orientalis* L.

佛肚树 *Jatropha podagrica* Hook.

枫港柿 *Diospyros vaccinioides* Lindl.

菲岛福木 *Garcinia subelliptica* Merr

G

果子蔓 *Guzmania lingulata* (L.) Mez.

龟背竹 *Monstera deliciosa* Liebm.

国王椰子 *Ravenea rivularis* Jum. et Perrier

H

黄杨 *Microphylla* Sieb. Et Zucc.

黄槿 *Hibiscus tiliaceus* L.

蕙兰 *Cymbidium hybrida*

蝴蝶兰 *Phalaenopsis hybrida* Hort.

虎尾兰 *Sansevieria trifasciata* Prain

红刺露兜树 *Pandanus utilis* Bory.

鹤望兰 *Strelitzia reginae* Aiton

含笑 *Michelia figo* (Lour.) Spreng.

红果树 *Stranvaesia davidiana* Dcne.

火棘 *Pyracantha fortuneana* (Maxim.) L.

厚皮香 *Ternstroemia gymnanthera* (Wight.et Arn.) Sprague

红千层 *Callistemon rigidus* R. Br.

火鹤花 *Anthurium andraeanum* Lind.

胡椒木 *Zanthoxylum* Odorum

华盛顿椰子 *Washingtonia filifera* (Lind. ex Andre) H. Wendl.

J

鸡冠刺桐 *Erythrina cristagalli* L.

鸡蛋花 *Plumeria rubra* L. var. *acutifolia* (Poir.) Ball

酒瓶兰 *Nolina recurvata*

鸡爪槭 *Acer palmatum* Thunb.

嘉宝果 *Myrciaria cauliflora* Berg.

铜钱树 *Paliurus hemsleyanus* Rehd, Schir&Olabi

金琥 *Echinocactus grusonii* Hildm.

九里香 *Murraya exotica* L.

加拿利海枣 *Phoenix canariensis* Hort ex Chab

酒瓶椰子 *Hyophorbe lagenicaulis* H.E. Moore

尖尾芋 *Alocasia cucullata* (Lour.) G.Don

K

卡特兰 *Cattleya hybrida*

L

旅人蕉 *Ravenala madagascariensis* Adans.

罗汉松 *Podocarpus macrophyllus* (Thunb.) D.Don

栾树 *Koelreuteria paniculata* Laxm.

M

木麻黄 *Casuarina equisetifolia* L.

马拉巴栗 *Pachira macrocarpa* Jasminum sambac

玫瑰 *Rosa rugosa* Thunb.

面包树 *Artocarpus atilis* (Park.) Fosberg

美丽异木棉 *Chorisia speciosa* (A.St.Hil.) Ravenna

N

南洋参属 *Polyscias* J.R.exG.Fort.

P

蒲桃 *Syzygium jambos* (L.) Alston

朴树 *Celtis sinensis* Pers.

Q

麒麟树

青棕 *Ptychospema macarthurii* (H.Wendl.ex H.J.Veitch) H.Wendl ex Hook.f.

R

日日樱 *Jatropha integerrime* L.

日本女贞 *Ligustrum japonicum* Thunb.

榕树 *Ficus microcarpa* L.f.

肉桂 *Cinnamomum cassia* Presl

S

沙漠蔷薇 *Adenium obesum* (Forssk.) Roem. & Schult

石斛兰 *Dendrobium hybrida*

山茶花 *Camellia japonica* L.

神秘果 *Synsepalum dulcificum* Denill

苏铁 *Cycas revoluta* Thunb.

桫椤 *Cyathea spinulosa* (Wall.ex Hovk.) R.M.Tryon

散尾葵 *Chrysalidocarpus lutescens* Wendland.

T

唐竹 *Sinobambusa tootsik* (Sieb.) Makino

糖胶树 *Alstonia scholaris* (L.) R.Br.

W

文心兰 *Oncidium hybrida*

万年麻 *Furcraea foetida* (L.) Haw.

X

香龙血树 *Dracaena fragrans* (L.) Ker Gawl

象脚王兰 *Yucca elephantipes* Regel

小叶榄仁 *Terminalia neotaliala* Capuron

象牙树 *Diospyros ferrea* (Willd.) Bakh.

袖珍椰子 *Chamaedorea elegans* Martius

香石竹 *Dianthus caryophyllus* L.

小果柿 *Diospyros vaccinioides* LindL.

Y

郁金香 *Tulipa gesneriana* L.

一品红 *Euphorbia pulcherrima* Willd.

羊蹄甲 *Bauhinia purpurea* L.

雨豆树 *Samanea saman* Merr.

洋蒲桃 *Syzygium samarangense*（Bl. ）Merr. et Perry

银海枣 *Phoenix sylvestris* (L) Roxburgh

Z

朱蕉 *Cordylnie fruticosa* (L.) A. Cheval.

竹芋 *Maranta arundinacea* L.

朱砂根 *Ardisia crenata* Sims.

真柏 *Juniperus chinensis*

附录3　有害生物中文名录

（以汉语拼音为序）

A

矮化线虫属 *Tylenchorhynchus* Cobb

B

步甲科 Carabidae

扁潜甲 *Pistosia* sp.

白星花金龟 Potosia brevitarsis Lewis

柏大蚜 *Cinara tujafilina*

扁潜甲属 *Pistosia* sp.

北方根结线虫 M.*hapla*

百合斑驳病毒 *Lily mottle virus*

百合无症病毒 *Lily symptomless Carla virus*, (LSV)

蜱螨目 Acarina

白花菜 *Cleome gynandra*

比萨茶蜗牛 *Thebapisana* M ü ller

C

长管蚜亚科 Macrosiphinae

刺蛾科 Limacodidae

吹绵蚧 *Icerya purchasi* Maskell

茶毒蛾 *Euproctis pseudoconspersa* Strand

橙褐圆蚧 *Chrysomphalus dictyospermi* (Morgan)

菜粉蝶 *A rtogeia rapae* (Linnaeus)

长蝽科 Lygaeidae

菜蛾科 Plutellidae

长角象科 Anthribdae

蝽科 Pentatomidae

刺桐姬小蜂 *Quadrastichus erythrinae* Kim

草莓滑刃线虫 *Aphelenchoides fragariae*

穿刺根腐线虫 *Pratylenchus penetrans*

长尾线虫科 Seinuridae

长尾线虫属 *Seinura* sp.

长尾滑刃线虫 *Aphelenchoides longicaudatus*

长针线虫科 Longidoridae

长针线虫属 *Longidorus* Filipjev

穿刺短体线虫 *Pratylenchus penetrans*

刺盘孢菌属 *Colletotrichum* sp.

齿兰环斑病毒 *Odontoglossum ring spot virus*

刺足根螨 *Rhizoglyphus echinopus*

赤足夜螨 *Halotydeus destructor* (Tucker)

车前 *Plantago asiatica*

苍耳 *Xanthium sibiricum* Patrin.

刺苍耳 *Xanthium*

仓潜 *Mesomorphus villiger*

D

对粒材小蠹 *Xyleborus perforans* Wollaston

盾蚧科 Diaspididae

毒蛾科 Lymantriidae

灯蛾科 Arctiidae

多刺蚁属 *Polyrhachis* sp.

大戟科 Euphorbiaceae

大头蚁属 *Pheidole* sp.

德国小蠊 *Blattella germanica*

德国蜚蠊 *Blatta germanica*

堆粉蚧属 *Nipaecoccus* sp.

大腿榕管蓟马 *Mesotrips jordani* Zimm

大毛唇潜甲 *Lasiochila gestroi* (Baly)

短体线虫属 *Pratylenchus* sp.

单齿线虫属 *Mononchus* sp.

垫刃线虫属 *Tylenchus* sp.

垫刃线虫目 Tylenchida

盾线虫属 *Scutellonema* Andrassy

锐尾剑线虫 *Xiphinema oxycaudatum* Lamberti

大茎点霉属 *Macrophoma* sp.

德氏霉属 *Drechslera* sp.

豆科 Leguminosae

蝶形花科 Papilionadeae

E

F

G

H

J

菊基腐病菌 *Erwinia chrysanthemi* Burkholder et al.
建兰花叶病毒 *Cymbidium mosaic* Potex *virus*
苣荬菜 *Sonchus brachyotus*
节节草 *Equisetum ramosissimum*
蕨属 *Pteridium* sp.
菊科 Compositae

K

咖啡黑盔蚧 *Saissetia coffeae* (Walker)
枯叶蛾科 Lasiocampidae
盔唇瓢虫属 *Chilocorus* sp.
考氏白盾蚧 *Pseudaulacaspis cockerelli* (Cooley)
刻痕短体线虫 *Pratylenchus crenatus*
咖啡根腐线虫 *Pratylenchus coffeae*
咖啡短体线虫 *Pratylenchus coffeae* Filipjev
可可球二孢菌 *Botryodiplodia theobromae*
可可毛色二孢 *Lasiodiplodia theobromae*
壳二孢菌属 *Ascochyta* sp.
喀斯特炭疽菌 *Colletotrichum karstii*
可可花瘿病菌 *Nectria rigidiuscula* Berk
苦苣菜 *Sonchus oleraceus* L.
蛞蝓 Limacidae

L

罗汉松新叶蚜 *Neophyllaphis podocarpi* Takahashi
丽金龟科 Rutelidae
荔蝽科 Tessaratoma papillosa
露尾甲科 Nitidulidae
露尾甲属 *Glischrochilus* sp.
猎蝽科 Reduviidae
罗望子果象 *Sitophilus linearis*
蝼蛄科 Gryllotalpidae
螺旋粉虱 *Aleurodicus dispersus* Russell
楝星天牛 *Anoplophora horsfieldi* (Hope)
瘤小蠹属 *Orthotomicus* sp.
卢斯短体线虫 *Pratylenchus loosi* Loof
鳞球茎茎线虫 *Ditylenchus dipsaci*
螺旋线虫属 *Helicotylenchus* sp.
罗汉松盘多毛孢菌 *Pestalotia podocarpi*
轮枝孢菌属 *Verticillium* sp.
镰刀菌属 *Fusarium* sp.
兰叶短刺盘孢菌 *Colletotrichum orchidearum* f. *cymbidii*
兰花细菌性褐腐病菌 *Erwinia cypripedii*
梨火疫病菌 *Erwinia amylovora*
链格孢菌属 *Alternaria* sp.
兰氏罗甲螨 *Lohmannia lanceolata*
罗宾根螨 *Rhizoglyphus robini*
柳穿鱼属 *Linaria* sp.
藜属 *Chenopodium* sp.

M

美洲大蠊 *Periplaneta americana*
梅氏刺蚁 *Polyrhachis illaudata*
螟蛾科 Pyralidae
玫瑰短喙象 *Pantomorus cervinus* (Boheman)
美洲斑潜蝇 *Liriomyza sativae* Blanchard
毛蚁属 *Lasius* sp.
毛小蠹属 *Dryocoetes* sp.
毛皮蠹属 *Attagenus* sp.
马丁长针线虫 *Longidorus matini*
美洲剑线虫 *Xiphinema americanum* Cobb.
毛刺线虫属 *Trichodorus* Cobb.
毛刺线虫科 Trichodoridae
矛线目线虫 Dorylaimda
矛线线虫科 Dorylaimidae
矛线线虫属 *Dorylaimus* sp.
马铃薯茎线虫 *Ditylenchus destructor* Thorne
蘑菇滑刃线虫 *Aphelenchoides composticola*
木霉菌属 *Trichoderma* sp.
马唐 *Digitaria sanguinalis*
猛水蚤目 Harpacticoida

N

瘤小蠹属 *Orthotomicus* sp.
拟步甲 *Opatrum subaratum*
拟步甲科 Tenebrionidae
南洋臀纹粉蚧 *Planococcus lilacius* Cockorell

苏铁壳二孢 *Ascochyta cycadina*
栎树猝死病菌 *Phytophthora ramorum* Werres
炭疽菌属 *Colletotrichum* sp.
色二孢 *Diplodia* sp.
麝香石竹环斑病毒 *Carnation ring spot virus*
苏铁坏死矮化病毒 Cycas necrotic stunt virus
酸浆 *Physalis alkekengi*
酸浆属 *Physalis* sp.
碎米荠 *Cardamine hirsuta*
田旋花 *Convolvulus arvensis* L.
蛇尾草 *Ophiuros exaltatus*
鼠妇科 Porcellionidae
散大蜗牛 *H. aspersa* Muller

T

天牛科 Cerambycidae
跳蝽科 Saldidae
螳螂目 Mantodea
土白蚁 *Odontotermes* sp.
铜绿丽金龟 *Anomala corpulenta*
透翅蛾科 Sesiidae
跳蝽科 Saldidae
台湾锦天牛 *Acalolepta* sp.
突腔唇线虫属 *Ecphyadophora* de Man
太平洋剑线虫 *Xiphinema radicicola* Goodey
头垫刃线虫属 *Cephalenchus* sp.
突腔唇线虫 *Ecphyadophora* sp.
田野菟丝子 *Cuscuta campestris* Yuncker
蛞蝓属 *Limax* sp.
同型巴蜗牛 *Bradybaena similaris*

W

冠网蝽 *Stcphanitis* sp.
蚊科 Culicidae
豌豆象 *Bruchus pisorum*
伪短体线虫 *Pratylenchus fallax*
围小丛壳菌 *Glomerella cingulata*
弯孢菌 *Curvularia lunata*
弯曲碎米荠 *Cardamine flexuosa*
五角菟丝子 *Cuscuta pentagona* Engelm.
蜗牛科 Fruticicolidae
蜗牛属 *Candiduia* sp.
蜈蚣属 *Scolopendra* sp.

X

斜纹夜蛾 *Prodenia liturd* Fabricius
象虫科 Curculionidae
蟋蟀科 Gryllidae
小家蚁属 *Monomorium* sp.
西花蓟马 *Frankliniella occidentalis*
小点拟粉虫 *Neatus atronitens*
新白蚁属 *Neotermes* sp.
细蛾科 Gracillariidae
新菠萝灰粉蚧 *Dysmicoccus neobrevipes* Beardsley
锈色棕榈象 *Rhynchophorus ferrugineus*（Oliver）
星天牛 *Anoplophora chinensis*
新几内亚甘蔗象 *Rhabdoscelus obscurus* (Boisduval)
小盘旋线虫属 *Rotylenchulus* sp.
香蕉穿孔线虫 *Radopholus similis* Thorne
小杆线虫目 Rhabditida
小杆线虫属 *Rhabditis* sp.
小环线虫属 *Criconemella* sp.
小垫刃线虫属 *Tylenchulus* sp.
细纹垫刃线虫属 *Lelenchus* sp.
细小线虫属 *Gracilacus* sp.
小球腔菌属 *Leptosphaeria* sp.
疫霉菌 *Phytophthora* sp.
新奥甲螨 *Oppiella nova*
鲜甲螨 *Cepheus* sp
小藜 *Chenopodium serotinum*
旋花科 Convolvulaceae
苋科 Amaranthaccac

Y

椰蛀犀金龟 *Oryctes rhinoceros* L.
柚叶并盾介壳虫 *Pinnaspis buxi*
椰心叶甲 *Brontispa longissima* (Gestro)
银线灰蝶 *Spindasis lohita* (Horsfield)

Z

附录4 有害生物学名名录

A

桑天牛 *Apriona germari* Hope
螺旋粉虱 *Aleurodicus dispersus* Russell
光肩星天牛 *Anoplophora glabripennis*
楝星天牛 *Anoplophora horsfieldi* (Hope)
黑刺粉虱 *Aleurocanthus spiniferus* Quaintance
星天牛 *Anoplophora chinensis*
菜粉蝶 *Artogeia rapae* (Linnaeus)
长角象科 Anthribdae
东方肾盾蚧 *Aonidiella orientalis* (Newstead)
灯蛾科 Arctiidae
红圆蚧 *Aonidiella aurantii* Maskell
毛皮蠹属 *Attagenus* sp.
苏铁肾盾蚧 *Aonidiella inornata* MacKenzie
肾圆盾蚧属 *Aonidiella* sp.
台湾锦天牛 *Acalolepta* sp.
蚜科 Aphididae
圆盾蚧亚科 Aspidiotinae
铜绿丽金龟 *Anomala corpulenta*
草莓滑刃线虫 *Aphelenchoides fragariae*
滑刃线虫属 *Aphelenchoides* Fischer
水稻干尖滑刃线虫 *Aphelenchoides besseyi*
真滑刃线虫属 *Aphelenchus* Bastian
蘑菇滑刃线虫 *Aphelenchoides composticola*
长尾滑刃线虫 *Aphelenchoides longicaudatus*
壳二孢菌属 *Ascochyta* sp.
苏铁壳二孢 *Ascochyta cycadina*
枝顶孢霉属 *Acremonium* sp.
曲霉菌属 *Aspergillus* sp.
链格孢菌属 *Alternaria* sp.
日本链格孢叶斑病菌 *Alternaria japonica*
南芥菜花叶病毒 Arabis mosaic virus
粉螨科 Acaridae
真螨目 Acariformes
蜱螨目 Acarina
蒿草属 *Artemisia* sp.
苋科 Amaranthaceae
藿香蓟 *Ageratum conyzoides*
皱果苋 *Amaranthus viridis*
非洲大蜗牛 *Achatina fulica* Bowditch
野蛞蝓 *Agriolimax agrestis*

B

豌豆象 *Bruchus pisorum*
椰心叶甲 *Brontispa longissima* (Gestro)
德国小蠊 *Blattella germanica*
德国蜚蠊 *Blatta germanica*
番石榴果实蝇 *Bactrocera correcta*
蜚蠊目 Blattodea
橘小实蝇 *Bactrocera dorsalis*
榕八星天牛 *Batocera rubus* (L.)
食菌伞滑刃线虫 *Bursaphelenchus fungivorus*
可可球二孢菌 *Botryodiplodia theobromae*
葡萄孢菌属 *Botrytis* sp.
灰葡萄孢菌 *Botrytis cinerea*
郁金香灰霉病 *Botrytis tulipae*
芽枝霉属 *Blastocladia* sp.
洋葱腐烂病菌 *Burkholderia gladioli* pv. *alliicola* (Burkholder) Urakami et al.
菜豆黄化花叶病毒 Bean yellow mosaic virus,BYMV
雀麦属 *Bromus* sp.
同型巴蜗牛 *Bradybaena similaris*

C

软蜡蚧属 *Coccus* sp.
步甲科 Carabidae
橙褐圆蚧 *Chrysomphalus dictyospermi* (Morgan)
东升苏铁小灰蝶 *Chilades peripatria* Hsu.
谷露尾甲 *Carpophilus pallipennis*
红蜡蚧 *Croplastes rubens* Maskell
褐圆蚧 *Chrysomphalus aonidum* (Linnaeus)

D

新菠萝灰粉蚧 *Dysmicoccus neobrevipes* Beardsley
腐烂茎线虫 *Ditylenchus destructor*
茎线虫属 *Ditylenchus* sp.
鳞球茎茎线虫 *Ditylenchus dipsaci*
矛线线虫科 Dorylaimidae
矛线线虫属 *Dorylaimus* sp.
马铃薯茎线虫 *Ditylenchus destructor* Thorne
盘环线虫属 *Discocriconemella* sp.
锥线虫属 *Dolichodorus* sp.
畸形茎线虫 *Ditylenchus apus*
矛线目线虫 Dorylaimda
德氏霉属 *Drechslera* sp.
色二孢 *Diplodia* sp.
马唐 *Digitaria sanguinalis*

E

茶毒蛾 *Euproctis pseudoconspersa* Strand
食植瓢虫亚科 Epilachninae
突腔唇线虫属 *Ecphyadophora* de Man
菊基腐病菌 *Erwinia chrysanthemi* Burkholder et al.
兰花细菌性褐腐病菌 *Erwinia cypripedii*
梨火疫病菌 *Erwinia amylovora*
野塘蒿 *Erigeron bonariensis*
大戟科 Euphorbiaceae
节节草 *Equisetum ramosissimum*
牛筋草 *Eleusine indica*

F

蚁科 Formicidae
蚁属 *Formica* sp.
西花蓟马 *Frankliniella occidentalis*
丝尾垫刃线虫 *Filenchus andrassy*
丝矛线虫属 *Filenchus* sp.
尖孢镰刀菌 *Fusarium oxysorum*
镰刀菌属 *Fusarium* sp.
烟霉属 *Fumago* sp.
蜗牛科 Fruticicolidae

G

榕管蓟马 *Gynaikothrips uzeli*
雕蛾 *Glyphipterix simpliciella* (Steph.)
蟋蟀科 Gryllidae
露尾甲属 *Glischrochilus* sp.
细蛾科 Gracillariidae
蝼蛄科 Gryllotalpidae
细小线虫属 *Gracilacus* sp.
围小丛壳菌 *Glomerella cingulata*
禾本科 Gramineae

H

棕色金龟 *Hototrichia litanus*
中华管蓟马 *Haplothrips chinensis* Priesner
合毒蛾 *Hemerocampa leucostigma* (Smith)
异色瓢虫 *Harmonia axyridis*
螺旋线虫属 *Helicotylenchus* sp.
鞘线虫属 *Hemicycliophora* de Man
异皮线虫亚科 Heteroderinae
赤足夜螨 *Halotydeus destructor* (Tucker)
猛水蚤目 Harpacticoida
蝠蛾属 *Hepialus* sp.
散大蜗牛 *H. aspersa* Müller
盖罩大蜗牛 *H. pomatia* Linnaeus

I

吹绵蚧 *Icerya purchasi* Maskell

L

长蝽科 Lygaeidae
毒蛾科 Lymantriidae
枯叶蛾科 Lasiocampidae
毛蚁属 *Lasius* sp.
潜蛾科 Lyonetiidae
锹甲科 Lucanidae
榆牡蛎蚧 *Lepidosaphes ulmi* (Linnaeus)
大毛唇潜甲 *Lasiochila gestroi* (Baly)
美洲斑潜蝇 *Liriomyza sativae* Blanchard
刺蛾科 Limacodidae

椰子缢胸叶甲 *Promecotheca cumingi* Baly
跗虎天牛属 *Perissus* (Ceramb)
扁潜甲 *Pistosia* sp.
菜蛾科 Plutellidae
弧纹坡天牛 *Pterolophia arctofasciata* Gressitt
灰白片盾蚧 *Parlatoria crypta* McKenzie
南洋臀纹粉蚧 *Planococcus lilacius* Cockorell
二色椰子潜叶甲 *Plesispa reichei*
嗜糖椰子潜叶甲 *Plesispa saccharivora*
玫瑰短喙象 *Pantomorus cervinus* (Boheman)
考氏白盾蚧 *Pseudaulacaspis cockerelli* (Cooley)
日本短体线虫 *Pratylenchus japonicus*
拟毛刺线虫属 *Paratrichodorus* Siddiqi
穿刺根腐线虫 *Pratylenchus penetrans*
短体线虫属 *Pratylenchus* spp.
咖啡根腐线虫 *Pratylenchus coffeae*
拟滑刃线虫属 *Paraphelenchus* Micoletzky
刻痕短体线虫 *Pratylenchus crenatus*
伪短体线虫 *Pratylenchus fallax*
针线虫属 *Paratylenchus* sp.
拟长针线虫属 *Paralongidorus* sp.
咖啡短体线虫 *Pratylenchus coffeae* Filipjev
胼胝拟毛刺线虫 *Paratrichodorus porosus*
卢斯短体线虫 *Pratylenchus loosi* Loof
异毛刺线虫属 *Paratrichidorus* sp.
茎点霉菌属 *Phoma* sp.
恶疫霉 *Phytophthora cactorum*
拟茎点霉菌属 *Phomopsis* sp.
青霉菌属 *Penicillium* sp.
疫霉菌 *Phytophthora* sp.
腐霉属 *Pythium* sp.
棕榈疫霉 *Phytophthora palmivora*
拟盘多孢属 *Pestalotiopsis* sp.
叶点霉菌属 *Phyllosticta* sp.
假尾孢属 *Pseudocercospora* sp.
指状青霉菌 *Penicillium digitatum*
盘多毛孢菌 *Pestalotia palmarum*
栎树猝死病菌 *Phytophthora ramorum* Werres
罗汉松盘多毛孢菌 *Pestalotia podocarpi*
蝶形花科 Papilionadeae
牵牛属 *Pharbitis* sp.
酸浆 *Physalis alkekengi*
酸浆属 *Physalis* sp
蕨属 *Pteridium* sp.
车前 Plantago asiatica
鼠妇科 Porcellionidae

Q

刺桐姬小蜂 *Quadrastichus erythrinae* Kim

R

红棕象甲 *Rhynchophorus ferrugineus* (Olivier)
丽金龟科 Rutelidae
褐纹甘蔗象 *Rhabdoscelus lineaticollis* Heller
紫棕榈象 *Rhynchophorus phoenicis*（Fabricius）
棕榈象甲 *Rhynchophorus palmarum* (L.)
几内亚甘蔗象 *Rhabdoscelus obscurus* (Boisduval)
锈色棕榈象 *Rhynchophorus ferrugineus*（Oliver）
日铜罗花金龟 *Rhomborrhina japonica* (Hope，1841)
猎蝽科 Reduviidae
杆垫刃线虫 *Rhomborrhina japonica* (Hope) *Rhabdotylenchus* sp.
肾状线虫属 *Rotylenchulus reniformis*
小盘旋线虫属 *Rotylenchulus* sp.
香蕉穿孔线虫 *Radopholus similis* Thorn
小杆线虫属 *Rhabditis* sp.
小杆线虫目 Rhabditida
小盘旋线虫 *Rotylenchulus* sp.
根霉菌属 *Rhizopus* sp.
座枝孢属 *Ramulispora* sp.
刺足根螨 *Rhizoglyphus echinopus*
罗宾根螨 *Rhizoglyphus robini*
刺足根螨 *Rhizoglyphus echinopus*
印度雷须螨 *Raoiella indica*

S

罗望子果象 *Sitophilus linearis*
食蚜蝇科 Syrphidae
冠网蝽 *Stephanitis* sp.
红火蚁 *Solenopsis invicta* Buren

附录5　进境林木种苗重要病虫害索引

昆虫

螨类

线虫

杂草

病毒

真菌、细菌

蜗牛

参考文献

曾大鹏. 1998.中国进境森林植物检疫对象及危险性病虫[M].北京：中国林业出版社.

陈乃中. 2009.中国进境植物检疫性有害生物 昆虫[M].北京：中国农业科学技术出版社.

方中达. 1996.中国农业植物病害[M]. 北京：中国农业出版社.

关广清，张玉茹，孙国友，等. 2000.杂草种子图鉴[M]. 北京：科学出版社.

国家质量监督检验检疫总局. 2005.检验检疫工作手册・植物检验检疫分册.

韩运发. 1997.中国经济昆虫志 第五十五册[M]. 北京：科学出版社.

黄邦侃，高日霞. 1988.果树病虫害防治图册[M].福州：福建科学技术出版社.

黄朝豪. 1997. 热带作物病理学[M]. 北京：中国农业出版社.

黄复生，朱世模，平正明，等. 2000.中国动物志 第十七卷[M]. 北京：科学出版社.

蒋书楠，陈力. 2001.中国动物志 第二十一卷[M].北京：科学出版社.

蒋书楠. 1985. 中国经济昆虫志[M]. 北京：科学出版社.

李扬汉. 1998.中国杂草志[M]. 北京：中国农业出版社.

李振宇，解炎. 2002.中国外来入侵种[M].北京：中国林业出版社.

梁训生. 1996.植物病毒学[M]. 北京：农业出版社.

林业部野生动物和森林植物保护司. 1996.中国森林植物检疫对象[M].北京：中国林业出版社.

刘维志. 2000.植物病原线虫学[M]. 北京：中国农业出版社.

陆家云.2001.植物病原真菌学[M].北京：中国农业出版社.

农业部植物检疫实验所. 1990.中国植物检疫对象手册[M]. 合肥：安徽科学技术出版社.

戚佩坤. 2000.广东果树真菌病害志[M]. 北京：中国农业出版社.

邱强. 2004.中国果树病虫[M].郑州：河南科学技术出版社.

谭娟杰，虞佩玉，李鸿兴. 1980.中国经济昆虫志 第十八册[M].北京：科学出版社.

王春林. 2005.潜在的植物检疫性有害生物图鉴[M].北京：中国林业出版社.

王宏志，邓少春，丘小军. 1998.中国南方花卉[M]. 北京：金盾出版社.

王清. 2001.中国动物志 昆虫纲 第二十二卷[M].北京：科学出版社.

王瑞灿，孙企农. 1987.观赏花卉病虫害[M]. 上海：上海科学技术出版社.

王枝荣，辛明远，马德慧. 1996.中国农田杂草原色图谱[M]. 北京：农业出版社出版.

王枝荣. 1996. 中国农业杂草原色图谱[M]. 北京：农业出版社.

王直诚. 2003.原色东北天牛志[M]. 长春：吉林科学技术出版社.

王子清. 1982.中国经济昆虫志 第二十四册[M]. 北京：科学出版社.

萧刚柔. 1992.中国森林昆虫[M]. 北京：中国林业出版社.

谢辉. 2000.植物线虫分类学[M]. 合肥：安徽科学技术出版社.

谢荣贵. 1989.最新英汉园艺词汇[M].成都：四川科学技术出版社.

薛聪贤. 1998.一年生草花120种[M]. 台湾：台湾普绿出版社.

杨新美. 2001.中国菌物学[M]. 北京：中国农业出版社.

杨长举，张宏宇. 2005.植物害虫检疫学[M]. 北京：科学出版社.

杨子琦，曹华国. 2002.园林植物病虫害防治图鉴[M]. 北京：中国林业出版社.

殷蕙芬，黄复生，李兆麟. 1984. 中国经济昆虫志[M]. 北京：科学出版社.

印丽萍，颜玉树. 1996.杂草种子图鉴[M].北京：中国农业科技出版社.

虞佩玉，王书永，杨星科. 1996.中国经济昆虫志　第五十四册[M]. 北京：科学出版社.

张广学，乔格侠. 1999.中国动物志　第十四卷[M].北京：科学出版社.

张广学. 1999.西北农林蚜虫志[M].北京：中国环境科学出版社.

张生芳，施宗伟，薛光华，等. 2004.储藏物甲虫鉴定[M]. 北京：中国农业科学技术出版社.

张中义，冷怀琼. 1991.植物病原真菌学[M]. 成都：四川科学技术出版社.

张中义. 1992.观赏植物真菌病害[M]. 成都：四川科学技术出版社.

张仲凯，李毅. 2001.云南植物病毒[M]. 北京：科学出版社.

赵养昌，陈元清. 1980.中国经济昆虫志[M]. 北京：科学出版社.

郑乐怡，归鸿. 1999.昆虫分类[M]. 南京：南京师范大学出版社出版.

中国科学院动物研究所业务处. 1983.拉英汉昆虫名称[M]. 北京：科学出版社.

中国科学院华南植物研究所. 1998.中国种子植物科属词典[M].北京：科学出版社.

中国科学院植物研究所. 2002.中国高等植物科属检索表[M]. 北京：科学出版社.

中国科学院植物研究所. 1987.中国高等植物图鉴　第三册[M]. 北京：科学出版社.

中华人民共和国动植物检疫局等. 1997.中国近境植物检疫有害生物选编[M]. 北京：中国农业出版社.

周陛勋，陈幼生. 2003.中国木本植物种子[M]. 北京：中国林业出版社.

周茂繁. 1989. 植物病原真菌属分类图索[M]. 上海：上海科技出版社.

周尧. 1985.中国盾蚧志[M]. 西安：陕西科学技术出版社.

朱家柟. 2001.种子植物名称[M]. 北京：科学出版社.

C.布斯著. 陈其煐译.1988. 镰刀菌属[M]. 北京：农业出版社.

CABI、EPPO. 1997.中国—欧盟联盟农业技术中心译.欧洲检疫性有害生物[M].北京：中国农业出版社.

Douglas Yanega. 1996.Field Guide to Northeastern Longhorned Beetles[M]. Illinois Natural History Survey Champaign.

Ross H.Arnett,Jr. 2001.American beetles[M].Boca Raton London New York Washington,D.C.

http://www.plantphoto.cn

http;//frps.plantphoto.cn/list.aspx

图书在版编目（CIP）数据

进境林木种苗检疫图鉴 / 陈升毅主编. — 北京：
中国农业出版社, 2013.1
ISBN 978-7-109-17576-1

Ⅰ. ①进… Ⅱ. ①陈… Ⅲ. ①林木 – 苗木 – 国境检疫
– 植物检疫 – 中国 – 图集 Ⅳ. ①S763-64②S41-64

中国版本图书馆CIP数据核字(2013)第005865号

中国农业出版社
（北京市朝阳区农展馆北路2号）
（邮政编码 100125）
责任编辑 杨桂华

北京通州皇家印刷厂印刷　　新华书店北京发行所发行
2013年12月第1版　　2013年12月北京第1次印刷

开本：889mm × 1194mm 1/16 印张：20.75
字数：530千字
定价：280.00元